KB007483

과학선생님도 궁금한

101가지
과학
질문사전

과학 선생님도 궁금한
101가지 과학질문사전

1판 1쇄 발행일 2010년 1월 29일
2판 3쇄 발행일 2019년 12월 16일

글쓴이 의정부과학교사모임
그린이 곽윤환

펴낸곳 (주)도서출판 북멘토
펴낸이 김태완 **책임편집** 최광렬 **편집장** 이미숙 **편집** 김정숙, 송예슬
디자인 구화정page9, 안상준 **마케팅** 이용구, 민지원

출판등록 제6-800호(2006. 6. 13.)
주소 03990 서울시 마포구 월드컵북로 6길(연남동 567-11), IK빌딩 3층
전화 02-332-4885 **팩스** 02-332-4875 **이메일** bookmentorbooks@hanmail.net

ⓒ 의정부과학교사모임, 2017

※ 잘못된 책은 바꾸어 드립니다.
※ 이 책은 저작권법에 따라 보호를 받는 저작물이므로 무단 전재와 무단 복제를 금합니다.
　 이 책의 전부 또는 일부를 쓰려면 반드시 저작권자와 출판사의 허락을 받아야 합니다.
※ 책값은 뒤표지에 있습니다.

ISBN 978-89-6319-240-6　43400

이 도서의 국립중앙도서관 출판예정도서목록(cip)은
서지정보유통지원시스템 홈페이지 (http://seoji.nl.go.kr)와
국가자료공동목록시스템(http://www.nl.go.kr/kolisnet)에서 이용하실 수 있습니다.
(CIP제어번호 : CIP2017017600)

과학선생님도 궁금한

101가지 과학 질문사전

중·고등 과학 교과서에서
최신 과학 이슈까지

의정부과학교사모임 지음 | 곽윤환 그림

북멘토

Contents

1부 **우주와 생명**

001 심장은 사랑하는 사람을 알아본다? ··· 14

002 일란성 쌍생아는 태반과 탯줄이 하나일까요? ··· 18

003 알레르기는 왜 생기나요? ··· 22

004 자외선 차단제는 왜 바르나요? ··· 25

005 닮은 듯 다른 얼굴, 다른 듯 닮은 얼굴 ··· 28

006 우리 피부는 맞으면 왜 발개지나요? ··· 32

007 원숭이가 사람으로 어떻게 진화하는 거죠? ··· 36

008 음식 맛은 꼭 혀로만 느끼나요? ··· 41

009 포도당처럼 지방도 수액 주사로 섭취할 수 있을까요? ··· 45

010 피는 모두 붉은색일까요? ··· 49

011 피를 먹으면 소화가 되나요? 아니면 다시 혈관으로 공급되나요? ··· 52

012 곶감 단맛의 비밀은? ··· 56

013 당뇨 환자의 오줌은 정말 달까요? ··· 59

014 들어 보았나, 뇌지도(Brain Map)? ··· 63

015 녹조 현상이 해롭다면 음식에 들어가는 클로렐라는 괜찮은가요? ··· 68

016 대나무의 속은 왜 비어 있을까요? ··· 71

017 마이너스 시력은 없다? ··· 74

018 머리카락은 잘라도 왜 계속 자라나요? ··· 77

019 무화과나무는 정말 꽃이 없을까요? ··· 81

020 식물처럼 생장점이 있으면 사람도 계속 크나요? ··· 84

021 새로운 생명체를 만들 수 있을까? ··· 88

022 잎이 없는 겨울에 식물은 광합성을 중단하나요? ··· 93

023 피부와 간이 재생 기능을 가지는 이유는 무엇인가요? ⋯ 96

024 우리 눈은 어떻게 색을 구별할까요? ⋯ 99

025 인간 돌연변이도 있나요? ⋯ 103

026 해바라기는 어떻게 해의 움직임을 감지하나요? ⋯ 108

027 과거에는 대륙이 하나였다고요? ⋯ 111

028 별똥별은 왜 내 앞으로는 안 떨어지고 먼 산 뒤로만 떨어질까요? ⋯ 117

029 소행성 충돌로 몇 년 안에 지구가 멸망한다던데요? ⋯ 122

030 블랙홀에 사람이 들어간다면? ⋯ 127

031 우리나라는 어떤 암석으로 구성되어 있나요? ⋯ 133

032 우주는 얼마나 큰가요? ⋯ 139

033 태양계에 지구와 똑같은 행성은 왜 없을까요? ⋯ 144

034 태양은 영원할까? ⋯ 154

035 화성암을 분류하는 기준은 무엇일까요? ⋯ 158

036 낮말은 호숫가에서도 조심해야 한다는 사실! ⋯ 162

037 도로 위에 왜 신기루가? ⋯ 166

038 왜 소라 껍데기를 귓가에 대면 바닷소리가 들리나요? ⋯ 169

039 자석은 왜 N극, S극 커플로만 생기나요? ⋯ 172

040 천둥, 번개는 왜 생기나요? ⋯ 175

041 중력파가 뭔가요? ⋯ 178

042 헬륨 가스를 마시면 왜 목소리가 변하나요? ⋯ 183

043 내 머리는 돌이다? ⋯ 186

044 뉴턴도 헷갈리는 마찰력의 세계! ⋯ 190

045 매질 없이도 전달 가능한 파동이 있다고요? ⋯ 194

046 비행기는 어떻게 하늘을 날 수 있을까요? ⋯ 198

047 캡틴아메리카는 15m 빨대로 물을 마실 수 있을까요? ⋯ 202

048 고체, 액체, 기체 말고 다른 상태의 물질도 있나요? ⋯ 205

049 무중력은 중력이 없는 것이 아니다? ⋯ 210

050 패러데이도 몰랐던 자석의 세계! ⋯ 213

Contents

2부 과학과 문명

051 극지방을 연구하는 이유는? ··· 220

052 뜨거운 음식을 식힐 때와 차가운 손을 따뜻하게 할 때의 입 모양은 왜 다를까요? ··· 225

053 북극에 있는 빙하와 남극에 있는 빙하는 무엇이 다른가요? ··· 228

054 세계에서 가장 큰 망원경은? ··· 232

055 금색으로 반짝인다고 모두 금일까? ··· 237

056 안개는 어디에서 어떻게 만들어지나요? ··· 240

057 중국의 강력한 외교 무기 중 하나가 희토류라는데, 희토류가 뭔가요? ··· 244

058 우주복을 입지 않고 우주에 나가면 사람의 몸은 어떻게 될까요? ··· 247

059 지질시대의 이름은 어떻게 정한 걸까요? ··· 251

060 태풍의 이름은 어떻게 결정되나요? ··· 254

061 석유는 어디에서 얻나요? ··· 259

062 돛단배와 잠수함은 어떤 해류의 영향을 받게 될까요? ··· 263

063 대기오염이 경제에 큰 영향을 줄 수 있다고요? ··· 268

064 자동차의 내비게이션은 어떻게 위치를 알아낼까요? ··· 273

065 토네이도는 우리나라에 없을까요? ··· 278

066 파도 높이가 10m 이상인 해일은 어떻게 만들어질까요? ··· 282

067 파란 하늘과 흰 구름이 생기는 이유는? ··· 286

068 남극의 오존홀이 가장 큰 까닭은? ··· 291

069 드라이아이스는 얼음처럼 생겼는데 왜 만지면 화상을 입나요? ··· 295

070 산소가 물에 녹지 않아서 수상치환으로 모은다면서 보통 물속에는 어떻게 산소가 들어 있나요? ··· 298

071 연필심이랑 다이아몬드는 같은 물질인가요? ··· 302

072 눈 내린 도로에 염화칼슘을 뿌리는 이유는? ··· 306

073 세상에서 가장 단단한 다이아몬드도 탈 수 있을까요? ··· 309

074 원두커피와 인스턴트커피의 차이는? … 312

075 고체인 얼음이 어떻게 물 위에 뜨나요? … 316

076 왜 물질마다 존재하는 상태가 다른가요? … 320

077 은나노가 정말로 세균을 죽일 수 있나요? … 324

078 하이브리드 자동차와 수소 자동차, 수소 연료전지 자동차는 무엇이 다른가요? … 328

079 치약 속에 무엇이 들었길래 충치를 예방할 수 있나요? … 332

080 비닐봉지는 정말 썩지 않나요? … 336

081 물은 0℃에서 어는데 바닷물은 왜 얼지 않을까요? … 340

082 열기구가 하늘로 뜨는 원리는 무엇인가요? … 343

083 수돗물에 왜 냄새 나고 독한 염소를 넣는 건가요? … 347

084 술을 마시면 왜 머리가 아프고 필름이 끊겨요? … 351

085 물은 항상 100℃에서 끓을까요? … 355

086 깊은 물속에서 갑자기 물 밖으로 나오면 왜 위험할까요? … 358

087 음식이 너무 매울 때 물을 마실까, 우유를 마실까? … 361

088 소금을 많이 넣으면 욕조 물에서도 몸이 뜰 수 있나요? … 364

089 신 음식을 많이 먹으면 우리 몸이 산성으로 변하나요? … 367

090 청산가리를 먹으면 왜 죽나요? … 372

091 커피를 마시면 왜 졸리지 않을까요? … 375

092 금속을 어떻게 찾아요? … 378

093 볼펜 똥은 왜 생길까요? … 381

094 거대한 입자가속기는 왜 필요한가요? … 384

095 소형 건전지에도 사람이 감전되어 죽을 수 있을까요? … 388

096 스피드건은 어떻게 자동차의 속도를 재나요? … 391

097 진공청소기는 정말 먼지를 빨아들일까? … 394

098 광폭 타이어를 달면 왜 제동거리가 짧아지나요? … 397

099 I am Superconductor! … 401

100 한쪽 발로 자동차를 멈출 수 있는 까닭은? … 408

101 전자레인지는 어떻게 음식을 데울까요? … 411

머리말

코스모스의 꽃술은 왜 별 모양이에요?

하늘은 왜 파래요? 밤하늘의 별은 실제로 몇 개나 있어요?

물 한 병을 마시면, 그만큼 체중이 늘어나나요?

이런 호기심과 질문들이 지식의 경계를 넓혀 왔습니다. 그런 의미에서, 질문하는 사람은 탐험가이자 지식의 주인입니다. 교실에서 만난 탐험가들의 엉뚱하고 기발한 질문들을 모아 2010년 책으로 엮었습니다. 과학기술의 발달에 힘입어 인공지능 알파고가 등장하고, 힉스 입자·중력파 등이 발견되자 교실의 탐험가들은 또 다른 질문을 했습니다. 그 질문들을 모아 개정판 책을 냅니다. 학생들이 자기 질문에 스스로 답을 찾도록, 또 계속해서 질문할 수 있는 용기를 내도록 응원하는 마음을 담았습니다.

"오~ 대박! 코르크 마개에서 세포를 발견한 '훅'이랑 용수철에서 훅의 법칙이라고 할 때의 '훅'이 같은 사람이에요?"

"그래~ 이 '훅'이랑 목성 위성 이오를 발견한 그 '훅'도 같은 사람이야."

"구슬이 서 말이라도 꿰어야 보배"라고 하지요. 전혀 무관할 것 같은 단편적 지식들이나 질문들도 하나로 연결되면 더 큰 깨달음을 줍니다. 학교에서는 하나의 사물 또는 현상을 여러 교과로 나누어 특정 영역을 깊게 가르치기는 해도, 여러 학문 영역을 통합해서 폭넓게 사고하는 방법을 알려 주는 데에는 아직 미흡합니다.

실제로 과학계에서는 이런 일도 있었다고 합니다. 이제야 겨우 멸종위기종에서 벗어난 중국의 판다가 1869년 처음 발견되었을 때의 일이지요. 사람들은 이 새로운 동물을 어떻게 분류해야 할지 고민했습니다. 판다는 곰만 한 덩치에 육식에 딱 맞는 이빨과 소화기관을 가지고 있었지만, 하루 종일 대나무만 먹으니 초식동물처럼 보였지요. 더욱이 곰과 달리 겨울잠을 자지도 않았습니다. 그 반면에, 미국너구리과 레서판다는 외모뿐 아니라 여섯 번째 손가락 '가짜 엄지'를 사용하며 대나무를 주로 먹는 것이 판다와 비슷했지요. 그래서 판다를 곰과로 분류할지 너구리과로 분류할지를 두고 오랜 시간 설왕설래하였습니다. 결국, 1985년에 유전자 분석 기술의 도움으로 판다를 '곰과'로 확정하게 되었습니다. 겉보기와는 달랐던 것이지요. 레서판다 역시 너구리과에서 독립하여 레서판다과 동물이 되었습니다.

이처럼, 부분적인 사실만으로는 '진실'에 다가가기 어렵습니다. 판다의 구조적 특징과 더불어, 판다가 어떤 환경에서 어떤 특성을 보이고 다른 생물들과 어떤 관계를 맺으며 살아가는지를 전체적으로 살펴야 진실에 다가갈 수 있지요. 겨우 4km 떨어진 곳에 있는 무성한 대나무 숲을 찾지 못해 판다 무리 전체가 굶어 죽은 사례가 있습니다. 북극 환경을 지키지 않고 북극곰만 보호해서는 북극곰의 멸종을 막을 수 없고, 꽃이 자라는 환경을 고려하지 않고 꿀벌만 연구해서는 꿀벌을 지켜 낼 수 없습니다.

전체적인 맥락과 더불어 특정 부분을 살펴야 '본질'을 이해할 수 있습니다. 이 책

개정 작업을 하면서 물리, 화학, 지구과학, 생명과학을 전공한 선생님들이 함께 모여 많은 대화를 나누었습니다. 더 살펴야 할 전체적 맥락은 무엇일까? 그것을 잘 이해하는 데 필요한 다른 영역의 배경지식은 무엇일까? 이 질문과 연결된 또 다른 질문들은 무엇일까? 모두가 머리를 맞대고 생각했습니다.

이 책은 시간을 내서 단번에 읽어도 좋지만, 목차에 실린 질문을 보고 답을 스스로 궁리하면서 읽어 가면 더 재미가 있을 것입니다. 한 질문에 관한 읽기가 끝나면, 다음 질문으로 바로 넘어가지 말고 읽은 내용과 관련된 새로운 질문을 만들어 보세요. 그리고 그 질문에 스스로 답을 찾고서 다른 사람에게 설명해 주면 또 다른 즐거움을 맛보게 될 겁니다. 설명을 들은 사람에게 질문을 받으면 왠지 모를 뿌듯함도 느끼게 되겠지요. 알고 있는 것은 답을 해 줄 수도 있을 테고, 함께 답을 찾아볼 수도 있을 것입니다. 그렇게 이 책을 과학을 알아 가는 도구, 문제 해결의 디딤돌로 활용하시기 바랍니다. 자연에 대한 끊임없는 질문과 탐구로 지식의 경계를 넓혀 가는 탐험가, 바로 여러분을 응원하는 마음을 이 책에 담아 보냅니다.

2017년 8월
김현민

1부

우주와
생명

001 심장은 사랑하는 사람을 알아본다?

영화나 드라마에서는 첫눈에 반했을 때나 사랑하는 사람을 만났을 때 심장이 두근거리는 것처럼 흔히 묘사합니다. 심장은 정말로 그렇게 사랑하는 사람을 알아볼 수 있을까요?

우리 몸속의 혈액 펌프, 심장

심장은 심방과 심실이라는 4개의 작은 방으로 나뉘어 있습니다. 우심실에서 나간 혈액은 폐를 지나면서 산소가 풍부한 혈액으로 바뀌어 좌심방으로 들어옵니다. 그리고 이렇게 들어온 혈액은 좌심실의 펌프질로 대동맥을 통해 온몸으로 퍼져 나갑니다. 심방과 심실을 이루는 근육들은 이처럼 수축과 이완을 반복함으로써 끊임없이 혈액을 온몸에 전달하고 혈액순환이 일어나게 하는 펌프 같은 역할을 합니다.

몸에서 떼어 내도 계속 뛰는 심장

사람의 심장을 몸에서 떼어 내 체액과 비슷한 액체에 담가 두면 몸 안에 있을 때와 마찬가지로 수축과 이완을 계속한다고 알려져 있습니다. 다른 기관과는 달리, 심장은 박동을 계속하도록 스스로 자극(전기 신호)을 생성하는 장치를 갖추고 있기 때문입니다. 그 장치란 대정맥과 우심방 사이에 있는 '동방결절'이라는 특수한 근육 조직입니다.(p.16 그림 참조) 동방결절에서 생성된 주기적인 신호가 좌우 심방에 전달되면 심방이 수축하면서 혈액이 심실로 내려갑니다. 이 신호는 또한 우심방과 우심실 사이에 있는 '방실결절'이라는 또 다른 근

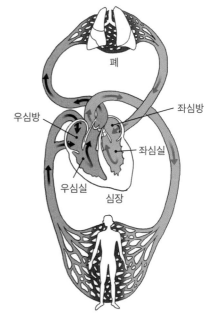

▲ 심장의 구조와 혈액순환

육 조직을 거쳐 수백분의 1초가량 늦게 좌우 심실로 전해집니다. 따라서 심방이 먼저 수축한 다음에 심실이 수축하게 되어 혈액이 심방에서 심실로, 그리고 이어서 동맥으로 전해지게 됩니다.

심장 박동 수를 조절하는 것은?

심장은 신경계 없이도 스스로 뛸 수 있지만, 그 속도나 세기는 자율신경계가 조절합니다. 자율신경계*를 조절하는 중추는 연수*입니다. 그리고 자율신

자율신경계 동물의 신경계 중 말초신경계의 한 부분. 여러 기관과 그것들을 구성하는 각종 세포에 분포하여 그것들의 기능을 조절하는 일을 한다.

연수 뇌의 한 부분으로 가장 아래쪽에 있어 척수와 곧바로 연결된다. 심장 박동과 호흡운동, 소화 등을 조절하며, 눈물을 흘리거나 재채기를 하는 것과 같은 반사가 일어나게 한다.

경계를 이루는 교감신경*과 부교감신경*이 동방결절까지 이어져 있습니다.

운동을 하면 근육이 많은 에너지를 소모하면서 혈액 안의 이산화탄소 농도가 증가합니다. 그러면 연수가 교감신경을 통해 동방결절에 신호를 보내 심장 박동이 더 빨라지게 합니다. 긴장했을 때에도 교감신경이 작용하여 심장을 더 빨리 뛰게 합니다.

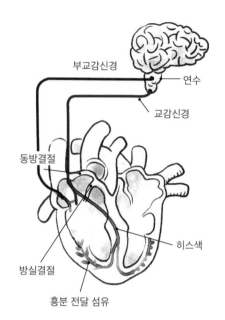

▲ 연수와 자율신경계
교감신경과 부교감신경에 의한
심장 박동 속도 조절

변하는 것, 변하지 않는 것

사랑하는 사람을 만났을 때 심장이 두근거리는 것도 심장이 사람을 알아보기 때문이 아닙니다. 그 사람을 기억하고 알아차린 '뇌'가 신경을 통해 심장을 더 빨리 뛰게 해서 그런 것입니다. 이때 심장 뛰는 소리가 유난히 크게 느껴지는 것은, 운동할 때만큼 근육이 활발하게 움직이지 않고 숨이 차지 않아서 심장 박동을 더 잘 느끼기 때문입니다. 반대로, 휴식을 취하거나 긴장이 풀리면 어떻게 될까요? 그때는 연수가 부교감신경을 통해 심장 박동 속도를 느리게 해서 평소 상태로 되돌아가게 됩니다. 하지만 심장 박동은 평소에도 일정하지 않습니다. 1분에 평균 70번 정도씩 뛰지만 그 빠르기는 끊임없이 요

교감신경 부교감신경과 함께 자율신경계를 이룬다. 교감신경이 흥분하면 동공이 커지고 심장 박동이 빨라지며, 혈압이 상승하고 혈관이 수축하고 소화 기능은 억제되는 등의 신체 현상이 나타난다. 신체가 갑작스럽고 심한 운동이나 공포, 분노와 같은 비상 상황에 대비하고 반응하게 한다.
부교감신경 소화액 분비와 연동운동을 촉진함으로써 소화와 흡수를 촉진하는 등, 에너지를 절약하고 저장하는 작용을 한다. 심장 박동을 억제하는 등, 대체로 한 장기에서 교감신경과 반대 작용을 함으로써 신체 내부 환경의 안정성을 유지하는 데 함께 기여한다.

동치며 변합니다.

　변하지 않는 건 살아 있는 한 심장이 계속 뛴다는 사실입니다. 엄마의 뱃속에 있을 때부터 태어나 죽는 순간까지, 심장은 쉬지 않고 뛰면서 약 12만km에 이르는 온몸의 혈관에 산소와 영양분을 공급해 주고 있습니다.

◁ 뜬금있는 질문 ▷

인공 심장이란?

인공 심장은 기능이 떨어졌거나 악화된 심장을 대신해 혈액 순환을 영구적으로 보조하거나 대행하도록 만든 기계 장치로, 인공 좌심실 보조 심장과 완전 인공 심장 등이 있다. 심장이식 때와 마찬가지로 흉강 내에 장착하는데, 인공 심장의 펌프는 심실 판막 및 생체의 결합부로 되어 있다. 재료는 폴리우레탄이나 실리콘 같은 의료용 합성고분자 화합물이다.

▲ 인공 심장

일란성 쌍생아는
태반과 탯줄이 하나일까요?

002

어려운 시험을 앞두고, 공부 잘하는 쌍둥이 형제가 있어서 시험을 대신 보아주면 좋겠다고 생각해 본 적이 있나요? 일란성 쌍생아는 전 세계에서 산모 1,000명당 3~5명 정도의 일정한 비율로 태어납니다. 그중에는 몸의 일부가 서로 붙은 샴쌍생아도 있습니다. 생김새가 같은 일란성 쌍생아나 샴쌍생아는 어떻게 태어나는 것일까요?

하나의 난자에 두 개의 정자가 수정되는 것이 가능할까?

우리는 모두 어머니의 난자와 아버지의 정자가 수정에 성공하여 태어납니다. 난자는 보통 28일을 주기로 난소에서 미성숙한 상태로 하나씩 배란되어 나팔관에서 성숙하면서 정자를 기다립니다. 정자는 처음 사정할 때에는 수억 개이지만 난자에 도달할 즈음에는 200여 개로 줄어들고, 그중에 치열한 경쟁에서 승리한 하나의 정자가 난자의 막을 뚫고 들어가 수정에 성공하게 됩니다. 일반적으로 하나의 정자가 난자에 들어가면 바로 전기적인 변화가 일어나

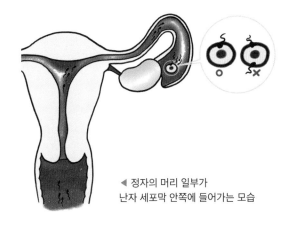

◀ 정자의 머리 일부가
난자 세포막 안쪽에 들어가는 모습

고 곧이어 수정막이 형성되어, 다른 정자가 더는 들어오지 못합니다.

그런데 혹시 이 과정에서 하나의 난자에 2개 이상의 정자가 동시에 들어가는 일은 없을까요? 희박하기는 하나 그런 일이 일어날 수 있다고 합니다. 이 경우, 정상적인 사람의 염색체* 수(46개)를 벗어나서 발생*이 되지 않고 자연유산이 됩니다.

일란성 쌍생아와 이란성 쌍생아는 어떻게 다를까?

일란성 쌍생아는 하나의 난자에 2개의 정자가 수정해서 생기는 것이 아니라, 정상적으로 수정에 성공한 수정란으로부터 분열한 세포들이 둘로 분리되어 각각 발생하여 생깁니다. 이때에는 유전자가 같기 때문에 성별이 같고 생김새도 거의 같습니다. 반면에, 동시에 배란된 두 개의 난자가 각각 수정이 되어 태어난 이란성 쌍생아는 함께 태어나긴 했어도 생김새에 차이가 있고 성별도 다를 수 있어서 마치 보통의 형제자매 같습니다.

일란성 쌍생아는 태반과 탯줄이 하나일까요?

먼저, 탯줄은 각자 가지고 있어야 합니다. 왜냐하면 탯줄 안의 혈관을 통해

염색체 세포분열 때 핵 속에 나타나는 굵은 실타래나 막대 모양의 구조물로, 유전 물질을 담고 있다. 세포분열의 전기 때 핵 속의 염색사가 응축되어 염색체를 형성한다.
발생 생식세포(난자와 정자)가 수정되어 하나의 세포인 수정란이 된 후, 분열을 거듭하여 여러 가지 조직과 기관을 만들고 하나의 개체로 완성되어 가는 과정

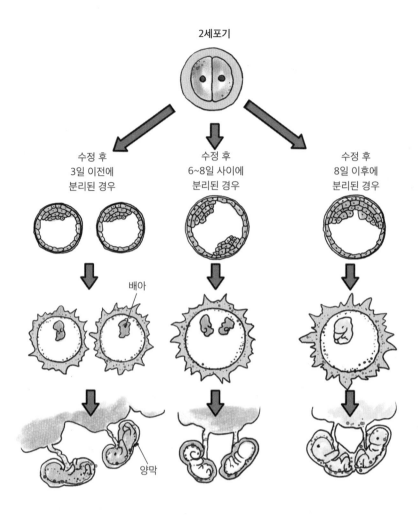

2세포기

수정 후
3일 이전에
분리된 경우

수정 후
6~8일 사이에
분리된 경우

수정 후
8일 이후에
분리된 경우

배아

양막

▲ 일란성 쌍생아는 탯줄은 각자 가지고 있지만
태반은 세포들이 분리되는 시기에 따라 2개 또는 1개일 수 있다.

태아에게 필요한 영양 물질과 산소를 모체로부터 공급받아야 하기 때문입니다. 그렇다면 태반*의 수는 몇 개일까요?

태반 임신 중에 발생하는 조직으로, 태아가 엄마 자궁 속에서 생존하고 성장할 수 있게 보호하는 역할을 한다. 인간의 배아는 수정 후 4~5일 정도 지나면 주머니 모양의 포배가 형성되는데, 안쪽의 덩어리 세포가 나중에 태아로, 바깥쪽 주머니는 태반으로 자라게 된다. 대부분의 포유류에서 볼 수 있으며, 혈관이 분포해 있어 영양·호흡·배설 등을 담당하는 자궁 조직과 배 조직 사이의 물질교환을 담당한다.

▲ 동식물 세계에서도 샴쌍생아와 비슷한 현상이 일어난다.

그것은 수정 후 세포들이 언제 분리되느냐에 따라 다른데, 세 가지 경우가 있다고 합니다. 수정 후 3일 안에 세포들이 분리되면, 쌍생아는 서로 다른 양막과 태반을 가지게 됩니다. 수정 후 6~8일에 세포들이 분리되면 양막은 각각 생기지만, 태반이 될 배막의 하나인 융모막*을 공유하면서 하나의 태반을 갖게 됩니다. 그리고 수정 후 8일 이후에 세포들이 분리되면 태반이 하나일 뿐 아니라 한 양막 안에 놓이게 되어 아기들이 머리나 가슴, 등 같은 신체의 일부가 서로 붙은 채로 태어날 수 있습니다. 잘 알려진 샴쌍생아가 바로 그런 경우입니다. 샴쌍생아는 정상적 출산 10만 회 중 1회의 비율로 발생하는데, 75~95%의 샴쌍생아가 사산되거나 태어난 지 얼마 안 되어 사망하기 때문에 실제로 성인으로 자라는 비율은 극히 작다고 합니다.

유명한 샴쌍생아로 1811년 시암(Siam, 지금의 태국)에서 태어난 쳉(Cheng)과 잉(Eng) 형제가 있습니다. 가슴과 배 부분이 결합조직에 의해 붙은 채로 태어났는데, 자라면서 이 부위가 점차 늘어나 둘이서 나란히 설 수 있을 정도였다고 합니다. 이들은 샴쌍생아로는 드물게 결혼을 하여 아이도 낳고 60세가 넘도록 산 것으로 기록이 남아 있습니다.

융모막 임신 후부터 더욱 발달하여 속에 혈관이 분포된 태반을 형성하며, 임신 중에 태아나 양수를 싸고 있는 역할을 한다.

003

알레르기는 왜 생기나요?

햇빛 아래 조금만 오래 서 있어도 얼굴이 벌게지거나 가려워하는 사람들이 있습니다. 햇빛 알레르기 때문이라고들 하지요. 그런가 하면 땅콩이나 키위 같은 음식을 먹으면 숨 쉬기 힘들어하거나 피부가 부풀어오르는 등 특정한 식품에 알레르기 반응을 보이는 사람도 있습니다. 알레르기란 무엇이고, 왜 생기는 걸까요?

알레르기란 무엇일까?

우리 몸은 박테리아, 바이러스, 기생충과 같은 '외부 침입자들'을 찾아내고 제거하는 세포들의 방어 작용인 면역 체계*를 가지고 있습니다. 이 면역 체계에 이상이 생기면, 전염성 질환이나 암에 대한 저항력이 감소할 뿐 아니라 면역 체계의 과민 반응으로 알레르기가 나타나기도 합니다.

알레르기란 면역 체계가 꽃가루나 땅콩 같은 물질들을 외부 물질로 정확하게 인식은 하되 해로운 것처럼 인식하여 잘못된 대항 반응을 일으키는 현상입니다. 세균이나 바이러스 같은 것을 몸 안에서 공격해야 하는 면역 체계가 몸에 그다지 해롭지 않은 물질들에 지나치게 예민하게 반응함으로써 염증을 일으키는 과민 반응이지요. 일반적으로 집 먼지 진드기, 꽃가루, 음식물, 반려동물의 털이나 비듬, 땅콩, 화학물질 등이 알레르기 반응을 일으킨다고 알려져 있습니다. 이처럼 알레르기를 유발하는 물질을 알레르겐*이라고 합니다.

▲ 여러 종류의 알레르겐

　정상인 사람은 꽃가루를 흡입해도 아무런 이상을 일으키지 않지만, 꽃가루병 환자는 특정한 꽃가루를 흡입하면 심한 호흡곤란 발작을 일으킵니다. 이것은 이전에 접한 꽃가루에 대해 면역반응이 활성화되어 있어, 꽃가루의 침입에 의하여 항원항체반응을 일으키기 때문입니다.

알레르기 질환이 증가한 이유는?

　알레르기 질환은 갈수록 심해지고 있으며, 이는 세계적 현상입니다. 알레르기 질환이 예전보다 서너 배 넘게 증가한 이유는 무엇일까요?

　첫째, 위생 상태가 나빠서가 아니라 오히려 이전보다 개선되었기 때문입니다. 인체는 몸 안으로 침투하는 세균과 싸우기 위해 면역 체계를 만드는데, 위생 상태가 좋아져 세균 감염이 줄어들자 특별히 할 일이 없어진 면역 체계가 병원체도 아닌 알레르겐과 엉뚱하게 맞서 싸우게 된 것이지요.

면역 체계 감염을 막기 위해 유기체의 내부에서 병원체와 종양 세포를 찾아내 제거하는 과정을 말한다. 면역 체계는 바이러스와 기생충을 비롯한 다양한 종류의 병원체를 감지하여 이를 유기체의 정상 세포 및 조직으로부터 구분해 낸다. 병원체는 진화를 통해 유기체 내부에 적응하고 숙주를 감염시킬 새로운 방법을 끊임없이 개발해 내기 때문에, 이들을 완벽하게 감지하기는 매우 어렵다.
알레르겐 알레르겐은 침입 경로에 따라, 흡입성·접촉성·식품성·약제성·기생성·곤충 등의 종류로 분류된다. 흡입성 알레르겐에는 실내 먼지, 꽃가루, 공중에 떠다니는 진균류(곰팡이 등), 동물의 털이나 피부의 부스러기, 의복 부스러기 등이 있다. 임상적으로는 알레르겐의 존재가 증명되지 않는 알레르기성 질환도 있다.

둘째, 주거 환경의 변화입니다. 최근 알레르기 환자의 증가는 아파트의 증가와도 밀접한 관계가 있습니다. 겨울에 속옷만 입고 지낼 정도로 난방 온도가 높아, 사람만 살기 좋아진 게 아니라 집 먼지 진드기 같은 알레르겐이 서식하기에도 환경이 좋아졌기 때문입니다.

셋째, 새로운 알레르기 유발 물질, 즉 알레르겐의 등장입니다. 주위를 둘러보면 천장에는 석고보드, 벽에는 페인트, 책상·의자·컴퓨터·냉장고 같은 모든 가구에는 플라스틱 소재가 사용되었습니다. 우리가 먹는 음식에도 방부제, 산화방지제, 인공감미료, 식용색소 등 각종 식품첨가물이 들어 있습니다.

수천, 수만 년간 자연에 익숙해 있던 인간의 면역 체계가 갑자기 등장한 인공 소재들을 적군으로 알고 공격하는 것이 바로 알레르기 반응입니다. 그래서 과거에는 드물었던 아토피성 피부염이나 알레르기 등이 현대인의 신종 질병으로 자리 잡게 된 것입니다.

◀ 뜬금있는 질문 ▶

들어나 봤나, 베이크 아웃(Bake Out)

새로 지은 건축물이나 개·보수 작업을 마친 건물 등의 실내 공기 온도를 높여 건축 자재나 마감재에서 나오는 유해 물질을 제거하는 방법이다. 유해 오염 물질인 휘발성 유기화합물과 포름알데히드 등의 배출을 일시적으로 증가시킨 후 환기하면 새집증후군의 위험에서 어느 정도 벗어날 수 있다. 베이크 아웃은 다음과 같은 방법으로 한다. 바깥으로 통하는 문과 창문을 모두 닫는다. 오염 물질이 많이 빠져나오도록, 실내에 있는 수납 가구의 문과 서랍을 전부 연다. 가구에 종이나 비닐이 씌워진 경우에는 벗겨 낸다. 실내 온도를 35~40℃로 올려 6~10시간을 유지한다. 문과 창문을 모두 열어 1~2시간 정도 환기를 한다. 이와 같은 난방과 환기를 3~5회 반복한다. 또 다른 베이크 아웃 방법은 실내 온도를 35~40℃로 맞춘 후 72시간 동안 그대로 두었다가 5시간 동안 환기하는 것이다. 그러면 실내의 오염 물질이 현저하게 줄어든다. 실내 온도를 올릴 때 난방 시스템이 과열되지 않도록 주의해야 한다. 또 베이크 아웃을 하는 동안 실내에 노인이나 어린이, 임산부 등이 출입하지 않도록 해야 한다. 베이크 아웃을 마친 뒤에도 문과 창문을 자주 열어 계속 환기하는 것이 좋다.

004

자외선 차단제는 왜 바르나요?

사람들은 강한 햇빛을 막기 위해 자외선 차단제를 바릅니다. 자외선은 지구의 대기 중 성층권에 존재하는 오존층에서 차단이 된다는데, 성층권 아래에 살고 있는 우리가 왜 자외선 차단제를 바를까요? 프레온 가스에 의해 오존층 여기저기 구멍이 심하게 나서 자외선이 마구 들어오고 있기 때문일까요?

자외선에도 종류가 있다고?

자외선은 보통 UV(Ultraviolet)라고 표현하는데, 파장의 길이에 따라 세 가지로 나눕니다. 파장 400~320nm인 것을 UVA(자외선 A, 장파장 자외선), 파장 320~280nm인 것을 UVB(자외선 B, 중파장 자외선), 파장 280~200nm인 것을 UVC(자외선 C, 단파장 자외선)라고 합니다. 성층권*의 오존층은 세 가지 자외선 가운데 자외선 C를 주로 차단합니다. 자외선 C는 파장이 가장 짧고 에너지가 가장 커서, 차단되지 않고 지표면까지 내려오면 사람을 비롯한 여러 생물들에게 위험을 끼치게 됩니다. 사람의 경우, 자외선 C로 인해 백내장이나 피부암 같은 질병에 걸릴 수도 있습니다. 다행히, 자외선 C는 성층권에서 대부분 차단되어 우리에게 영향을 끼치지 않습니다.

그렇다면 자외선 A와 자외선 B는 어떨까요? 이 두 자외선은 우리가 사는 대류권*까지 들어옵니다. 자외선 B는 오존층에 일부 흡수되지만 나머지는 대류권으로 들어오며, 자외선 A는 오존층을 통과하여 대류권까지 도달합니다. 이 두 자외선이 사람의 피부를 그을리거나 노화에 영향을 미치는 것입니다. 피부를 검게 태우는 자외선 B는 피부의 표피까지 침투하지만, 피부에 와 닿는 전체 자외선 양의 5% 정도에 불과합니다. 그러므로 우리 피부에 가장 큰 영향을 주는 것은 파장이 가장 긴 자외선 A입니다.

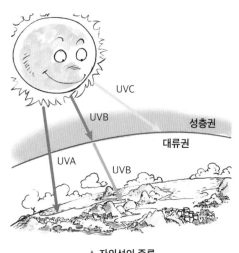

▲ 자외선의 종류

노화의 주범 자외선 A를 차단하는 방법은?

빛에 의한 노화(광노화)의 주범인 자외선 A가 진피 깊숙한 곳까지 침투해 멜

성층권 대류권의 위로부터 고도 약 50km까지의 대기층이다. 하부에서는 기온이 어느 정도 일정하다가 상부로 올라갈수록 높이에 따라 기온이 높아지는데, 이는 오존층이 태양의 자외선을 흡수하기 때문이다. 하부는 기온이 높고 상부는 기온이 낮은 대류권과 달리 대류 현상이 없어 일기 변화도 거의 없다.

대류권 대기권의 가장 아래층으로, 위도와 계절에 따라 다르지만 두께는 대체로 10~15Km 정도이다. 대기가 불안정한 층으로서 공기 분자, 수증기 및 불순물이 집중적으로 존재하는 곳이다. 지표면의 영향으로 난류나 대류 작용에 의한 수직 운동이 왕성하므로 비, 눈, 구름과 같은 기상 현상을 비롯하여 온대 저기압, 전선, 태풍 등 거의 모든 대기 운동이 일어난다.

멜라닌 흑갈색 색소로, 일정량 이상의 자외선을 차단하는 기능이 있어 자외선으로부터 피부를 보호한다. 멜라닌 세포가 자외선에 자극을 받으면 신체를 보호하기 위해 멜라닌을 만들어 낸다.

라닌* 세포를 자극하면 멜라닌 색소가 많이 생성되어 피부에 검버섯이나 기미가 생깁니다. 자외선 A는 또한 잔주름이 생기는 원인이 되기도 합니다. 자외선 B는 햇빛에 노출된 지 몇 시간 만에 피부가 그을리거나 붉은 반점이 생기는 것으로 쉽게 그 존재를 알아차릴 수 있지만, 자외선 A는 오랜 시간에 걸쳐 더디지만 지속적으로 피부 노화를 일으켜 기미, 검버섯, 주름이 생기는 원인이 됩니다.

자외선 B는 햇빛이 강한 여름철 정오부터 오후 4시경까지 가장 많이 발생하는데, 집 안과 같은 실내에는 들어오지 못합니다. 그러나 자외선 A는 커튼이나 유리창을 통과해 실내로 쉽게 들어오기 때문에 어느 곳에서도 안심할 수 없습니다. 자외선으로 인한 광노화를 줄이는 가장 좋은 방법은 외출하기 전에 자외선 차단제를 바르는 것입니다.

자외선 차단제는 피부에 닿는 자외선을 반사시켜 피부를 보호하는 역할을 합니다. 또 옷이 몸에 딱 달라붙으면 햇빛이 옷감 사이로 침투할 수 있으므로, 자외선을 차단하려면 헐렁한 옷을 입는 것이 좋습니다. 흰색 티셔츠가 SPF 5~9 정도의 자외선 차단 기능이 있다면 청바지는 SPF 100 정도의 차단 효과가 있다고 하니, 진한 색 옷을 입고 챙이 넓은 모자를 쓰는 것도 자외선으로부터 피부를 보호하는 좋은 방법이라 하겠습니다.

◁ 뜬금있는 질문 ▷

SPF와 PA의 의미는?

SPF(Sun Protection Factor: 자외선 차단 지수)는 자외선 B 차단 효과를 나타내는 지수이고, PA(Protection grade of UVA)는 자외선 A 차단 효과를 나타내는 지수이다.
SPF 지수 1이 피부에 홍반이나 일광화상(sunburn)이 생기는 것을 10분~15분 정도 예방하는 효과를 나타내므로, 보통 쓰는 지수 20~30의 제품은 3~4시간 정도의 차단 효과가 있다. 지수가 클수록 자외선 B 차단 시간이 길다.
PA 지수는 숫자가 아닌 +등급으로 차단 효과를 나타내는데 +는 차단함, ++는 잘 차단함, +++는 매우 잘 차단함을 뜻한다. +가 많이 붙을수록 자외선 A를 잘 막는다.

005

닮은 듯 다른 얼굴, 다른 듯 닮은 얼굴

"어디 보자, 우리 유현이, 엄마 닮았나, 아빠 닮았나?"
할아버지께서 귀여운 손자를 안으며 물어봅니다. 입은 엄마 닮았고 눈은 아빠를 닮았다고 이야기하며 가족끼리 즐거운 시간을 보냅니다. 같은 형제자매라도 부모님 중 어느 한 분을 더 닮는 이유는 무엇일까요? 어머니와 아버지의 얼굴이 다른데 왜 자녀들은 부모님 얼굴을 닮게 되는 걸까요?

생물을 분류하는 기준은?

자동차는 바퀴가 4개, 오토바이는 2개. 아마 오토바이와 자동차를 같다고 생각하는 사람은 없겠지요? 자동차와 오토바이 모두 연료를 사용하여 엔진 동력으로 움직이지만 서로 다른 운송 수단입니다. 생물도 마찬가지입니다. 두 발로 걷는 동

▲ 수산 시장에 가면 많은 생물 종(種)을 볼 수 있다.

물과 네 발로 걷는 동물이 서로 다릅니다. 이처럼 서로 다르게 생기고 교배해서 자식을 낳을 수 없는 생물들을 종*(種)으로 구분합니다. 생김새가 비슷하더라도 교배하여 자식을 만들 수 없으면 서로 다른 종입니다.

같은 종(種)이면 모두 똑같을까?

애완견 가게에서 강아지를 분양받아 잘 키우면 몇 년 후에 새끼를 낳게 됩니다. 그런데 새끼 강아지들이 다 제각각입니다. 생김새도 성격도 조금씩 다릅니다. 그래서 서로 다른 이름을 붙이고 구분까지 할 수 있습니다. 같은 어미에게서 태어난 새끼들인데도 왜 서로 다를까요? 그것은 강아지의 눈, 코, 귀 그리고 입 등의 생김새를 결정하는 유전자가 조금씩 다르기 때문입니다.

▲ 같은 종이라도 생김새가 똑같지 않다.

얼굴 모양을 결정하는 DNA

생물체의 생김새를 결정하는 유전자는 DNA 속에 들어 있습니다. 누구나 눈, 코, 귀 그리고 입이 있는데 얼굴이 달라 보이는 까닭은 무엇일까요? 사람마다 얼굴의 면적이 다르고 눈, 코, 귀 그리고 입의 모양과 위치가 조금씩 다르기 때문입니다. 얼굴형이 같아도 눈, 코, 입의 위치가 조금만 다르면 전

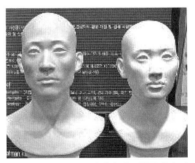
▲ 한국과학기술정보원에서 만든 한국인의 평균 얼굴 모습

종 생물 분류의 기본 단위. 일반적으로 생물의 종류라고 하는 것이 이것에 해당한다. 종은 개체 사이에서 교배가 가능한 한 무리의 생물로 정의된다. 따라서 종이 다른 생물들은 서로 생식적으로 격리되어 있다.

혀 다른 얼굴로 보입니다. 즉, 사람마다 눈, 코, 입 등의 모양과 위치를 결정하는 DNA 속의 정보가 다르기 때문에 얼굴 모습도 달라지는 것입니다. 2005년 대한민국과학축전에서 한국인의 평균 얼굴 모습이 공개되었는데, 이는 우리나라 사람들의 눈, 코, 입 등의 평균 위치를 바탕으로 만든 모습입니다. 여러분의 얼굴은 한국인의 평균 얼굴과 얼마나 비슷한지 한번 비교해 보세요.

내 얼굴은 누굴 닮았을까?

부모가 결혼하여 아기를 가질 때 부모의 DNA가 절반씩 아기에게 전달됩니다. DNA 속에는 생물의 모든 특징을 결정짓는 설계도가 들어 있는데, 정자와 난자에는 전체 DNA의 절반씩만 들어가 있습니다.(감수분열*) 그러므로 새로 태어난 아기는 부모의 DNA를 반반씩 가지게 됩니다. 그렇다고 자녀의 얼굴 생김새가 어머니와 아버지의 생김새를 반반씩 섞어서 닮는 것은 아닙니다. 부모로부터 물려받은 각각의 DNA 속에는 우성 형질도 있고 열성 형질도 있어서 어떤 형질을 물려받았느냐에 따라 자식들 간에도 생김새가 많이 다를 수 있습니다.

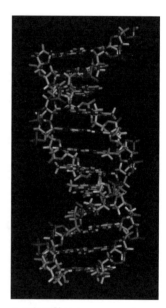

▲ DNA 모형

사람마다 얼굴이 다르다는 사실은 사람의 DNA가 다양한 모습과 형태의 얼굴을 만들어 낼 수 있다는 것을 알려 줍니다. 다양한 DNA를 지닌 남자, 여자

감수분열 2회의 분열이 연달아 일어나서 1개의 모세포에서 4개의 딸세포가 형성된다. 감수분열 과정은 체세포분열 과정과 같은 단계(전기 → 중기 → 후기 → 말기)를 거치나, 체세포분열과 달리 두 번 연속해서 분열(제1 분열, 제2 분열)하여 염색체 수가 체세포의 반으로 줄어들고 4개의 딸세포가 형성된다. 주로 동물의 난자·정자, 식물의 화분·배낭모세포 등 생식세포 형성 과정에서 일어나는 세포분열이다.

가 자유의사로 결합하는 결혼은 더욱 다양한 DNA를 가진 자손들을 탄생시키는 계기가 됩니다.

　　DNA의 이러한 다양성은 사람들을 서로 구별할 수 있게 해 주고, 사람들이 저마다 주어진 환경에 잘 적응할 수 있는 신체적 특질을 갖추도록 해 줍니다.

얼굴 인식 프로그램, 사용해 보셨나요?

얼굴 인식은 생체 인식의 한 종류이다. 생체 인식이란 개인의 독특한 생체 정보를 추출하여 정보화하는 인증 방식을 말한다. 지문·목소리·눈동자 등 사람마다 다른 특징을 인식시켜서 비밀번호로 활용할 수 있다. 분야에 따라 지문·얼굴·홍채·정맥 같은 신체 특징을 이용하기도 하고, 목소리·서명 같은 행동 특징을 활용하기도 한다. 얼굴 모양이나 음성·지문·홍채 등과 같은 개인 특성은 열쇠나 비밀번호처럼 타인에게 도용 또는 복제될 수 없으며, 변경되거나 분실할 위험이 없어 보안 분야에 활용된다. 특히 얼굴 인식은 기계에 접촉할 필요 없이 카메라로 쉽게 판별할 수 있는 보안 기술로, 사람마다 다른 얼굴 데이터베이스를 만든 뒤, 입력된 얼굴 영상을 데이터베이스의 얼굴과 비교하는 방법이다. 이 얼굴 인식 프로그램은 실종된 어린이들의 사진을 생물학적 부모의 모습과 신속하게 연결하고 나이 듦에 따라 변화하는 얼굴 모습을 추정하는 프로그램으로도 개발되었다. 또한 CCTV와 연계하여 범죄 예방과 자료 수집에 이용되는가 하면 중국 최대 전자 상거래 업체인 알리바바의 결제 프로그램에도 도입되는 등, 활용 분야가 점점 다양해지고 있다.

006

우리 피부는 맞으면 왜 발개지나요?

친구들과 게임을 하면서 손목 맞기 내기를 할 때가 있습니다. 게임에 열중하다가 어느 순간에 손목을 보면 피부가 발갛게 되어 있곤 하지요. 피부가 빨갛게 변하는 이유는 무엇일까요?

피부는 어떤 일을 할까?

우리 몸의 가장 바깥에 있는 피부는 외부 자극에 반응하는 최초의 창구입니다. 빛, 온도와 습도, 바람, 눈에 보이지 않는 공기 속의 성분과 기운 등 밖으로부터 우리 몸에 와 닿는 모든 것에 적절히 대응하면서 최전방에서 우리 몸을 지키는 파수꾼 노릇을 합니다. 그뿐 아니라 우리는 피부를 통해 숨 쉬듯 땀을 내보내고 기름도 분비합니다. 동양 의학에서는 피부를 보고 내부 장기의 건강 상태를 예측하기도 합니다.

피부가 발개지거나 멍이 드는 이유

피부를 때리면 피부 아래에 있는 가느다란 모세혈관*이 파괴되어 피가 피부조직으로 새어 나옵니다. 그래서 피부가 벌겋게 보이는 것이지요. 하지만 심하게 때리면 멍이 들기도 합니다.

멍은 물리적 충격으로 모세혈관이 터져서 피부 밑에 출혈이 생긴 것입니다. 피부에 둔하고 범위가 넓은 충격이 가해지

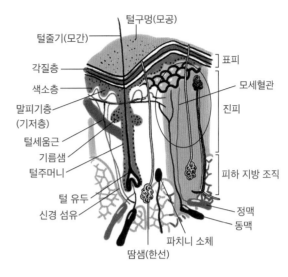

▲ 피부 구조도

면 피부 밑의 혈관들이 터져서 출혈이 일어나는데, 처음에는 맞은 부위가 벌겋게 되었다가 조금 시간이 지나면 출혈된 피들이 서로 엉겨 붙으면서 색깔이 퍼렇게 변해 멍이 듭니다. 멍이 검은색에 가까울수록 출혈량이 많다는 것을 의미합니다. 피부 밖으로 나온 피는 응고되어 딱지가 생기지만, 피부 밑에 출혈된 피들은 딱딱하게 굳지는 않습니다.

시간이 지나면 멍이 저절로 사라지는 이유는?

멍이 들고 나서 어느 정도 시간이 흐르면 터진 혈관들이 복구됩니다. 이 시기가 되면 혈관과 주위 세포에서 분비하는 여러 효소나 대식세포가 피부 밑

모세혈관 소동맥과 소정맥을 연결하는 그물 모양의 가는 혈관. 지름은 8~20㎛이며 조직의 내부에 그물처럼 얽혀 있다. 모세혈관 벽은 한 층의 세포로 되어 있기 때문에 혈액과 그 주변의 세포 사이에 물질교환이 쉽게 일어날 수 있다. 이 내피세포를 통해 혈액에서 조직으로 산소와 영양분이 공급되고 노폐물이 수거된다. 피가 흐르는 속도는 혈관 중에서 가장 느리다.

에 고여 있는 핏덩어리를 녹이고 청소하기 시작합니다. 대식세포는 백혈구*의 일종입니다. 이 과정은 보통 1~2주까지 걸리는데, 그동안 멍은 색깔이 서서히 엷어집니다. 그러다 핏덩어리가 다 녹아 다시 흡수되면 멍이 사라집니다. 옆의 사진은 적혈구*를 집어 삼키고 있는 대식세포의 모습을 현미경으로 찍은 것입니다.

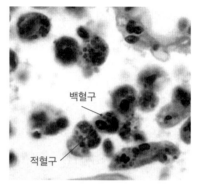

백혈구

적혈구

▲ 적혈구를 잡아먹는 대식세포

멍을 빨리 없애려면?

멍은 터진 모세혈관에서 빠져나온 피가 피부 밑에 고인 것이므로, 출혈이 더 안 되게 막고 고인 피를 없애는 것이 중요합니다. 주사를 맞은 후에 맞은 부위를 꼭 눌러 지혈을 하지 않고 비비면 오히려 혈관 밖으로 피가 더 나와서 주사를 맞은 부위에 멍이 드는 것도 그 때문입니다.

멍이 들면 먼저 열을 식히고 지혈을 하기 위해 찬 물수건을 대어 주면 좋습니다. 대식세포의 기능을 돕는 면역 기능 강화 식품을 섭취하는 것도 도움이 됩니다. 흔히 멍든 부위를 달걀로 문지르기도 하는데, 이는 뭉친 것을 풀어 주는 마사지 효과가 있습니다.

오래되어도 가라앉지 않을 만큼 멍이 심하게 들었을 때에는 바늘로 살짝 찔러서 고인 피를 다 빼내면 2~3일 안에 멍든 부위가 줄어듭니다. 평소에 비타민

백혈구 혈액 속의 혈구 세포 중 하나. 인간의 혈액에 존재하는 수백만 개의 백혈구는 혈액과 조직에서 이물질을 잡아먹거나 항체를 형성함으로써 감염에 저항하여 신체를 보호한다.
적혈구 혈액의 주요 성분 가운데 하나. 주된 기능은 산소 운반이다. 적혈구 세포질 안의 헤모글로빈이 산소와 결합하여 몸 안의 다른 조직에 산소를 운반하게 된다. 헤모글로빈은 양면이 오목한 원반형으로, 평평한 원반형이나 구형에 비해 표면적은 넓고 좁은 모세혈관을 통과하기 쉬워 산소 운반에 효율적이다. 이 헤모글로빈의 양이 비정상적으로 적거나 적혈구의 수가 적어지면 빈혈에 걸린다.

C가 포함된 크림을 바르거나 비타민 C를 충분히 섭취하면 혈관이 약해지는 것을 막고 피부를 지지하는 세포의 생성을 도와 쉽게 멍이 드는 것을 막아 줍니다.

원숭이가 사람으로 어떻게 진화하는 거죠?

찰스 다윈은 『종의 기원』[*]을 발표하면서 인간은 신의 창조물이 아니라 원숭이와 같은 조상으로부터 진화했다고 말해 당시 사회에 큰 충격을 안겨 주었습니다. 기독교 신앙을 가진 대다수의 영국 사람들은 찰스 다윈을 원숭이로 묘사하는 신문 기사와 그림들을 이용하여 '진화론'은 틀렸다고 비난하였습니다. 사람은 정말 원숭이로부터 진화했을까요?

왜 동물원의 원숭이는 인간으로 진화할 수 없을까?

세월이 흐르고 여러 과학적 사실이 밝혀지면서 대부분의 과학자들은 다윈의 진화론이 옳다고 믿게 되었습니다. 하지만 사람과 원숭이는 아주 먼 과거에 하나의 공동 조상으로부터 갈라져 오랜 세월 서로 다른 진화의 과정을 거

『**종의 기원**』 영국의 생물학자 찰스 다윈(1809~1882)의 생물 진화론에 관한 저서. 총 14장에 걸쳐 변이의 법칙·생존경쟁·본능·잡종·화석·지리적 분포·분류학 및 발생학 등의 여러 면에서 자연선택설을 전개하고 있다. 1872년에 간행된 제6판이 최종판인데, 이때 과학적으로 제기된 여러 이론에 답한 새로운 한 장이 제7장으로 추가되었다.

쳤습니다. 따라서 동물원에 있는 원숭이가 사람으로 진화하는 일은 불가능합니다. 이미 서로 다른 진화의 길로 들어섰기 때문에 원숭이가 사람이 되려면 원래의 공동 조상으로 되돌아가야 합니다. 하지만 과거의 모습으로 되돌아가는 것은 불가능하므로 원숭이는 세월이 아무리 흘러도 원숭이일 수밖에 없습니다. 사람과 원숭이는 아주 먼 옛날 하나의 공동 조상을 가지고 있었을 뿐 그 이후에는 서로 다른 종(種)으로 진화했기 때문에, 원숭이가 사람으로 진화할 수도 없고, 우리의 조상이 원숭이인 것도 아닙니다.

▲ 인간과 원숭이가 공동 조상을 가졌다고 주장한 찰스 다윈을 풍자한 삽화

원숭이 무리에서 갈라진 인간의 조상

1924년 남아프리카 타웅(Taung) 지역의 석회암 채석장에서 석회암으로 덮인 머리뼈가 발견되었습니다. 어린아이의 머리뼈였는데 언뜻 보기에 원숭이 머리뼈와 비슷했지만 현재의 인간과 비슷한 점이 많았습니다. 척추가 현재 인간처럼 곧바로 설 수 있는 위치에 있었고, 치아도 현재 사람처럼 앞니와 송곳니가 작고 어금니가 편평하였습니다. 처음에는 모두 원숭이 뼈라고 생각했지만, 그와 비슷한 화석들이 아프리카 여러 곳에서 발견되자 이런 종류의 화석인류 무리를 한데 묶어 오스트랄로피테쿠스*(Australopithecus)라고 부르게 되었고, 그 결과 오스트랄로피테쿠스는 여러 종류의 화석인류를 아우르게 되었

오스트랄로피테쿠스 신생대 제3기 마지막의 플라이오세에서 제4기 플라이스토세 초기에 걸쳐 존재하였던 최초의 화석인류. 주변의 식물을 채집하거나 육식동물이 먹다 남긴 찌꺼기를 먹으면서 작은 무리를 이루어 생활하였다는 것이 정설인데, 유인원에서는 찾아볼 수 없는 도구 사용, 성에 따른 노동 분담 등의 인간다운 특질을 보여준다.

습니다. 겉모습이 고릴라나 오랑우탄과 비슷해서 현재의 우리 모습과 많이 다르지만 엄연히 가장 오래된 화석인류입니다. 겉모습이 원숭이와 비슷한 것은 원숭이와 공동 조상에서 갈라져 나온 지 얼마 되지 않았기 때문인 것으로 추정되고 있습니다.

우리와 가장 가까운 인류의 조상은 누구일까?

500만 년 전	200만 년 전	100만 년 전	20만 년 전	4만 년 전
오스트랄로피테쿠스 (남쪽 원숭이)	호모 하빌리스 (손재주가 좋음)	호모 에렉투스 (곧선 사람)	호모 사피엔스 (슬기로운 사람)	호모 사피엔스 사피엔스 (매우 슬기로운 사람)

▲ 인간의 진화 경로

그렇다면 지금의 우리와 같은 모습의 사람들은 언제쯤 활동하였을까요? 오스트랄로피테쿠스는 꾸준히 진화를 거듭하여 위와 같은 계보를 가지게 됩니다.

오른쪽은 크로마뇽인의 두개골 그림입니다. 크로마뇽인은 현재의 우리와 가장 비슷한 모습을 한

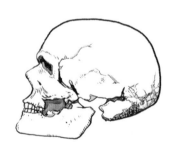

▲ 크로마뇽인의 두개골

화석인류입니다. 1868년 프랑스 도르도뉴 지방의 크로마뇽 동굴에서 화석이 발견되었는데, 오늘날의 유럽인과 거의 흡사한 골격을 지녔고 구석기 후기에 해당하는 문화를 누렸습니다. 동굴에서 살았고, 특별한 환경 변화가 없는 한 동굴에서 1년 내내 지냈다고 합니다. 시체를 매장하는 풍습을 지녔던 크로마뇽인은 동굴에 아름다운 벽화를 많이 남겼는데, 특히 여러 가지 동물이나 사람 모양

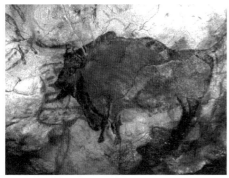

▲ 스페인의 알타미라 동굴 벽화
약 15,000년 전 구석기 시대 후기에 그려진 것으로 강렬한 채색을 사용한 들소 그림이 유명하다.

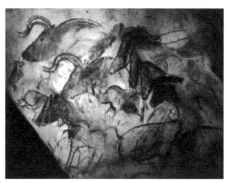

▲ 프랑스의 라스코 동굴 벽화
도르도뉴 지방 라스코 동굴에 그려진 벽화로 기원전 15,000~13,000년 전 것으로 추정된다.

▲ 빌렌도르프의 비너스
약 2만 6천 년 전에 만들어진 것으로 추정되며 오스트리아 빌렌도르프 근처에서 발견되었다.

▲ 로셀의 비너스
라스코 동굴 벽에 새겨져 있던 약 2만 년 전의 비너스

▲ 밀로의 비너스
기원전 2세기 후반, 에게 해에 있는 밀로스 섬에서 발견되어 '밀로의 비너스'로 불린다. 현재 루브르 박물관 소장.

조각에서 빼어난 예술성을 보여 줍니다. 지금 보더라도 매우 훌륭한 예술 작품이라 많은 사람들의 마음에 원시 미술에 대한 관심과 흥분을 불러일으킵니다.

앞의 첫 번째와 두 번째 그림에서 우리는 커다랗고 살진 들소를 잡아 배부르게 먹고 싶어 했던 크로마뇽인들의 마음을 알게 됩니다. 그들은 미의 여신, 비너스의 조각들도 남겼는데, 널리 알려진 밀로의 비너스와는 모습이 아주 다릅니다. 풍만한 몸매를 한 앞의 두 비너스 상은 다산과 풍요를 기원하는 마음을 담은 것이라고 합니다. 아름다움에 대한 인간의 생각은 이처럼 시대에 따라 달랐음을 알 수 있습니다.

원숭이, 고릴라, 침팬지, 오랑우탄의 차이점은?

- **원숭이:** 포유류 영장목 중에서 사람을 제외한 동물을 일컫는 일반적 호칭. 원숭이를 뜻하는 영어의 monkey는 긴 꼬리를 가지고 있는 것만을 가리키며, 꼬리가 없는 것은 ape라고 한다. 원숭이류는 동물계에서 가장 진화 수준이 높은 것부터 극히 원시적인 것까지, 여러 갈래에 걸친 진화 단계의 동물을 한 군 안에 포함하고 있다. 몸무게가 약 2kg인 여우원숭이와 200kg이 넘는 고릴라는 아주 대조적이다. 원숭이 중 고릴라, 침팬지, 오랑우탄, 긴팔원숭이는 유인원에 속한다. 유인원은 사람과 마찬가지로 꼬리가 없으며, 그 밖에도 여러 가지 형질 면에서 사람과 가까운 점이 많다.
- **고릴라:** 영장목 성성이과. 몸무게가 70~275kg으로, 영장류 중에서 몸집이 가장 크다. 지도자 수컷을 중심으로 8~10여 마리가 무리를 지어 이동 생활을 하며, 수명은 보통 25~30년이다.
- **침팬지:** 영장목 성성이과. 간단한 도구를 사용하고, 먹이를 분배하며, 복잡한 인사 행동을 한다.
- **오랑우탄:** 영장목 성성이과. 보르네오섬과 수마트라섬의 밀림에서만 서식한다. '오랑우탄'은 말레이어에서 유래한 말로, '숲에 사는 사람'을 뜻한다.

008

음식 맛은 꼭 혀로만 느끼나요?

사람이 느끼는 오감 중 가장 삶을 즐겁게 하는 것은 당연히 미각일 겁니다. 문헌에 따르면, 옛 로마의 귀족들은 음식을 즐기기 위해 하루에 몇 차례나 연회를 열었는데, 배가 불러 더 이상 음식을 먹지 못할 것 같으면 먹은 음식을 토한 뒤 새로운 음식을 씹어 맛을 보는 즐거움을 누렸다고 합니다. 그런데 우리는 정확히 무엇으로 어떻게 맛을 느낄까요?

미각은 오직 혀로만 느끼나요?

흔히들 맛은 혀로 느끼는 것이라고 알고 있습니다. 하지만 사람과 척추동물은 감각세포가 몰려 있는 미뢰(taste bud, 맛봉오리)로 맛을 감지하는데, 사람을 포함하여 육상동물의 미뢰는 입안 전체에 분포하고 있어 혀뿐 아니라 입안 어디에서나 맛을 느낄 수 있습니다. 특히 어린아이는 목구멍에까지 미뢰가 들어 있어 성인보다 더 맛에 민감하고 다양한 맛을 느낄 수 있습니다. 어떤 물고기는 피부에도 미뢰가 있어 물속의 적은 양의 먹이에도 매우 민감하게 반응

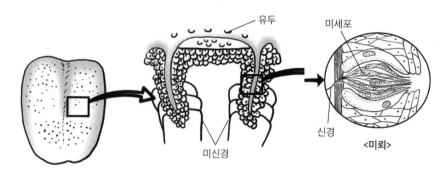

유두

미세포

미신경

신경

〈미뢰〉

▲ 맛을 감지하는 미세포가 들어 있는 미뢰

할 수 있다고 합니다. 커피나 와인 감별사들은 일반인보다 맛을 훨씬 민감하게 느낄 수 있도록 미뢰를 잘 관리합니다.

혀의 미뢰는 표면에 돋은 유두라는 돌기에 둘러싸여 있습니다. 각각의 미뢰 안에는 약 20~30개의 미세포(맛세포, 미각 세포)가 들어 있는데, 미세한 털 같은 돌기들이 혀의 표면으로 열린 작은 구멍을 향해 돋아 있으며 아래쪽에는 감각신경세포가 분포하고 있습니다. 침과 섞인 수용액 상태의 물질이 구멍을 통해 미세포에 자극을 가하면 신경세포를 통해 뇌로 자극이 전달됨으로써 우리는 특정한 맛을 느낍니다.

맛에는 단맛, 쓴맛, 신맛, 짠맛, 감칠맛의 5가지가 있습니다. 매운맛이나 떫은맛은 미각과 상관없는 피부감각입니다. 떫은맛은 탄닌이 든 감 같은 음식물, 철·동 같은 금속류나 알데히드*가 포함된 음식물을 먹을 때 느낄 수 있습니다. 그리고 매운맛은 캡사이신이 많이 든 고추나 겨자기름, 파, 계피 등을 먹을 때 느낄 수 있습니다.

일반적으로 맛은 어떤 농도 값을 넘으면 '쾌(快)'에서 '불쾌'로 변하는데 단

알데히드 알데히드기(CHO)를 가진 화합물의 총칭. 공기 중의 산소에 의해 산화되어 카르복시기(COOH)를 가진 카르복시산이 되기 쉽다. 펠링용액과 은거울반응 등으로 검출한다.

맛은 예외적으로 농도에 상관없이 쾌감을 느낀다고 합니다. 어린이들이 달콤한 사탕과 초콜릿을 끊임없이 먹는 것도 이 때문입니다.

눈과 코로도 맛을 느낀다?

미각은 다른 감각에도 많은 영향을 받습니다. "보기 좋은 떡이 먹기도 좋다."라는 속담도 있듯이, 시각적 효과에 따라 미각 효과가 커지거나 작아지기도 합니다. 레스토랑 조명을 파란색으로 하면 맛있는 스테이크에도 사람들이 구토 반응을 보인다든지, 같은 파란색인데도 청량음료인 경우에는 오히려 사람들의 선호도가 더 높아지는 것이 그 보기입니다. 그래서 요리 연구가들은 음식 색깔과 접시 색깔, 음료 색깔을 어떻게 맞추면 미각 효과가 증대할지를 연구한다고 합니다.

시각뿐 아니라 후각도 우리가 느끼는 맛에 영향을 줍니다. 예컨대, 감기나 비염으로 코가 꽉 막히면 아무리 맛있고 평소에 좋아하던 음식이 앞에 있어도 식욕이 나지 않을 때가 많습니다. 어린이들이 좋아하는 바나나 맛, 초코 맛 우유도 진짜 바나나나 카카오가 들어간 것이 아니라 바나나 향, 초콜릿 향 같은 첨가물을 넣어 실제와 비슷한 미각 효과를 내는 것입니다.

혀의 맛 지도, 과연 옳을까요?

한때 교과서에도 실린 우리 혀의 맛 지도를 기억하나요? 특정한 맛을 느끼는 미뢰가 혀의 특정 부위에 있어서 단맛은 혀의 끝부분, 신 맛은 혀의 가장자리, 쓴맛은 혀의 안쪽, 그리고 짠맛은 혀의 모든 부위에서 잘 느낀다는 것인데, 이는 사실과 다르다고 합니다. 혀의 맛 지도가 잘못되었다는 연구는 이미 1970년대부터 이루어져 왔는데, 그 결과 우리의 혀는 물론이고 입천장도 부위와 상관없이 각각의 맛을 느끼는 정도에 차이가 없다는 점이 밝혀졌습니다.

최근에 초등학생을 대상으로 미각 선호도와 미각 역치* 정도를 조사한 결과, 평소에 패스트푸드나 인공 조미료에 익숙한 학생들이 특히 단맛과 짠맛에 대한 역치가 높게 나타났다고 합니다. 미각 역치가 높으면 그만큼 강한 자극을 원하게 됩니다. 단맛, 짠맛을 즐기는 잘못된 식습관은 장차 고혈압, 당뇨, 비만을 불러옵니다. 자연의 재료로 맛을 낸 고유한 우리 먹거리가 입맛도 살리고 건강에도 도움이 된다는 것을 새삼 깨닫게 됩니다.

역치 감각세포에 흥분을 일으킬 수 있는 최소 자극의 크기. 세포의 종류에 따라 다르고, 같은 세포일지라도 각 세포가 자극을 받는 상태에 따라서 달라진다. 세포가 흥분하기 쉬운 정도는 일반적으로 역치의 역수로 표시한다. 즉, 약한 자극에도 흥분하면 역치가 낮고, 강한 자극을 주어야만 흥분하면 역치가 높은 것이다. 따라서 역치가 높다는 것은 맛을 느끼는 정도가 약하고, 그만큼 맛에 대한 민감도가 떨어진다는 것을 뜻한다.

009

포도당처럼 지방도 수액 주사로 섭취할 수 있을까요?

수험생들에게 합격 기원 엿이나 초콜릿, 찹쌀떡을 선물하는 풍습이 있습니다. "엿처럼 잘 붙어라"거나 "떡하니 붙어라"라는 상징적인 의미가 담긴 풍습인데, 의외로 과학적 의미도 담겨 있습니다. 엿이나 찹쌀떡에 포함된 당분을 섭취해서 두뇌 회전에 필요한 에너지를 얻으라는 것이지요. 우리 몸의 에너지원인 포도당이 급히 필요할 때에는 수액 주사로 보충하기도 합니다. 그러면 같은 에너지원인 지방도 수액 주사로 섭취할 수 있을까요?

우리 몸에서 포도당이 하는 일은?

우리 몸에서 에너지원으로 쓰일 수 있는 영양소에는 탄수화물, 지방, 단백질이 있습니다. 이들은 음식물 섭취를 통해 우리 몸으로 들어와서 소화가 되면 탄수화물은 과당이나 포도당으로, 지방은 지방산과 글리세롤*로, 단백질은 아미노산*으로 분해되어 몸의 필요한 부분에서 자기 일을 하게 됩니다.

이 중 에너지를 만드는 데 가장 많이 쓰이는 것은 포도당입니다. 포도당 1g으로 약 4kcal의 에너지를 낼 수 있는데, 우리 몸에 필요한 에너지의 50~70%

▲ 합격 기원 엿과 초콜릿 선물 세트　　　　▲ 에너지원이 되는 3대 영양소(단백질, 탄수화물, 지방)

는 포도당에서 얻고 있습니다. 물론 단백질과 지방도 에너지를 내지만 쓰이는 곳이 다릅니다. 단백질은 에너지를 만드는 데보다는 몸을 구성하는 데 더 많이 쓰입니다. 지방은 1g으로 9kcal의 에너지를 내는데, 주로 간세포와 근육세포에서 에너지원으로 쓰입니다.

포도당은 어느 곳에서나 쓰일 수 있고 특히 뇌는 오로지 포도당에서만 에너지를 얻을 수 있기 때문에 뇌 활동을 촉진하려면 포도당을 충분히 섭취해야 합니다. 밥은 주로 탄수화물로 이루어져 있기 때문에 밥을 든든하게 먹으면 두뇌 활동에 도움이 됩니다.

엿이나 초콜릿에 포함된 당분은 밥에 포함된 녹말보다 더 빨리 포도당으로 분해될 수 있어서 뇌를 쓰는 데 필요한 에너지를 더 빠르게 공급할 수 있습니다. 또한 엿은 엿당이라는 물질로 이루어져 있는데 한 분자의 엿당이 분해되면 두 분자의 포도당으로 바뀌기 때문에 다른 당분에 비해 더 빨리, 더 많이 포도당을 뇌에 공급할 수 있습니다.

글리세롤 $C_3H_5(OH)_3$의 분자식을 가진 지방족 3가 알코올의 하나로서, 무색무취이고 단맛이 나며 끈기가 있다. 건조 방지제, 용제, 감미료나 음식물의 보존에 이용된다.
아미노산 한 분자 안에 아미노기와 카르복시기를 둘 다 가지는 유기화합물. 모든 생명 현상을 관장하는 단백질의 기본 구성 단위이다.

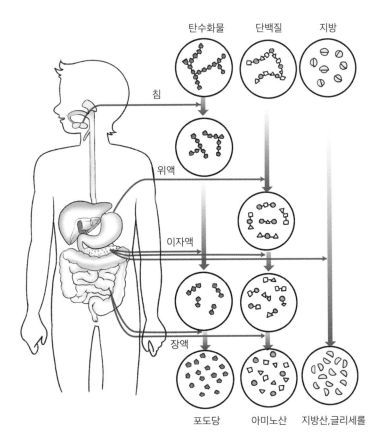

탄수화물 단백질 지방

침

위액

이자액

장액

포도당 아미노산 지방산,글리세롤

▲ 탄수화물, 단백질, 지방의 분해 과정과 분해 결과 생기는 물질

지방 수액 주사가 없는 이유는?

사람이 오래 굶거나 탈수 같은 증상을 일으키면 포도당을 함유한 수액제로 수분과 전해질 등을 몸에 보충해 줍니다. 수액 주사는 필요한 성분을 혈관에 직접 공급하기 때문에 음식을 통해 섭취할 때보다 효과가 훨씬 빠릅니다.

그렇다면 적은 양으로 더 많은 에너지를 낼 수 있는 지방을 주사하면 탈수 증상을 일으킨 급한 환자에게 더 좋지 않을까요? 결론은 "그렇지 않다"입니다. 수액의 주성분이 포도당인 것은 포도당이 우리 몸의 주요 에너지원이기도 하거니와, 포도당 분자가 작고 물에 잘 녹아서 혈액을 통해 뇌나 근육으로 퍼지기 쉽기 때문입니다.

   반면에, 지방은 분자가 클 뿐 아니라 혈액 속에 들어가면 녹기는커녕 어마어마한 크기로 뭉쳐서 혈관을 막을 위험이 있습니다. 따라서 지방은 혈액에 주사할 수 없고 음식으로만 섭취해야 합니다.

010

피는 모두 붉은색일까요?

당연한 것을 왜 묻느냐고요? 피는 당연히 붉은색이라고 생각한다면 지금 이 책을 든 여러분의 손등을 한번 살펴보세요. 푸른 핏줄이 보이지 않나요? 혈액은 붉은색인데 손등이나 팔뚝의 크고 작은 혈관은 푸른색으로 보입니다. 왜 그럴까요?

피가 붉은색인 이유는?

피의 색깔이 붉은 것은 적혈구에 헤모글로빈*이라는 색소단백질이 있기 때문입니다. 적혈구는 폐에서 심장을 거쳐 온몸으로 산소를 운반합니다. 적혈구

헤모글로빈 척추동물의 적혈구 속에 다량으로 들어 있는 색소단백질. 혈색소라고도 한다. 단백질의 일종인 글로빈과 철을 함유한 헴(heme)이라는 구조 4개가 모여 이루어진다. 철 원자 1개가 한 분자의 산소와 결합하므로, 헤모글로빈 한 분자에는 산소 4분자가 결합한다. 생체 내에서 산소를 운반하는 일을 하며, 산소가 풍부한 폐나 아가미에서는 산소와 결합하고, 산소가 희박한 조직에 이르면 산소를 떼어 낸다.

에서 산소와 결합하는 것이 바로 헤모글로빈입니다. 헤모글로빈에는 철분이 들어 있는데, 이 철이 산소를 붙잡는 손 역할을 합니다.

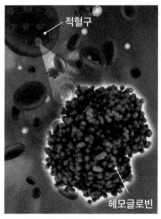
▲ 적혈구와 적혈구에 포함된 헤모글로빈

철이 녹슬어 빨갛게 된 것을 본 적이 있지요? 철과 산소가 결합할 때 녹슨다고 하는데, 산소와 결합한 철은 붉게 보입니다. 따라서 헤모글로빈이 포함된 적혈구가 든 혈액이 붉은색을 띠게 되는 것입니다. 산소가 헤모글로빈과 많이 결합할수록 밝고 붉은색을 띱니다. 반면 헤모글로빈에 이산화탄소가 결합하면 검붉은색이 됩니다.

핏줄마다 흐르는 피의 색이 달라요

심장에서 나오는 핏줄을 동맥, 심장으로 들어가는 핏줄을 정맥이라고 하는데 일반적으로 동맥에 흐르는 피가 산소를 많이 포함하고 있습니다. 그런데 손등이나 팔뚝에 보이는, 피부 가까이 있는 핏줄은 모두 정맥입니다. 정맥으로 흐르는 피 속의 헤모글로빈은 이산화탄소와 결합했기 때문에 검붉은색을 띱니다. 하지만 정맥 주위를 덮는 혈관 벽과 피부 때문에 어두워져서 우리 눈에는 푸른색처럼 보이는 것입니다. 밝고 붉은 피가 흐르는 동맥은 몸 깊숙이 있기 때

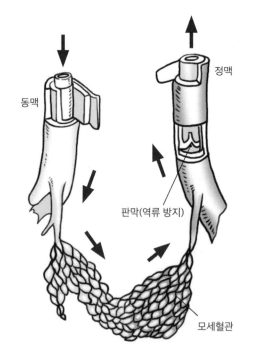
▲ 동맥, 모세혈관, 정맥

문에 눈으로 볼 수 없습니다.

다른 동물의 피도 모두 붉은색일까요?

공상 과학 영화에서는 우리와 생김새가 다른 생물의 피를 푸른색이나 녹색으로 표현하기도 합니다. 특히 파충류 모습을 한 외계인의 피가 초록색인 경우가 있어 많은 사람들이 파충류의 피가 초록색인 것으로 알고 있지만, 사실이 아닙니다. 파충류를 포함한 척추동물은 사람과 마찬가지로 모두 철을 함유한 헤모글로빈을 가지고 있기 때문에 피가 붉은색입니다. 무척추동물 중에도 헤모글로빈을 가진 개불이나 피조개, 헤모글로빈과 비슷한 색소단백질을 가진 지렁이나 달팽이는 붉은 피를 가지고 있습니다.

하지만 무척추동물 중 오징어나 문어와 같은 연체동물, 절지동물 중에 새우나 가재와 같은 갑각류, 그리고 여러분이 잘 아는 곤충류는 피가 푸른색입니다. 이러한 동물들은 헤모글로빈 대신 헤모시아닌이라는 색소단백질을 가지고 있습니다. 헤모시아닌이 산소를 나르는 역할을 하는 것이지요. 헤모시아닌은 철 대신 구리를 가지고 있어서 산소와 결합하면 푸른색이 되고, 산소를 떼어 놓으면 무색이 됩니다.

자, 이제 피는 당연히 붉은색이라는 오해가 풀렸나요?

적혈구가 붉다면 백혈구의 색은 흰색?
적혈구는 세포 속에 헤모글로빈이라는 색소단백질이 있어 붉은색으로 보인다. 그렇다면 백혈구는 흰색일까? 백혈구는 색소단백질을 가지고 있지 않다. 따라서 백혈구는 색을 띠지 않는다. 그런데 어째서 흰색을 뜻하는 '백'혈구라는 이름이 붙었을까? 혈액을 원심분리하면 액체 성분인 혈장 층과 적혈구 층 사이에 '연막'이라는 얇은 흰색 층이 생성되는데, 이 층에 포함된 세포들을 백혈구라고 부르게 되었다. 백혈구는 우리 몸의 면역 체계를 구성하는 세포로, 감염성 질환과 외부 물질에 맞서 우리 몸을 지키는 역할을 한다.

011

피를 먹으면 소화가 되나요?
아니면 다시 혈관으로 공급되나요?

드라큘라가 나오는 공포 영화를 보면 어김없이 그와 함께 등장하는 박쥐가 있습니다. 바로 흡혈박쥐인데, 이 박쥐는 곤충이나 과일을 먹는 다른 박쥐와 달리 자기보다 훨씬 덩치가 큰 동물들의 몸에 붙어 피를 빨아 영양분을 섭취합니다. 우리 사람이 만약 흡혈박쥐처럼 피를 섭취한다면 어떻게 될까요?

피가 맛있어.

우리도 뱀파이어가 될 때가 있다?

흡혈박쥐처럼 늘 그러는 것은 아니지만, 우리도 가끔 피를 먹을 때가 있습니다. 다친 손에서 피가 나면 무의식적으로 손을 입으로 가져가 상처에서 나는 피를 빨기도 하고, 소의 피를 넣고 끓인 선짓국을 먹기도 합니다. 동물의 피를 먹는다 해도 동물

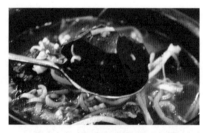

▲ 소나 돼지의 피를 응고시켜 만든 선지를 넣어 끓인 선짓국

의 혈액이 우리 몸에 들어가 우리 피와 섞이는 것이 아니기 때문에 혈액 응고는 일어나지 않습니다.

우리의 입속으로 들어간 피는 어떻게 될까요? 입속으로 들어간 피는 다른 음식물과 마찬가지로 소화기관을 따라 이동합니다. 혈관으로 들어가 혈액과 섞이거나 혈액량을 증가시키지 않습니다. 피나 선지의 대부분은 혈액 단백질로, 우리 몸 안에 들어오면 다른 단백질 성분처럼 소화 과정을 거치게 됩니다.

입에서의 소화

입을 통해 들어온 음식물은 우선 이에 의해 으깨지면서 침과 뒤섞입니다. 침은 음식물에 수분을 주어 부드럽게 만드는 역할을 합니다. 침 속의 소화효소인 아밀레이스는 녹말을 엿당으로 분해합니다. 하지만 입에서는 녹말이외에는 소화가 거의 이루어지지 않습니다.

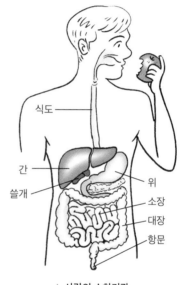

▲ 사람의 소화기관

식도를 거쳐서 위로

잘게 으깨진 음식물은 목구멍을 지나 30cm 정도 되는 식도를 통과해서 위로 들어가 2~5시간 정도 위에 머무르게 됩니다. 위는 염산과 소화효소인 펩신이 들어 있는 위액을 분비하는데, 펩신은 단백질을 중간 정도로 소화시키는 일을 합니다. 우리가 먹은 피나 선지의 단백질도 이곳에서 분해되기 시작합니다.

염산은 음식물 속의 세균을 죽이는 일을 합니다. 염산은 아주 강한 산성 물질인데 위가 괜찮을까요? 신기하게도, 건강한 사람의 위에서는 염산으로부터 위벽을 보호해 주는 점액이 분비되어 위벽이 상하는 것을 막아 줍니다. 하지만 점액의 분비량이 줄어들거나 음식물이 없을 때 염산이 나오면 위벽을 지키는 방어 기구가 작용하지 않게 되어 위벽에 상처가 나, 위염이나 위궤양*에 걸릴 수도 있습니다.

위 다음은 십이지장

위에 음식물이 고이고 위의 운동이 활발해지면 출구인 유문*이 열려 십이지 장*으로 음식물을 보내게 되는데, 위와 달리 십이지장은 음식물을 담아 두지 못하므로 한꺼번에 많은 음식이 들어가면 소화불량에 걸리게 됩니다.

십이지장에서는 이자에서 온 이자액과 십이지장 벽에서 나온 장액 안에 든 많은 소화효소에 의해 녹말과 지방은 물론이고 단백질까지 세포가 흡수할 수 있는 작은 입자로 완전하게 분해되어 소화가 끝납니다.

소화가 끝난 영양분은 소장에서 흡수하고 나머지는 대장으로

십이지장을 지나면 소화된 영양분의 흡수가 주로 이루어지는 소장이 나옵 니다. 사람의 소장은 소화관 가운데 가장 길어서 6~7m나 되고, 내벽에는 융 털이라는 작은 돌기가 무수히 돋아 있어 표면적이 무려 200m²(약 60평)나 되기 때문에 영양분을 매우 효율적으로 흡수할 수 있습니다.

소화되지 않아 소장에서 흡수되지 않은 것은 대장으로 내려갑니다. 대장은 지름이 5cm, 길이가 1.5m 정도이며, 주로 물과 염분을 흡수하고, 흡수되지 않 은 고형 물질은 대변으로 배출합니다. 대장 속에는 대장균을 비롯한 많은 세

위궤양 흡연, 스트레스, 약물, 헬리코박터균 감염, 악성종양 등으로 위장 점막이 손상되어 가장 표면에 있는 점막 층보다 깊이 패면서 점막근층 이상으로 손상이 진행된 상태를 말한다.
유문 위와 십이지장의 경계 부분. 유문에는 괄약근이 존재하는데, 이 괄약근의 운동을 통해 위와 십이지장이 연 결된 부위가 열리거나 닫힘으로써 음식물이 내려가는 속도를 조절하게 된다.
십이지장 소장 가운데 유문에 이어지는 부분. 길이는 25~30cm이다. 점액과 소화액을 분비하며, 쓸개즙과 이자 액을 받아들여 소화를 돕는다.

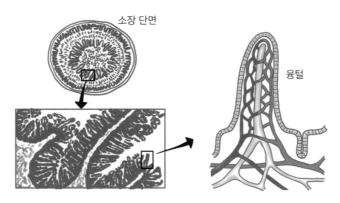

소장 단면

융털

▲ 소장 내벽에 무수히 나 있는 융털과 그 구조

균이 살고 있는데, 이들은 비타민과 아미노산을 합성하여 사람에게 제공하기
도 합니다.

뜬금있는 질문

속이 쓰릴 때 약국에 가면 어떤 약을 줄까요?

갑작스러운 스트레스 상황, 불규칙한 식습관, 맵고 짠 자극적인 음식으로 인하여 속이 쓰릴 때가 있
다. 강한 산성을 띤 위산이 너무 많이 분비되어 위벽에 상처가 생기기 때문이다. 이때 약국을 찾으면
위산을 중화시킬 수 있는 수산화마그네슘과 같은 약염기성 성분의 제산제를 처방해 준다. 또한 위산
분비 억제제와 위장 운동 기능에 관여하는 약물, 소화를 돕는 소화효소도 함께 복용하게 함으로써 증
상 완화를 촉진한다.

012 곶감 단맛의 비밀은?

"어흥!" 큰 소리로 산골짜기 동물들을 얼어붙게 만드는 호랑이가 제일 무서워한 것은 곶감이었습니다. 아무리 달래도 울음을 멈추지 않던 어린아이의 마음을 단번에 사로잡았던 곶감 이야기를 해 볼까 합니다.

곶감에 묻은 흰 가루의 정체는?

추석 즈음이면 곶감이 시장에 나오기 시작하는데, 겉에 하얀 가루가 잔뜩 붙어 있습니다. 곶감이 상하지 않게 밀가루를 묻혀 놓았다고 언뜻 잘못 생각할 수도 있지만, 그 정체는 곶감에서 배어난 '과당(果糖)'이라는 당분입니다. 과당*

과당 보통 '프럭토스(fructose)'라고 부르는 중요한 육탄당 가운데 하나. 포도당과 함께 과일 속에 들어 있거나, 포도당과 결합하여 이당류의 형태로 존재한다. 과당은 당류 중 단맛이 가장 강한데, 가열하면 단맛이 3분의 1로 떨어지는 특징이 있다.

은 주로 과일, 과즙 등에 들어 있는데 단맛의 대표 격인 벌꿀의 약 40%가 과당이랍니다. 그러므로 천연 당류 중에서는 과당이 가장 달다고 할 수 있습니다. 그러면 익지 않아 떫은 감이 어떻게 단맛을 내는 곶감으로 변하는 것일까요?

곶감 단맛의 비밀

감이 떫은맛을 내는 것은 '탄닌* 세포'를 가지고 있기 때문입니다. 탄닌 세포는 피부를 오그라들게 하는 탄닌산을 가지고 있기 때문에 감을 한 입 베어 물면 입안 전체가 떫떠름해집니다. 이런 작용 때문에 옛날에는 설사나 배탈을 다스릴 때 감을 이용하기도 했습니다. 하지만 이렇게 떫은

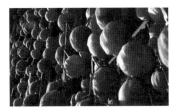

▲ 곶감은 말리는 과정에서 당분이 배어 나와 하얗게 된다.

감도 빨갛게 익어 갈수록 탄닌 세포가 죽으면서 떫은맛이 사라지게 됩니다. 잘 익은 감 속에 생긴 검은 점들이 바로 탄닌 세포가 죽어서 생긴 것입니다. 탄닌은 물에 녹았을 때에만 떫은맛을 냅니다. 감을 말리면 수분이 사라져 탄닌의 떫은맛이 사라지고 과당이 배어 나와 단맛만 남게됩니다.

포도송이에 묻어 있는 흰 가루의 정체는?

지금부터는 과당을 아주 좋아하는 초파리 이야기를 해 보겠습니다. 한여름에 깜빡 잊고 며칠 동안 놓아 둔 포도에서 "윙" 하고 날아가는 초파리를 본 적이 있을 겁니다. 포도의 겉에는 곶감처럼 하얀색 가루가 잔뜩 묻어 있는데, 이

▲ 초파리는 산성 물질인 초맛을 좋아한다.

탄닌 입안을 떫게 만드는 물질. 덜 익은 과일이나 종자, 포도 껍질, 줄기 등에 들어 있다. 아주 쓴 맛을 내는 폴리페놀의 일종으로 식물에 의해 합성되며, 단백질과 결합하여 침전된다. 원래 동물의 껍질을 가죽으로 만들 때 방부제로 쓰이는 물질을 가리키던 말이었다.

는 농약이 묻은 것이 아니라 열매의 포도당과 과당이 배어 나와 흰 가루가 된 것입니다. 이 맛난 가루들을 초파리가 그냥 지나칠 리가 없겠지요? 어미 초파리가 포도 껍질에 알을 낳고 1~2일이면 애벌레가 태어나는데, 포도 껍질에 붙은 포도당과 과당을 먹으며 5일 만에 다 자랍니다. 그 후 번데기로 7일을 지내면 어른 초파리가 됩니다. 그러니 초파리는 포도만 보면 많은 알을 낳아 자손을 번식시키려고 듭니다.

013 당뇨 환자의 오줌은 정말 달까요?

기원전 400년경 인도의 한 의사는 당뇨병 환자가 오줌을 눈 자리에 얼마 뒤면 개미나 다른 벌레들이 모이는 것을 볼 수 있었다고 기록한 바 있습니다. 당뇨병 환자의 오줌이 달기 때문이라고 하는데요, 그래서 기원전에는 당뇨병을 '꿀오줌'이라고도 불렀다고 합니다. 당뇨병 환자의 오줌은 정말로 단맛일까요?

당뇨병이란?

당뇨병이란 혈당(혈액 속 포도당)의 양이 조절되지 않아 피 속에 포도당이 비정상적으로 많아지는 질병입니다. 일반적으로 정상적인 사람의 혈당 농도는 빈속일 때 100mg/dL 미만인데 당뇨병 환자의 혈당은 빈속일 때 125mg/dL 이상이고, 식후에는 200mg/dL 이상으로 높아집니다. 즉, 다른 사람들보다 비정상적으로 혈당량이 많습니다. 정상적인 상황이라면 신장에서 걸러진 혈당이 모두 신장에서 흡수되지만, 혈당량이 비정상적으로 많아지면 신장에서 다

흡수되지 못해 남은 포도당이 오줌에 섞여 배설됩니다. 그러면 오줌에서 단맛
이 나기 때문에 개미나 다른 벌레들이 꼬이는 것입니다.

우리 몸은 혈당량을 어떻게 조절할까?

우리 몸은 혈당량을 비롯하여 체온·삼투압 등을 미세하게 조절하는데, 이
때 분비된 호르몬의 작용이 역으로 그 호르몬의 생성과 분비를 억제하는 '음
성 되먹임'의 원리가 이용됩니다.

혈당의 양을 조절하는 데에는 2가지의 중요한 호르몬이 작용합니다. 바로
이자에서 분비되는 인슐린과 글루카곤입니다. 인슐린은 혈당 농도를 낮추어
주는 호르몬으로, 식사를 통해 혈액 속 포도당의 농도가 높아지면 그것이 신
호가 되어 이자에서 인슐린의 분비가 촉진됩니다. 인슐린은 간에 작용하여 혈
액 속 여분의 포도당을 글리코겐으로 합성하도록 하는 한편, 포도당이 우리

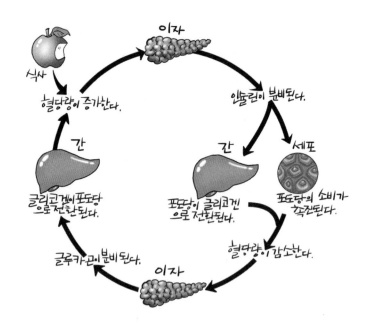

▲ 혈당 조절에서 인슐린과 글루카곤의 역할

몸속 세포에 흡수되는 것을 촉진합니다. 세포 속으로 포도당이 들어갈 수 있도록 돕는 열쇠 역할을 함으로써 혈당량을 줄여 주는 것이지요. 반대로, 장시간 음식을 먹지 않거나 인슐린의 과도한 작용 때문에 혈당이 줄어 뇌에 공급되는 포도당의 양이 적어지면, 그것이 신호가 되어 이자에서 인슐린의 분비가 억제되고 글루카곤의 분비는 촉진됩니다. 글루카곤은 인슐린과 반대 효과를 나타내는 호르몬으로, 간에서 당의 분해를 억제하고 당을 새로 합성하는 과정을 촉진합니다. 즉, 글루카곤은 간에서 글리코겐을 포도당으로 전환하여 혈액 속으로 공급하고 필요할 경우 포도당을 새로 합성하는 과정을 촉진합니다. 이렇게 서로 반대 효과를 내는 인슐린과 글루카곤을 길항작용*의 관계에 있다고 표현하기도 합니다.

당뇨병의 증세는?

당뇨병에 걸리면 우선 오줌 속에 포도당이 섞여 나옵니다. 오줌 속 포도당이 늘어나면 오줌의 삼투압이 높아져서 신장에서 오줌 속 수분 재흡수율이 떨어지게 됩니다. 그러면 몸 안의 수분이 부족해져 쉽게 갈증을 느끼게 되어 밤중에도 계속 물을 마시게 되고, 따라서 소변을 자주 그리고 많이 보게 됩니다. 또한 당뇨 환자의 경우, 인슐린이 세포에 제대로 작용하지 않아 포도당이 세포 안으로 흡수되지 못합니다. 그러면 포도당을 사용하지 못하는 뇌 속 포만 중추 세포들이 몸속 에너지원이 부족하다고 느껴 배가 고프다는 신호를 보내고 따라서 음식을 자주 찾게 됩니다.

당뇨병의 또 다른 증세로는 체중 감소와 심한 피로를 들 수 있습니다. 또한 고혈당 때문에 망막의 모세혈관이 변형되거나 폐쇄되어 혈액이 원활히 공급

길항작용 반대 효과를 나타내는 2가지 요인들이 작용하여 서로의 효과를 상쇄하는 작용. 우리 몸속 길항작용의 예로는 인슐린-글루카곤 외에, 심장 박동의 빠르기를 조절하는 교감신경-부교감신경이 있다.

되지 못해 서서히 시력을 잃는 당뇨성 망막 병증이 찾아오기도 합니다.

당뇨를 방지하려면?

최근에 우리나라에서 당뇨병 환자가 크게 늘어나게 된 원인은 다양합니다. 급격한 사회 변화 속 바쁜 생활로 인한 스트레스와 운동 부족, 불규칙한 식사, 열량이 지나치게 많은 음식 위주의 서구화된 식습관, 탄산음료와 가공식품을 통한 과도한 당분 섭취 등이 그 원인으로 꼽힙니다.

당뇨를 방지하려면 무엇보다 당 섭취를 줄여야 합니다. 당이 많이 포함된 탄산음료, 과일 주스, 초콜릿과 같은 가공식품을 멀리하고 포화지방과 콜레스테롤이 많은 인스턴트 음식 등을 피해야 합니다. 대신, 채소와 잡곡 위주의 식단을 통해 건강에 도움이 되는 음식물을 섭취하는 데 힘써야 합니다. 또한 꾸준한 운동으로 근육을 키워 기초대사량을 늘리고 혈액순환이 활발해지도록 해야 합니다.

◁ 뜬금있는 질문 ▷

당뇨병에도 종류가 있을까?

당뇨병에는 1형과 2형이 있다. 1형 당뇨병은 혈중 포도당의 수치를 낮추어 주는 인슐린이란 호르몬이 이자에서 분비가 되지 않아 생기는 병이다. 1형 당뇨병은 인슐린을 분비하는 이자의 세포가 체내에서 합성된 자신의 항체에 의해 파괴되어 인슐린이 생성되지 않아서 생긴다. 2형 당뇨병은 혈중 인슐린의 양은 충분하지만 만성적인 고혈당 때문에 몸속 세포들이 인슐린에 저항성이 생겨 인슐린이 제 역할을 하지 못해서 생긴다. 1형 당뇨 환자에게는 주사로 인슐린을 공급해서 혈당 수치를 떨어뜨리지만, 2형 당뇨 환자에게는 인슐린뿐 아니라 혈당강하제도 함께 투여해서 인슐린으로는 부족한 혈당 감소 효과를 보충해야 한다.

014

들어 보았나, 뇌지도(Brain Map)?

우리는 하루에도 몇 번씩 감정이 변화하고 생각이 바뀝니다. 영화 〈인사이드 아웃〉의 주인공 마일리도 이사를 하면서 기분, 학교에서의 행동, 부모님을 대하는 태도가 변해 갑니다. '기쁨', '슬픔', '분노', '소심', '까칠' 등 다섯 종류의 캐릭터를 통해 설명되는 주인공의 일상 속 감정 변화들과 행동이 많은 관객의 공감을 얻어 영화는 큰 인기를 누렸습니다. 그렇다면 기쁨, 슬픔, 분노 등의 감정과 소심함, 까칠함과 같은 성격과 행동 변화들은 어디에서 기원할까요?

머릿속 뇌를 주목하라

"○○○의 뇌 구조", "남녀의 뇌 구조", "승자의 뇌 구조", "부자의 뇌 구조"처럼 각종 '뇌 구조'를 내세워 특정 캐릭터를 분석하고 파악하려는 시도가 한때 유행했습니다. 심지어 핸드폰 앱에도 뇌 구조 테스트가 있을 정도였지요. 이는 뇌가 사람의 모든 정신 활동과 관계를 맺고 있기 때문입니다.

뇌의 각 부분이 서로 다른 일을 담당하고 있다는 사실이 알려진 것은 그리 오래된 일이 아닙니다. 의사들이 뇌의 어떤 부분에 상처를 입은 사람이 말을 하지 못하거나 움직이지 못하는 것을 보고 '아, 이 부분이 말이나 움직임과 관련이 있구나.'라고 추측하기 시작하였고, 그 후 자기공명영상(MRI)과 컴퓨터단층촬영처럼 뇌의 작용을 영상화하는 기술이 발전하면서 인간의 다양한 활동을 담당하는 뇌 부분이 각각 따로 있다는 사실을 알게 되었습니다.

뇌가 하는 일

사람의 뇌는 대뇌, 소뇌, 중뇌(중간뇌), 간뇌(다리뇌), 연수(숨뇌)로 나눕니다. 그중 뇌 전체의 80% 이상을 차지하는 대뇌가 고등 정신 활동의 중추로 알려져 있습니다. 대뇌는 표층을 이루는 두께 2~4mm 정도의 대뇌피질(겉질)과 그 안쪽의 대뇌수질(속질), 그리고 대뇌피질과 척수를 연결하는 중계소 역할을 하는 대뇌핵과 변연계로 구분됩니다.

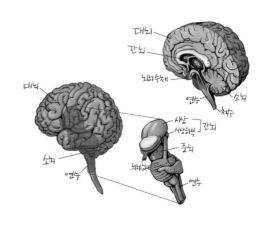

▲ 뇌의 구조

대뇌피질은 크게 네 영역으로 나뉘는데, 각 부분은 고유한 기능을 담당합니다. 대뇌 앞부분인 이마엽(전두엽)은 최고의 정신 기능을 주관하고, 운동과 언어 기능도 담당하고 있습니다. 대뇌의 마루엽(두정엽)은 신체 각 부분에서 받아들인 다양한 정보들을 인식하고 통합하는 기능을 담당합니다. 대뇌의 뒷부분인 뒤통

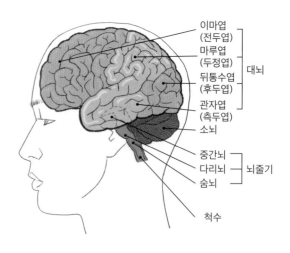

▲ 대뇌피질의 네 영역

수엽(후두엽)은 시각 정보를 통합 처리하고, 대뇌의 관자엽(측두엽)은 주로 청각 기능을 주관하며, 그 안쪽 면은 기억 기능과 관계가 있습니다. 이렇게 뇌의 각 부위가 맡은 기능과 역할을 표시하는 것을 '뇌지도'라고 합니다.

뇌 여행을 위한 필수품, 뇌지도(Brain Map)

새로운 곳을 여행하려면 길을 찾아 헤매는 시간을 최소화하여 여행의 효율을 높여 줄 지도가 꼭 필요합니다. 미지의 세계인 뇌의 기능을 밝혀 인간 활동을 이해하고 뇌와 관련된 질병을 해결할 실마리를 찾으려고 수십 년 동안 수많은 과학자들이 뇌지도 작성을 위한 연구와 실험을 거듭했고, 그에 힘입어 최근 들어 조금씩 뇌의 신비가 밝혀지고 있습니다.

2016년, 국제 공동 연구진이 과학 저널 《네이처(Nature)》에 대뇌피질을 180개 영역으로 구획한 뇌지도를 발표했습니다. 젊은 성인 210명의 뇌 영상 자료를 바탕으로 영역별 특성을 기준으로 삼아, 인간 대뇌피질을 아주 자세하게 구획된 영역들로 나눈 것입니다. 이 뇌지도는 이미 알려진 83개의 영역 이외에 분명하게 구획되지 않았던 97개의 새로운 영역을 포함하고 있어 인간 대뇌피질의 기능적 조직화, 그리고 발달 및 노화 과정과 질병 등의 개인차에 관한 연구에 도움이 될 것으로 예상됩니다.

해외 선진국들은 미래 산업의 블루오션으로 평가받는 뇌과학 분야에 오래 전부터 투자해 왔습니다. 미국과 EU(유럽연합)를 비롯해 일본과 중국에서도 영장류 뇌지도 작성을 목표로 뇌과학 프로젝트 사업에 막대한 자금을 쏟아붓고 있습니다.

뇌를 모방한 인공지능, 뇌를 뛰어넘는 인공지능

2016년 3월 12일, 프로 바둑 기사 이세돌 9단과 인공지능 알파고의 5번기가 시작되었습니다. 대국이 열리기 전의 "전 세계 원자 수보다 많다는 10의 80승이나 되는 경우의 수가 있는 바둑 분야에서 인공지능이 인간을 뛰어넘기는 어려울 듯하다."는 지배적 견해와 달리, 대국은 4 대 1이라는 큰 차이로 인공지능의 승리로 끝났습니다.

이 대국은 인공지능(Artificial Intelligence, AI)에 대해 전 세계 많은 사람들이 관심을 가지는 계기가 되었습니다. 문제 해결 및 인지적 반응과 관련된 인간의 총체적 능력을 나타내는 지능은 뇌의 작용에서 비롯합니다. 뇌는 뉴런이라는 신경세포들로 구성되어 있는데, 뉴런과 뉴런 사이의 연결 부위를 시냅스(Synapse)라 합니다. 큰 뉴런은 5,000개에서 1만 개 정도의 시냅스를 가지고 있습니다. 1,000억 개 가량의 신경세포와 이들을 촘촘히 연결하는 100조 개가 넘는 시냅스가 고루 분포한 뇌 덕분에 인간은 감각을 느끼고, 학습을 하고, 추론과 직관 같은 수준 높은 사고를 할 수 있습니다. 수많은 시냅스가 미세 그물처럼 연결된 겹겹의 신경망에서는 뉴런을 타고 이동하는 전기 신호가 시냅스 부위에서 화학 물질의 작용을 통해 다음 뉴런으로 전달되는 정보 이동이 일어납니다.

인공지능은 처음부터 인간의 뇌에서 이뤄지는 시각 정보 처리 과정을 모방하였는데, 1950년대에 나온 '인공 신경망(ANN, Artificial Neural Network)'이 그 예입니다. 초기의 인공 신경망은 그리 훌륭하지 않았습니다. 3층 이상의 신경망에서는 효율이 급격히 떨어졌는데, 이를 보완하기 위해 층이 훨씬 많고 층마다 사람이 데이터를 제공해 학습을 시키는 '딥 러닝(deep learning)'이 모델로 제안됩니다.

2006년 캐나다 토론토대학의 제프리 힌튼 교수가 마침내 딥 러닝의 완성본인 '심층 신경망(DNN, Deep Neural Network)'을 개발했습니다. 신경망을 10층 이상으로 만들어서 층마다 데이터를 주고 공부를 시켰습니다. 이렇게 인간의 신경망을 모방한 '심층 신경망'을 통해 알파고가 바둑 경기에서 인간에게 승리할 수 있었던 것입니다.

인간 지능의 핵심인 직관, 추론 및 창의성과 연관된 뇌 기능은 아직 밝혀지지 않았습니다. 게다가 인간은 1,000억 개의 뉴런으로 고도의 사고를 하는 데 20W의 에너지가 드는 반면, 인공지능 알파고는 바둑만 두는 데에도 중앙처리장치(CPU) 1,202개를 사용해 그보다 훨씬 많은 에너지를 써야 합니다. 이처럼 이제 막 걸음마를 시작한 인공지능이 뇌의 기능을 뛰어넘으려면 또 다른 단계로 나아가야 합니다. 구글의 딥 러닝 연구 책임자 제프 딘은 그것을, 인간의 뇌가 스스로 새로운 신경망을 추가하거나 비효율적인 신경망을 제거하는 등 전체 구조를 변화시킬 수 있는 것처럼, 자기 학습으로 신경망의 형태와 크기 등을 마음대로 변화시킬 수 있는 단계라고 말한 바 있습니다.

인간의 뇌를 모방한 인공지능을 통해 아직 기능이 1% 정도밖에 밝혀지지 않은 신비한 뇌를 연구하고, 그에 힘입어 인간의 뇌에 더욱 가까워진 인공지능이 등장하는 미래를 그려 봅니다.

우주와 생명

녹조 현상이 해롭다면 음식에 들어가는 클로렐라는 괜찮은가요?

강물이 오염되어 유기물이 많아지면 단백질이 분해되면서 질산염의 농도가 높아져 녹조*가 대량으로 발생합니다. 여름에 수온이 높아지면 썩어서 고약한 냄새를 풍길 뿐 아니라 어린 식물과 동물의 생장도 방해합니다. 짜장면과 칼국수 면에 섞어 녹색을 내는 클로렐라도 녹조류인데 먹어도 괜찮을까요?

산소를 공급하는 녹조류

연초록색을 띠는 호수, 연못에는 식물성 플랑크톤이 살고 있습니다. 클로렐라, 장구말, 반달말, 훈장말, 해캄 같은 식물성 플랑크톤들은 박테리아가 낙엽이나 식물의 부스러기를 분해할 때 생기는 단백질 부산물인 질산염을 흡수

녹조 호수, 늪 또는 유속이 느린 하천에서 녹조류가 크게 늘어나 물빛이 녹색이 되는 현상. 녹조가 발생하면 수중 생물이 죽어 생태계를 파괴하며, 유독성 남조류가 독소를 생산할 경우에는 동물 피해가 일어난다. 녹조를 예방하려면 녹조류 증식의 원인이 되는 영양염류를 제거해야 한다.

하여 살아갑니다. 식물성 플랑크톤이 적당히 번식하면 광합성을 하여 물속에 산소를 공급하게 됩니다. 현미경으로만 볼 수 있는 초록색 식물성 플랑크톤은 광합성을 통해 동물들이 배출하는 이산화탄소를 흡수하고 산소를 배출함으로써 동물들이 살기 좋은 환경을 만들어 줍니다.

먹이연쇄가 일어나는 작은 연못

연못에는 식물성 플랑크톤을 먹고 사는 짚신벌레, 아메바, 종벌레, 물벼룩 같은 동물성 플랑크톤*이 많습니다. 장구벌레나 깔따구 애벌레는 동물성 플랑크톤을 먹는 수서 곤충으로 물고기의 먹이가 됩니다. 햇빛 → 식물성 플랑크톤 → 동물성 플랑크톤

▲ 녹조류가 이상 증식하고 있는 강물

→ 물고기 순으로 이어지는 먹이연쇄* 과정이 작은 연못에서 일어납니다. 그러므로 녹조류*는 연못 생태계를 유지하는 중요한 생물입니다. 그런데 깨끗한 호수나 강에 생활 하수가 급격히 늘어나면 녹조류가 따라서 급격히 번식하게 됩니다. 녹조류가 이상 증식하면 물속의 산소 농도가 낮아지고 물고기들이 살 수 없게 되면서 물속 생태계가 마비되는데, 이런 상태를 녹조 현상이라고 합니다. 녹조 현상은 대표적인 수질오염 사례입니다.

동물성 플랑크톤 스스로 에너지를 합성하지 못하는 수생 갑각류를 두루 일컫는 말. 서식지는 해양, 호수, 강 등으로 다양하다. 광합성으로 에너지를 합성할 수 있는 식물성 플랑크톤과 구별되며, 대부분이 아주 작아 맨눈으로 볼 수 없다. 여러 수생생물의 식량원이며, 일부는 인간에게 소비되기도 한다.

먹이연쇄 생물 군집을 이루는 개체들 사이에 형성된 먹고 먹히는 관계를 순서대로 나열한 것. 군집 안의 두 생물 종 사이에 잡아먹고 먹히는 관계가 성립할 때 잡아먹는 쪽을 포식자, 먹히는 쪽을 피식자라 한다. 생물 종들 사이에서는 이러한 천적 관계가 마치 사슬처럼 이어진다.

녹조류 어항이나 연못 등의 고인 물에서 쉽게 번식하는 녹색 조류. 엽록소를 가지고 있어 광합성을 한다. 하천이나 수로 등에서 번식하여 물의 색을 변화시키거나 냄새를 유발한다. 해캄, 파래, 청각 등이 대표적이며, 대개 민물에 산다.

식품으로 사용되는 클로렐라

클로렐라는 호수, 연못과 같은 민물에 서식하는 단세포 녹조류입니다. 네덜란드 학자 바이어링크가 1890년에 발견했지만, 사실은 31억 년 전 지구 생성 초기부터 있던 생물입니다. 단백질, 식이섬유, 비타민, 무기질을 다량 함유해 완전식품으로 주목받고 있습니다. 섭취할 경우 대부분 소화되고 배설이 거의 되지 않기 때문에 우주인 식량으로 개발되기도 했습니다. 우리나라에서도 많은 음식점에서 짜장면과 칼국수 등에 섞어 사용하고 있습니다. 크기가 사람의 적혈구 정도로 아주 작은데, 일반 식물의 잎보다 4~10배 많은 엽록소를 가지고 있어서 생장 속도가 매우 빨라 20시간마다 4~8배로 증식합니다.

앞에서 살펴보았듯이 문제는 녹조류가 아닙니다. 수질오염으로 녹조류가 이상 증식하는 것이 문제입니다. 녹조 현상 때문에 마치 녹조류 자체가 나쁜 것처럼 생각하기 쉽지만, 환경오염을 예방하지 못한 인간의 잘못에 초점을 맞추는 것이 과학적 태도이겠지요.

◁ 뜬금있는 질문 ▷

적조 현상이 뭔가요?

적조란 플랑크톤이 갑자기 엄청나게 늘어나 바다나 강, 운하, 호수 등의 색깔이 바뀌는 현상을 말한다. 물이 붉게 바뀔 때가 많아서 '붉을 적(赤)' 자를 써서 적조(赤潮)라고 하지만, 실제로는 원인이 되는 플랑크톤의 색깔에 따라서 나타나는 색이 다르다. 적조 현상의 가장 큰 요인은 부영양화, 즉 물에 영양염류가 너무 많은 것이다. 최근에는 영양물질 과다 공급 외에 연안 개발로 인한 갯벌 감소도 중요한 요인으로 떠오르고 있다. 갯벌에 사는 여러 생물이 물속의 미생물이나 플랑크톤을 먹어 치워 수질을

▲ 원인 모를 알프스 호수 적조 현상

자연스럽게 정화하는 역할을 담당하고 있었는데, 간척 사업 등으로 갯벌이 줄어들면서 부영양화가 가속되어 적조가 더욱 심해지는 것으로 추측되고 있다. 또, 특히 최근에는 엘니뇨 같은 지구 환경 변화에 따른 수온 상승으로 적조가 더욱 자주 나타나는 것으로 알려져 있다.

016 대나무의 속은 왜 비어 있을까요?

길을 걷다 보면 다양한 나무와 풀을 볼 수 있습니다. 그런데 나무와 풀은 무엇이 다를까요? 소나무와 강아지풀처럼 쉽게 구분되는 것이 있는가 하면, 나무인지 풀인지 아리송한 식물도 많이 있습니다. 대나무는 나무일까요 풀일까요?

대나무는 여러해살이풀

이름이 대나무라 당연히 나무라고 생각하기 쉽지만, 대나무는 나무가 아닙니다. 나무는 체관과 물관 사이에 있는 형성층*의 분열로 부피 생장을 하며 나이테가 생깁니다. 풀은 줄기의 관다발*에 있는 형성층이 1년밖에 기능을 하지 못해 나무처럼 굵어지지 않습니다. 나무는 몇 십 년 동안 계속 자라는 연속성을 가지는 반면, 풀은 다년초라 해도 자라는 것은 1년 단위로 이루어집니다. 대나무는 땅 위 부분이 몇 년 이상 생존해서 나무처럼 보이지만, 다른 풀과 마찬가지로 줄기는 해마다 처음 땅 속에서 자라 올라오는 굵기로 평생을 살아갑니다.

대나무 속이 비어 있는 이유

대나무의 1시간 생장 속도는 소나무의 30년 길이 생장에 해당한다고 합니다. 소나무는 줄기 끝에만 생장점이 있지만 대나무는 마디마다 생장점*이 있어서 매우 빨리 자랍니다. 대나무처럼 마디가 있는 식물은 성장을 촉진하는 호르몬들이 함께 분비되어 길이 생장을 촉진하게 됩니다. 빠른 생장 속도 때문에 줄기의 벽을 이루는 조직이 아주 빨리 늘어나는 데 비해 속을 이루는 조직은 세포 분열이 느리기 때문에 대나무의 속이 텅 비게 되는 것입니다.

▲ 대나무를 이용해 만든 대통밥

대나무의 집단 자살

대나무는 꽃이 피어도 열매를 맺지 않고 땅속줄기*가 뻗어 나가 새로 싹을 틔워 번식을 합니다. 그런데 어떤 지역의 대나무는 십여 년 또는 백여 년에 한 번 꼴로 동시에 꽃을 피운 뒤에 말라 죽기도 합니다. 예컨대, 전라남도 담양에

형성층 물관부와 체관부 사이에 있으며, 한 층의 살아 있는 세포층으로 이루어져 있다. 부피 생장이 일어나는 곳이다. 우리가 풀이라고 알고 있는 초본류는 대체로 외떡잎식물에 속하는데, 외떡잎식물은 관다발 안에 형성층이 없어 가늘고 잘 휘어지는 성질을 갖는다. 이에 비해 겉씨식물과 속씨식물 가운데 쌍떡잎식물에 속하는 목본류들은 물관과 체관 사이에 형성층이 있어서 세포 분열이 활발히 일어나 굵어지고 커진다.

관다발 식물 안에서 물과 양분이 이동하는 통로로, 뿌리와 줄기, 잎맥으로 연결되어 있다. 관다발은 종자식물과 양치식물에 있다. 관다발에는 물관부와 체관부가 있고, 부피 생장하는 줄기나 뿌리에는 형성층이 있다.

생장점 식물의 줄기와 뿌리의 끝에서 세포 증식, 기관 형성과 같은 형성 활동을 하는 부분을 말한다. 대부분의 식물은 생장점을 통해 일생 동안 생장하게 된다. 식물은 길이 생장과 부피 생장을 하는데, 길이 생장은 생장점에서, 부피 생장은 형성층에서 일어난다.

땅속줄기 식물의 줄기가 땅속에 있는 것을 말한다. 연의 뿌리줄기나 감자의 덩이줄기처럼 모양에 따라 이름이 달라진다.

서는 대나무에 꽃이 피었다가 한꺼번에 말라 죽는 현상이 일어나기도 합니다. 대나무에 꽃이 피는 원인에 대해서는 주기적으로 꽃이 핀다는 주기설과 토양 속 영양분의 부족 때문이라는 영양설, 그리고 아열대성 식물인 대나무가 이상 저온으로 꽃이 핀다는 기후설 등이 있습니다.

▲ 죽순과 대나무

대나무는 속이 비었지만 똑바로 곧게 자라는 성질 때문에 지조와 강직함의 상징으로 수묵화에 자주 등장합니다. 쓰임새도 다양해 여름철 부채나 죽부인 같은 다양한 죽제품을 만드는 데 쓰입니다.

◀ 뜬금있는 질문 ▶

대나무로 만든 부인? 죽부인?

죽부인이란 대[竹]를 쪼개 매끈하게 다듬어 얼기설기 엮어서 만든 옛 침구이다. 사용하는 사람의 키만 한 길이에, 누워서 안고 자기에 알맞은 정도의 원통형이다. 속이 비어 공기가 잘 통하는 성질과 대나무 표면의 차가운 감촉 등을 이용한 것인데, 여름에 홑이불 속에 넣고 자면 더위를 한결 덜 수 있었다.

017

마이너스 시력은 없다?

눈이 많이 나쁠 때 시력이 '마이너스'라고 말하기도 합니다. 하지만 마이너스라는 시력은 존재하지 않습니다. 그렇다면 시력이 0.1보다 나쁘면 0.09가 되는 것일까요? 시력이 0이라면 아무것도 보지 못하는 상태인 걸까요?

원시와 근시는 초점 위치에 따라 결정

빛이 각막과 수정체*를 지나 망막에 정확히 초점이 맞으면 물체가 또렷하게 보입니다. 갓난아기들은 대체로 약한 원시 상태입니다. 원시란 초점거리가 길

수정체 탄력성 있는 볼록렌즈 모양의 투명한 조직으로, 혈관이 없어 투명하고 홍채 바로 뒤에 있다. 얇고 탄력성이 있는 캡슐에 싸여 있어 유연하게 움직일 수 있기 때문에 모양을 쉽게 변화시킬 수 있다. 수정체의 모양, 특히 두께는 빛이 굴절되는 정도를 결정하기 때문에, 물체의 상이 망막에 정확하게 맺힐 수 있도록 하는 데 중요한 역할을 한다.

어서 물체의 상이 망막보다 약간 뒤에 맺히는 상태를 말합니다. 이것은 각막과 망막 사이의 거리(안구의 길이)가 너무 짧거나 각막의 두께가 너무 얇아 빛이 작게 굴절되어 생기는 현상입니다. 원시는 먼 곳은 잘 보지만 가까이 있는 물체는 잘 보지 못합니다. 아기의 몸이 자라고 눈도 정상적으로 커지면 약한 원시 상태는 사라집니다. 만약 안구의 성장이 중단되지 않고 계속 커지면 초점이 망막 앞에서 맞는 근시가 됩니다. 키가 많이 자라는 청소년기에는 눈의 성장도 빠르므로 갑자기 근시가 진행되기도 합니다.

근시엔 오목렌즈, 원시엔 볼록렌즈

근시인 눈은 정상인 눈보다 안구 길이가 길거나 수정체가 두꺼워서 빛이 많이 굴절되어 초점이 망막 앞에 맺히므로, 오목렌즈를 사용하여 빛이 작게 굴절되게 합니다. 라식 수술의 원리도 각막을 깎아 초점이 망막에 맺히도록 하는 것입니다. 원시인 눈은 정상인 눈보다 안구 길이가 짧거나 수정체가 얇아서 망막 뒤에 상이 맺히므로, 볼록렌즈를 사용해서 빛이 더 많이 굴절되게 합니다. 할아버지께서 쓰시는 돋보기가 볼록렌즈입니다. 할아버지, 할머니의 눈은 수정체의 탄력이 떨어져서 수정체 두께가 잘 변하지 않으므로 '노안*'이라고 합니다. 빛을 잘 굴절시키지 못하는 원시인 사람은 근시인 사람에 비해 노

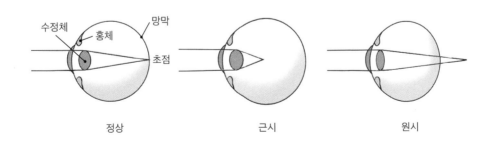

▲ 근시와 원시의 초점 위치

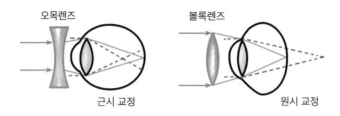

▲ 근시와 원시의 교정 원리

안이 빨리 나타나기도 합니다.

마이너스는 오목렌즈로 교정한다는 뜻

마이너스 시력이란 시력 측정값이 0보다 작다는 것이 아니라, 근시라서 오목렌즈(마이너스 렌즈)로 교정해야 한다는 말입니다. 반대로, 플러스 시력이란 원시라서 볼록렌즈로 교정해야 한다는 말입니다. 그러므로 마이너스 시력이라고 말할 때의 '마이너스'란 사실은 오목렌즈를 가리키는 기호입니다. 눈이 안 보이는 상태는 0이며, 0.1 이하는 0.01~0.09로 표시할 수 있습니다. TV나 컴퓨터 화면을 너무 오래 들여다보거나 독서 습관을 잘못 들이면 눈이 피로해지고 수정체가 두꺼워져서 근시가 될 수 있으니 주의해야 합니다.

노안 나이가 들수록 가까이 있는 물체에 초점을 맞추는 능력이 떨어지는 상태를 말한다. 수정체, 모양체근의 노화에 의해 나타나는 시력장애 현상으로, 안경이나 콘택트렌즈 등으로 교정한다.

머리카락은 잘라도 왜 계속 자라나요?

우리 몸에서 잘라 내도 계속 자라는 것은 머리카락과 손발톱 정도입니다. 길진 않지만 수염도 계속 면도를 해 주어야 합니다. 잘라도 느낌이 없고 살아 움직이지도 않는 머리카락은 어느새 자라나 미용실에 가게 합니다. 머리카락은 어떻게 계속 자라는 것일까요?

죽은 세포들이 모인 머리카락

아름답고 윤기 나는 머리카락은 실제로는 죽은 세포들의 긴 줄기(케라틴* 섬유)일 뿐입니다. 죽었다 해도 잡아당기면 아픈데, 머리카락 하나하나가 살아 있는 모낭에 뿌리를 두고 있기 때문입니다. 모낭*은 엄마 뱃속에 있던 태아기에 만들어지고, 태어난 이후에 새로 생기지는 않습니다. 모낭은 피부 외막인 표피가 안으로 접혀 들어간 구조를 하고 있는데, 모낭 안의 기질세포(matrix cells)가 분열하면서 피부 표면으로 이동하다 죽으면 케라틴이 만들어집니다. 이 케라틴을 가진 죽은 세포들이 이동하면서 납작해지고 서로 결합하여 머리카락을 만듭니다. 새로운 세포가 죽은 세포를 밀어 올리는 과정이 반복되면서 머리카락이 자라는 것처럼 보이는 것입니다. 머리카락을 뽑으면 모근만 뽑히고, 모낭에 있던 기질세포는 영양분과 산소를 공급하는 모유두의 도움으로 다시 모근이 생기고 머리카락도 자라게 합니다.

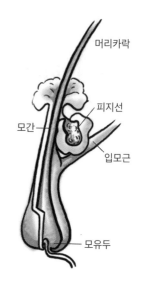

▲ 모낭의 구조

머리카락의 수명은 2~6년

머리카락은 계속 성장하는 것이 아니고 하루에 0.2~0.4mm, 한 달에 약 1cm 정도 자라며, 각각 수명이 있어서 발모와 탈모를 반복하게 됩니다. 순환 주기는 2~6년 정도에 걸쳐 세 단계로 이루어지는데, 성장기 동안에는 계속 자라다가

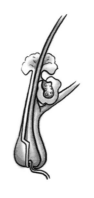 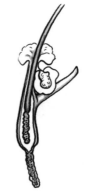 

성장기(2~6년)　　　퇴행기(3주)　　　휴지기(3개월)

▲ 머리카락의 성장 주기

3주 정도 머리카락이 자라지 않고 가늘어지는 퇴행기를 거쳐 휴지기로 들어갑니다. 오래된 머리카락은 모낭에서 떨어져 빠지고 새로운 머리카락의 성장 주기가 시작됩니다. 일생 동안 이 주기가 반복되므로 머리카락은 계속 나게 됩니다.

케라틴 머리털·손톱·피부 등 상피 구조의 기본을 형성하는 단백질. 머리털·양털·깃털·뿔·손톱·말굽 등을 구성하는 진성(眞性) 케라틴과, 피부·신경조직 등에 존재하는 유사 케라틴으로 나뉜다.
모낭 내피 안에서 모근을 싸고 털의 영양을 맡아보는 주머니. 영어로는 follicles라고 하는데 '작은 주머니'를 뜻하는 라틴어에서 온 말이다.

죽은 세포인데 사람마다 굵기가 다른 이유는?

머리카락의 굵기는 대략 90~115㎛로 단면을 보면 3개의 층으로 구분할 수 있습니다. 케라틴으로 구성된 표피, 머리색을 결정하는 멜라닌 세포가 있는 피질, 피질 아래 공기로 가득 찬 벌집 모양의 수질입니다. 굵기는 머리카락마다 편차가 있을 수 있는데, 모낭 모양이 저마다 달라서 사람마다 다를 뿐 아니라 같은 사람이더라도 머리카락의 굵기가 90~115㎛로 차이가 나게 되는 것입니다.

항상 길이가 일정한 눈썹과 피부의 털

머리카락의 성장기는 길지만 눈썹이나 피부의 털은 성장기가 짧습니다. 속눈썹은 하루에 0.18mm 자라는데, 머리카락 성장 속도의 절반 정도입니다. 눈썹과 피부의 털은 자라지 않는 것처럼 보이지만, 성장기가 3~4개월 정도로 짧기 때문에 사실은 다 자란 크기입니다. 짧게 자라고 빨리 빠질 뿐 빠진 자리에 새로운 눈썹과 털이 보충되는 과정은 머리카락과 똑같습니다. 눈썹이 아주 긴 사람도 있는데, 이는 단지 눈썹의 성장기가 길기 때문입니다.

머리카락과 같은 케라틴 성분으로 된 손발톱은 손가락과 발가락 끝을 보호하고 힘을 강하게 유지시켜 물건을 잡거나 걷는 데 도움을 줍니다. 머리카락도 뇌가 들어 있는 머리를 외부 충격이나 열로부터 보호해 줍니다. 또한 머리 모양을 통해 자신의 개성과 직업 그리고 감성도 표현할 수 있으니, 죽은 세포가 만든 머리카락이지만 그 기능과 역할은 생동감이 넘칩니다.

탈모는 왜 일어나나요?

현대인의 가장 큰 고민 중 하나로 탈모가 급부상하고 있습니다. 예전에는 50대 후반의 전유물이었는데, 최근에는 탈모가 시작되는 연령층이 20대 후반으로 점점 낮아지고 있습니다. 그 원인이 무엇일까요?

탈모의 원인으로는 먼저 유전을 들 수 있습니다. 모낭의 크기를 감소시키고 모근의 생장기를 멈추게 하며 휴지기를 길게 하여 탈모를 유발하는 유전자를 물려받으면 유전에 의한 탈모 현상이 발생합니다.

다음으로, 환경적 요인인 지나친 다이어트, 흡연, 음주 등이 있습니다. 다이어트를 지나치게 하면 영양 불균형이 생겨, 모낭으로 공급되는 영양분이 적어지고 머리카락의 주성분인 케라틴 단백질이 부족해져 정상적인 머리카락 생성이 방해받게 됩니다. 흡연을 하면 담배 속 니코틴 때문에 혈관이 수축되어 모낭으로 혈액 공급이 제대로 되지 않으며(노화가 진행되면 혈액순환이 잘 되지 않아 머리카락이 자주 빠지고 숱이 적어지게 되는 것도 같은 원리입니다), 음주를 하면 모근의 피지 분비가 활발해져 모발이 가늘어지고 쉽게 빠지게 됩니다.

그렇다면 탈모를 지연시키는 방법은 무엇일까요? 충분한 영양분을 섭취하되 기름진 음식은 피하는 것이 좋습니다. 혈중 콜레스테롤 농도가 높아지면 모낭으로의 혈액 공급이 원활치 않아 탈모가 일어날 수 있기 때문입니다. 또, 스트레스를 최소화하는 환경을 조성하고, 자기 두피 유형에 맞는 샴푸를 골라 충분히 거품을 내어 두피를 항상 청결하게 하는 것 등이 잘 알려진 탈모 예방법입니다.

파마의 원리는?

퍼머넌트웨이브는 열 또는 화학약품의 작용으로 모발 조직에 변화를 주어 오래 유지될 수 있는 웨이브를 만드는 방법이다. 줄여서 퍼머넌트 또는 파마라고도 한다. 머리털은 황을 함유한 단백질의 일종으로, 사슬 모양으로 결합한 케라틴이란 물질로 이루어지며, 탄력성이 있다. 사슬 중에서 케라틴을 폴리펩티드 사슬, 사슬을 가로로 잇는 교량 구실을 하는 곁사슬을 시스틴 결합이라고 한다.

머리털을 컬러에 말면 바깥쪽의 늘어난 폴리펩티드가 원래의 상태로 돌아가려고 하지만, 알칼리성인 제1액으로 시스틴 결합을 일단 끊으면 탄력성을 잃게 된다. 그리고 컬러를 한 채로 산화제인 제2액으로 중화시키면 머리털이 굽은 상태로 고정되면서 탄력성도 원래대로 복원된다.

019

무화과나무는 정말 꽃이 없을까요?

무화과(無花果)는 '꽃이 없는 열매'를 뜻합니다. 열매를 맺으려면 꽃에 있는 수술의 꽃가루가 암술머리에 전달되어야 합니다. 그런데도 무화과는 정말로 꽃 없이 열매를 맺을 수 있는 것일까요?

다양한 가루받이

종자식물의 꽃은 가루받이를 하고 열매를 맺은 후, 열매 속의 씨앗이 땅에 떨어져 새로운 싹을 틔워 번식을 합니다. 가루받이란 수술에서 만들어진 꽃가루가 암술머리에 묻는 과정을 말합니다. 식물은 스스로 움직일 수 없기 때문에 누군가의 도움을 받아야 가루받이를 할 수 있습니다. 꽃이 크고 화려하며 꿀을 분비하거나 향기를 내보내는 것은 곤충이나 작은 벌레들을 유인하여 가루받이를 쉽게 하려는 식물들의 전략 때문입니다. 빛깔이 화려하지 않거나 꽃잎과 꽃받침이 없는 꽃들은 다른 방법으로 가루받이를 해야 합니다. 꽃가루를 암술머리로 옮기는 매체에 따라 꽃을 풍매화*, 충매화*, 조매화(새), 수매화(물)로 나눌 수 있습니다.

꽃자루 속으로 숨어 버린 꽃

식물의 생식기관인 꽃은 꽃잎, 암술, 수술, 꽃받침으로 되어 있습니다. 이 4가지가 다 있으면 갖춘꽃, 어느 하나라도 없으면 안갖춘꽃으로 분류합니다. 무화과는 꽃잎이 없는 안갖춘꽃이고, 그래서 마치 꽃이 없는 것처럼 보일 뿐입니다. 암꽃과 수꽃이 함께 피면 양성화, 따로 피면 단성화인데, 무화과는 암꽃과 수꽃이 따로 피는 단성화입니다. 그렇다면 무화과 꽃은 어디에 있는 것일까요? 무화과 꽃은 우리가 아는 꽃 모양과 다릅니다. 무화과 열매라고 부르는 초록색 열매가 바로 무화과 꽃입니다. 꽃이 필 때 꽃받침과 꽃자루가 길쭉한 주머니처럼 비대해지면서 수많은 작은 꽃들이 주머니 속으로 들어가 버려 보이지 않는 것입니다. 겉보기엔 꽃도 없이 어느 날 열매만 익기 때문에 그만 꽃 없는 과일이 되어 버린 것입니다.

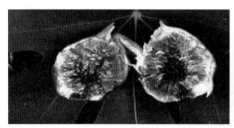

▲ 무화과 열매 속에 있는 암꽃과 수꽃

▲ 열매처럼 보이는 꽃자루와 꽃받침

풍매화 꽃가루가 바람에 날려 수분 및 수정이 이루어지는 꽃. 꽃이 작고 단일한 녹색으로 눈에 띄지 않으며 향기와 꿀샘이 없는 것이 많다. 침엽수, 자작나무과, 버드나무과 등이 있다.
충매화 곤충류의 매개로 꽃가루가 운반되는 꽃. 대체로 꽃이 아름답고 향기가 있다. 주로 벌류·나비류·나방류·파리류·등에류 등에 의해 운반된다. 곤충 주둥이의 형태와 꿀이 담긴 꽃의 구조 사이에는 밀접한 관계가 있다.

무화과는 성경에 등장할 정도로 오래전부터 재배한 식물인데, 아담과 이브가 에덴동산에서 쫓겨날 때 벗은 몸을 가린 나뭇잎이 바로 무화과 잎입니다. 기원전 8세기 페르시아를 통해 중국으로 전래되었고, 일제강점기 때 무화과 농장이 우리나라에 생겼습니다. 현재 국내 총생산의 80%가 전남 영암에서 생산됩니다. 무화과를 처음 본 조선시대 학자, 연암 박지원은 『열하일기』에 "잎은 동백 같고 열매는 십자 비슷하다. 이름을 물은즉 무화과라 한다. 열매가 모두 두 개씩 나란히, 꼭지는 잇대어 달리었고, 꽃 없이 열매를 맺기 때문에 그렇게 이름 지은 것이라 한다."고 기록하였습니다.

◀ 뜬금있는 질문 ▶

모란꽃은 향기가 없다?

『삼국사기』〈신라본기〉에 선덕여왕의 공주 시절 일화가 전한다. 당나라에서 보내온 모란꽃 그림을 보고 선덕여왕이 "꽃은 비록 고우나 그림에 나비가 없으니 반드시 향기가 없을 것이다."라고 하였는데, 씨앗을 심어 본즉 과연 향기가 없었다. 이에 선덕여왕의 영민함을 모두가 탄복하였다고 한다.

그런데 당나라 중서사인 이정봉의 모란 시에 "밤이라 깊은 향기 옷에 물들고/아침이라 고운 얼굴 주기(酒氣) 올랐네."라는 시를 보면 향이 있음을 알 수 있다. 옛사람들은 모란의 꽃과 잎이 풍성하게 피어나면 복된 미래가 다가오는 조짐으로, 꽃이 시들거나 색깔이 풍성하지 못하면 좋지 않은 일이 닥칠 징조로 여겼다.

▲ 모란꽃 그림

020

식물처럼 생장점이 있으면 사람도 계속 크나요?

세계에서 키가 가장 큰 나무는 '레드우드'인데 높이가 111m나 됩니다. 식물은 생장점이 있어서 계속 자랍니다. 동물에게는 식물의 생장점 대신에 성장판이 있지만, 자랄 만큼 자라면 더는 자라지 않습니다. 만약 동물이나 사람에게 식물 같은 생장점이 있다면 나무처럼 크게 자랄 수 있을까요?

자라는 방식이 다른 동물과 식물

식물은 생장점이 있고 동물은 성장판*이 있습니다. 식물과 동물은 자라는 방식이 다릅니다. 동물은 모든 부분에서 고르게 자라다가 성숙해서 생장을 멈추지만, 식물은 특정 부분이 계속 자랄 수 있습니다. 식물에서 세포분열이 왕

성장판 뼈가 자라는 장소로 팔다리·손발가락·손목·팔꿈치·어깨·발목·무릎·대퇴골·척추 등 신체 뼈 가운데 관절과 직접 연결된 긴뼈의 끝부분에 있다. 이 부분이 성장하면서 키가 자라게 된다.

성한 곳을 분열조직이라고 하는데, 생장점은 뿌리 끝에 있는 분열조직으로서 길이 생장을 일으킵니다. 바느질할 때 손을 보호하는 골무와 모양이 비슷한 뿌리골무* 조직이 뿌리의 생장점을 보호하고 있습니다.

▲ 바느질 골무

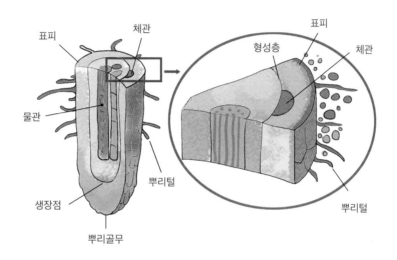

▲ 뿌리의 종단면과 횡단면

길이와 부피 생장을 달리하는 식물

식물은 키가 자라는 길이 생장과 옆으로 커지는 부피 생장을 따로 합니다. 길이 생장에 관여하는 조직을 1기 분열조직, 부피 생장에 관여하는 조직을 2기 분열조직이라고 합니다. 식물은 길이 생장과 부피 생장 부위에서만 세포 분열이 활발하고, 대부분은 분열을 멈춘 상태인 영구조직으로 존재합니다. 그

뿌리골무 뿌리 끝에 있는 골무 모양의 조직으로, 뿌리 끝에 있는 생장점을 싸서 보호한다.

렇다면 동물은 어떨까요? 사람의 경우 특정 부분만 자라는 것이 아니라 몸 전체가 고르게 자라므로 키와 함께 몸도 커지게 됩니다.

뼈를 자라게 하는 호르몬

사람은 단순히 세포가 분열해서 위로 크는 것이 아닙니다. 몸을 지지하는 뼈가 성장함과 동시에 몸을 이루는 세포의 수도 증가합니다. 뼈가 자라는 것은 뇌의 뇌하수체가 성장호르몬*을 분비하기 때문입니다. 성장호르몬은 혈관을 통해, 자라기 시작하는 뼈로 이동합니다. 뼈의 끝부분이나 관절 부분에는 성장판이 있는데, 호르몬이 성장판을 자극하면 물렁뼈가 될 초기 세포가 자라나 조직이 됩니다. 이 물렁뼈가 단단해지면 뼈가 길어져 키가 크는 것입니다.

키를 조절하는 성호르몬

사춘기까지 키가 훌쩍 커 버리고 그 시기가 지나면 키가 안 크는데 왜 그럴까요? 사춘기에 우리 몸은 성호르몬* 때문에 여성과 남성의 특징이 나타납니다. 성호르몬은 물렁뼈가 될 초기 세포를 분열시켜 조직으로 만드는 물질을 많이 나오게 합니다. 결국 사춘기에 키가 가장 많이 크는 것입니다. 하지만 성호르몬은 성장판을 닫아 키가 더는 크지 않게 할 수도 있습니다. 즉, 성호르몬은 사춘기에 키를 크게 하는 도우미이자 키가 무한정 자라는 것을 막아 주는 조절자이기도 합니다. 때로는 성장호르몬 과다 분비로 말단비대증이 나타납니다. 말단비대증은 뇌하수체에 생긴 종양 때문에 성장호르몬이 지나치게 많

성장호르몬 뇌하수체 전엽에서 분비되는 호르몬 중 하나. 우리 몸 안에서 뼈, 연골 등의 성장뿐 아니라 지방 분해와 단백질 합성도 촉진한다. 청소년기와 성장기에는 뼈의 길이와 근육의 증가 등 성장 촉진 작용을 주로 한다. 필요에 따라 왜소증 치료에 사용된다.
성호르몬 척추동물의 암컷과 수컷의 생식선에서 분비되는 호르몬. 생식기의 발육을 촉진하고 기능을 유지시키는 역할을 한다.

이 분비되어 얼굴, 손, 발, 신체 장기 등이 지나치게 성장하는 질환입니다. 얼굴과 손발이 커져서 겉모습이 바뀌는가 하면, 종양이 커지면서 뇌와 시신경을 압박해 시야가 좁아지기도 합니다.

키가 크기를 바라는 것은 사람들에게 매력적으로 보이고 싶기 때문입니다. 그러나 키가 작아도 사람들의 존경과 찬사를 받은 인물은 많습니다. 거란의 침입을 막아 낸 고려의 강감찬 장군, 정확한 산책 시간으로 유명했던 독일 고전 철학자 임마누엘 칸트, 일제강점기에 조국을 위해 뛰었던 마라토너 손기정, 자본주의의 비인간성을 고발한 무성영화 〈모던 타임즈〉의 배우 찰리 채플린 등도 키가 작았습니다.

환경호르몬이란?

자연환경에 존재하는 화학물질 가운데 생물체 안에 흡수되어 호르몬이 관여하는 내분비계에 혼란을 일으키는 물질을 말한다. 정확히 말하자면 호르몬이라는 단어는 몸속에서 합성된 물질을 의미하기 때문에, 환경호르몬이라는 신조어에는 오류가 있다. 현재는 일본, 한국에서 모두 내분비계 교란 물질이라는 명칭을 사용하도록 권장하고 있다. 현재 내분비계 교란 물질로 지정된 화학물질에는 DDT 등 농약 41종과 음료수 캔의 코팅에 쓰이는 비스페놀A, 쓰레기 소각장에서 발생하는 다이옥신 등이 포함되어 있다. 그 밖에도, 지정되지는 않았지만 컵라면 용기에 사용되는 스티로폼의 주성분인 스티렌 이성체도 환경호르몬으로 의심받고 있다.

다이옥신은 사람의 몸속에 있는 에스트로겐과 비슷한 효과를 나타내는데, 그 때문에 여성화 문제가 발생할 수 있다. 오염된 환경에서 사는 물고기, 조개, 악어 등을 조사한 결과 성기의 여성화가 진행되었음이 밝혀져, 그러한 우려는 어느 정도 사실인 것으로 드러났다.

▶ TCDD 다이옥신

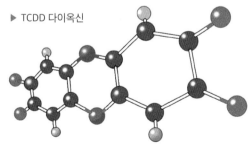

021 새로운 생명체를 만들 수 있을까?

국어사전에서는 '조물주'를 "우주의 만물을 만들고 다스리는 신"이라고 풀이
합니다. 만물의 영장이라는 인간이 조물주처럼 만물을 만들고 다스리는 시
대가 올 수 있을까요? 인간은 자신을 구성하는 물질을 연구함과 더불어 새로
운 개체를 탄생시키려는 욕망을 끊임없이 표현해 왔습니다. 소설 속 프랑켄
슈타인처럼 비록 괴물이 될지라도, 새로운 생명을 만들어 내고 싶은 인간의
열망은 매우 큰 듯합니다. 그렇다면 날로 진보하는 과학기술에 힘입어, 지금
껏 존재한 적이 없는 새로운 생명체를 만들 수도 있을까요?

지금은 개인의 유전체(genome) 분석 시대

게놈(genome)이란 생물체를 구성하고 기능을 발휘하게 하는 모든 유전정
보를 간직한 유전자의 집합체로, '유전체'라고 부릅니다. 유전체의 유전정보
는 DNA라는 분자구조로 존재하며 4가지 화학적 암호인 A(아데닌), G(구아닌),
T(티민), C(시토신)의 염기 서열로 표기되어 있습니다. 인간 게놈 프로젝트는 인
간의 염기 서열을 모두 파악하여 인체를 구성하는 단백질의 합성 과정을 알아
내려는 국제 협력 프로젝트입니다. 1990년에 약 15년을 예상하고 시작한 이

프로젝트는 생물학 및 컴퓨터 기술의 발달과 상업적 게놈 프로젝트를 추진하던 셀레라 지노믹스 사와의 경쟁으로 인해 예상보다 조금 빠른 13년 만에 인간이 가진 모든 유전자 가운데 95%의 염기 서열을 분석하기에 이르렀습니다. 그 후 완성도와 정밀도를 높여 가며 더욱 보완한 결과, 2006년 인간 게놈 프로젝트에 관한 완전한 논문이 출판되었습니다.

▲ 인간 게놈 프로젝트(HGP)
국제 콘소시엄의 로고

슈퍼컴퓨터의 급속한 발전까지 더해져 인간 유전자 전부, 즉 30억 개의 염기 서열을 분석하는 속도는 더욱 빨라졌고, 분석에 드는 비용은 점점 낮아지고 있습니다. 30억 달러(약 4조 4,000억 원)라는 엄청난 예산으로 시작한 13년간의 국제 프로젝트가 완성된 후, 이제 한 사람의 유전체를 2~3일 만에 1,000달러(약 115만 원) 정도의 비교적 싼(?) 비용으로 읽어 낼 수 있는 시대가 온 것입니다.

게놈 연구에서 유전자 변형 생명체 연구로

유전체에 관한 연구는 유전자의 변형과 조작에 관한 연구로 이어졌습니다. 그리고 지긋지긋한 해충 모기를 퇴출하는 방법을 연구하는 과정에서 새로운 유전자 변형 생명체에 대한 연구가 시작되었습니다.

지카 바이러스 감염증은 모기가 피를 빠는 과정에서 옮기는 감염성 질환입니다. 특히 임산부가 지카 바이러스에 감염되면 소두증(머리와 뇌가 정상보다 작은 선천성 기형) 신생아를 출산할 가능성이 있다는 이유로 최근에 전 세계적으로 화제가 된 바 있습니다. 이 지카 바이러스 감염증뿐 아니라 발열·두통·발진 등의 증상이 나타나는 뎅기열, 그리고 연간 2억 명의 감염자 중 약 60만 명이 사망하는 원인이 되는 말라리아의 매개체는 모두 이집트숲모기와 얼룩날개모기입니다. 이에 유전자를 변형해 그러한 해충 모기의 개체 수를 줄이는 방법들이 활발히 연구되고 있습니다.

첫 번째 방법은 유전자 조작된 수컷 모기를 만들어 그 후손들이 애벌레에서 성충으로 성장하지 못하고 1~2주 만에 죽게 함으로써 개체 수를 감소시키는 것입니다. 두 번째 방법은 모기의 유전체 가운데 바이러스를 옮기는 염색체를 찾아내어 제거하고 병을

▲ 여러 가지 감염성 질환을 옮기는 모기.

옮기지 않는 유전자를 대신 집어넣은 모기를 만드는 것입니다. 그렇게 유전자가 조작된 모기의 후손들은 병을 옮기지 않는 유전체를 가지게 됩니다.

이와 같은 유전자 조작 모기들은 유전자 변형 생명체(LMO, Living Modified Organisms), 즉 생명공학 기술에 의해 내부의 유전물질이 인위적으로 변형된 살아 있는 생물입니다. 그와 비슷한 말로 GMO(Genetically Modified Organisms)가 있는데, 이는 외부 유전자를 인위적으로 생명체에 집어넣어 인간에게 유용한 성질을 가지도록 유전자를 변형시킨 식품을 비롯한 생물체 일반을 말합니다. GMO의 경우 전혀 다른 종의 유전자를 인위적으로 삽입하여 단기간에 새로운 종을 만들어 내는 것이라, 특히 유전자 변형 식품의 경우 안전성에 관한 논란이 끊이지 않고 있습니다. LMO 또한 기존 생태계에 존재하지 않던 새로운 생물체가 활동하는 것이라, 혹시 생태계 교란을 야기하거나 농약에 내성을 가진 새로운 해충을 출현시키는 식으로 환경에 악영향을 주지는 않을지 단단히 지켜보아야 합니다.

조물주의 영역에 도전한다, 합성생물학

인터넷에는 많은 합성사진이 떠다닙니다. 전혀 다른 두 사진을 교묘히 섞어 새로운 사진을 만들어 내듯이, 합성생물학에서는 기능과 정보가 이미 알려진

서로 다른 유전자들을 합성하여 새로운 유전자를 지닌 생명체를 만들어 냅니다. 장난감에 비유하자면, 블록 하나하나가 각각의 유전자이고, 이 유전자 블록들을 이용하여 다양한 모양의 물체들인 생명체를 디자인해 가는 과정이 합성생물학이라고 할 수 있습니다.

2010년, 크레이그 벤터 연구소는 가장 작은 생명체로 알려진 마이코플라스마를 인공적으로 합성한 박테리아 JCVI-syn1.0이라는 세포핵 없는 원핵생물을 합성하였습니다. 그 후 2016년 3월 생존과 번식에 필요한 최소한의 유전자를 지

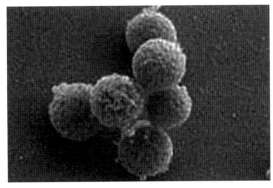

▲ 최초의 합성 생물인 마이코플라즈마 마이코이데스 JCVI-syn1.0

닌 합성 생명체 JCVI-syn3.0이 탄생하였습니다. 인간의 유전체를 분석하는 기술을 통해 다양한 생물 유전체를 분석하여 얻게 된 유전자에 관한 정보, 그리고 유전자 조작을 통해 향상된 유전자 변형 기술에 힘입어 가능해진 일입니다. 현재는 세포핵을 가진 진핵생물로 염색체가 여러 개 있는 더 복잡한 유기체인 인공효모(Sc2.0) 개발 프로젝트가 진행 중입니다.

합성생물학에 대한 기대와 우려

합성생물학은 인구 증가와 노령화, 새로운 질병의 탄생 등 인류가 당면한 문제를 근본적으로 해결해 줄 신약과 친환경 바이오 화학제품 등의 생산에 기여할 수 있습니다. 그 한 가지 예가 말라리아 특효약 성분인 아르테미시닌의 대량 생산입니다. 유전자 변형 모기까지 고안될 만큼 인류에게 해로운 말라리아의 특효약은 개똥쑥이라는 국화과 식물에서 추출할 수 있는 성분인 아르테미시닌인 것으로 밝혀졌습니다. 아르테미시닌은 매우 중요한 치료제로, 이 성

분을 찾아낸 투유유라는 중국 과학자가 2015년 노벨 생리의학상을 받았습니다. 그런데 생체로부터 추출하는 방식으로는 대량 생산이 어렵고 약값이 비싸질 수밖에 없습니다. 그래서 인공 합성법이 연구 개발되었지만 그것 역시 복잡하고 경제성이 떨어진다는 문제가 있던 차에, 맥주 효모균에 개똥쑥의 유전자를 합성한 '합성 효모'가 만들어지면서 아르테미시닌을 쉽게 대량으로 얻을 수 있게 되었습니다.

또 다른 예로는 바이오센서의 합성을 들 수 있습니다. 급증하는 테러를 막기 위해 폭발물 탐지견과 탐지 장치가 동원되는데, 유전자 설계를 통해 이런 폭발물을 감지할 수 있도록 만들어진 바이오센서 식물은 탐지견보다 최고 2만 배나 더 폭발물에 민감하게 반응한다고 합니다.

합성생물학이 인류에게 더 많은 혜택을 제공하는 기술로 발전하려면, 유전자 변형 생명체(LMO)와 마찬가지로 안전성과 생태계 교란에 관한 분야에서 지속적인 관찰과 검증이 필요합니다. 또한 어느 수준까지 새로운 생물의 합성이 허용되어도 좋은지에 대해서도 합의 도출을 위한 성찰과 많은 고민이 요구됩니다.

022

잎이 없는 겨울에 식물은
광합성을 중단하나요?

식물은 잎에 있는 엽록소에서 빛을 흡수하여 광합성을 합니다. 그런데 잎이 없는 겨울이 되면 엽록소가 없는 상태가 됩니다. 광합성을 통해 양분을 합성해야 살아가는 식물이 잎도 없는 겨울을 지낼 수 있을까요? 겨울 동안 식물은 필요한 양분을 어디에서 구하는 것일까요?

줄기와 뿌리에 저장하는 겨울 양식

한해살이풀은 겨울이 되면 씨만 남기고 죽지만, 여러해살이풀은 대개 땅속줄기와 뿌리를 남기고 잎과 줄기는 없어집니다. 민들레, 망초, 엉겅퀴, 냉이 등은 잎이 땅바닥에 붙어서 낮게 자라므로 뿌리와 함께 겨울을 나기도 합니다. 나리, 파, 감자, 토란, 연 등은 우리가 먹을 수 있는 땅속줄기로 겨울을 납니다. 겨울을 보내는 씨와 줄기, 뿌리에는 겨울에 필요한 영양분과 봄에 자랄 때 필요한 영양분이 저장되어 있습니다. 겨울이 되면 나무들은 낙엽으로 잎을 모두 떨어뜨립니다. 소나무 같은 침엽수도 겨울을 대비해 늙은 잎은 떨어뜨립니다. 떨어진 잎은 나무 주위에 쌓여 뿌리를 보온해 주는 역할을 하기도 합니다.

▲ 냉이의 겨울나기

잎의 모든 활동을 멈추는 단풍

식물 잎에는 초록색을 띠는 엽록소*와 황적색을 띠는 카로틴*, 노란색을 띠는 크산토필*이 있습니다. 봄이나 여름철에는 엽록소가 많기 때문에 잎은 녹색으로 보입니다. 가을엔 기온이 떨어지고 잎으로 올라오는 물의 양이 줄고 공기가 건조해져 잎 속의 물의 양도 줄어듭니다.

또한 엽록소가 낮은 온도로 인해 파괴되어 없어지면 카로틴과 크산토필이 드러나 잎은 황적색에서 노란색까지 다양한 단풍이 듭니다. 단풍이 들면 잎에서 만든 당분은 줄기로 이동하지 못하고 햇빛에 분해되어 붉은색의 안토시안* 색소로 변합니다. 그래서 단풍은 햇빛을 많이 받는 위쪽부터 붉게 물들어 갑니다. 겨울이 다가오면 광합성을 하던 잎의 세포는 모두 죽어 갈색으로 변합니다.

▲ 단풍

엽록소 '클로로필'이라고도 하는, 녹색식물의 잎 속에 들어 있는 화합물. 엽록체의 그라나(grana) 속에 들어 있다. 빛 에너지를 흡수하여 물과 이산화탄소를 탄수화물로 동화시키는 데 쓰인다. 엽록소의 빛깔이 녹색이기 때문에 엽록체가 녹색으로 보이고, 따라서 식물의 잎도 녹색으로 보인다.

카로틴 동식물에 널리 분포한 색소 무리인 카로티노이드 중 하나. 가을에 클로로필이 분해하면 그때까지 녹색에 의해 감추어져 있던 카로틴의 색을 확인할 수 있게 된다. 그러나 선명한 붉은색 또는 노란색 색소는 카로틴이 아니라 카로틴이 변화하여 생긴 물질이다.

크산토필 식물의 잎사귀, 꽃, 과실 등의 녹색부에 엽록소, 카로틴과 같이 존재하는 카로티노이드 중 하나로, 노란색을 나타낸다. 노인성 시력 감퇴를 줄이는 역할을 하며, 밝은 광선에 의한 망막 조직의 손상을 막아 준다.

안토시안 식물의 꽃·열매·잎 등에 나타나는 수용성 색소. 붉은색·푸른색·보라색 꽃이나 봄의 새눈, 가을의 단풍 등의 색깔은 이 색소 때문이다.

수분을 지키려면 잎을 버리자

잎은 증산작용*이 활발하므로 식물이 보유한 물은 잎에서 빠져나갑니다. 겨울에는 뿌리에서 물의 공급이 중단되므로 물을 보존해야 합니다. 침엽수는 잎의 부피에 비해 표면적이 작아 수분 손실을 줄일 수 있지만, 활엽수는 잎의 표면적이 커서 수분 손실이 큽니다. 따라서 활엽수는 초가을에 잎을 떨어뜨려 수분 손실을 방지하고, 땅에 쌓인 낙엽은 뿌리를 보온하게 됩니다. 낙엽은 줄기와 잎자루 사이에 떨켜라는 특별한 조직이 생겨 잎이 떨어지는 현상입니다. 떨켜는 잎과 줄기 사이에 물과 양분을 이동시키는 통로인 관다발을 막습니다. 은행나무와 단풍나무 등은 떨켜가 한꺼번에 만들어져 일제히 잎을 떨어뜨립니다. 그러나 밤나무, 떡갈나무와 같은 참나무는 떨켜를 만들지 않아 겨울이 되어도 갈색의 마른 잎이 줄기에 붙은 채로 차가운 겨울바람에 하나 둘씩 떨어져 나갑니다. 오 헨리의 소설 「마지막 잎새」에 나오는 담쟁이덩굴도 잎에 떨켜가 없어 줄기에 붙은 채로 말라 버립니다.

증산작용 잎의 뒷면에 있는 기공을 통해 기체 상태의 물이 식물체 밖으로 빠져나가는 작용. 잎에서 광합성을 하려면 반드시 물이 필요하므로 뿌리로 흡수된 물이 줄기의 물관부를 통해 잎까지 전달되어야 하는데, 이때 증산작용이 물을 끌어올리는 원동력이 된다.

≪ 뜬금있는 질문 ≫

「마지막 잎새」는?

미국 작가 오 헨리가 1905년에 쓴 단편소설이다. 뉴욕 그리니치 빌리지의 아파트에 사는 무명의 여류 화가 존시가 심한 폐렴에 걸려서 사경을 헤맨다. 그녀는 삶에 대한 희망을 잃고 친구의 격려도 아랑곳없이 창문 너머로 보이는 담쟁이덩굴 잎이 다 떨어질 때 자기의 생명도 끝난다고 생각한다. 같은 집에 사는 친절한 늙은 화가가 나뭇잎 하나를 벽에 그려 심한 비바람을 꿋꿋이 견디어 낸 진짜 나뭇잎처럼 보이게 함으로써 존시로 하여금 삶에 대한 희망을 되찾게 해 준다는 이야기이다.

▲ 담쟁이

023

피부와 간이 재생 기능을 가지는 이유는 무엇인가요?

넘어져 피부에 생긴 상처나 수술 후 실로 봉합한 피부는 시간이 지나면 재생됩니다. 간은 재생이 되므로 수술을 통해 어느 정도 잘라 낼 수 있습니다. 그런데 우리 몸에서는 피부와 간만 재생 기능을 가지는 걸까요?

재생의 비결은 줄기세포

피부와 간이 계속 만들어질 수 있는 것은 줄기세포* 때문입니다. 줄기세포는 우리 몸의 모든 기관에 있는 것이 아니라 골수, 혈관, 피부, 간, 근육 등에 있습니다. 이들 기관에 있는 줄기세포가 계속해서 세포를 만들어 내기 때문에

줄기세포 여러 종류의 신체 조직으로 분화할 수 있는 능력을 가진 세포, 즉 미분화 세포이다. 적절한 조건을 갖추어 주면 다양한 조직 세포로 분화할 수 있으므로, 손상된 조직의 재생 치료 등에 응용하기 위한 연구가 진행되고 있다.

마치 재생하는 것처럼 보입니다. 세포는 분열하여 새로운 세포를 만들어 내는데, 어느 정도 분열을 반복하면 노화하여 죽게 됩니다. 그러나 시신경이나 청신경 같은 신경세포는 분열하지 않기 때문에 한번 손상되면 영원히 재생되지 않습니다. 적혈구는 갈비뼈, 가슴뼈, 골반, 척추뼈 등의 골수에 있는 줄기세포에서 만들어집니다. 정상 상태에서 골수*는 1초에 약 2백만 개의 적혈구를 생산합니다. 적혈구는 약 120일 동안 혈액에서 돌아다니다 파괴되어 죽습니다. 오래된 적혈구가 파괴되는 장소는 왼쪽 갈비뼈가 끝나는 곳에 있는 지라*(비장)입니다. 비정상 적혈구, 생성된 지 오래된 적혈구, 정상 혹은 비정상 혈소판과 세포 성분의 부스러기 등이 지라에서 걸러집니다.

줄기세포를 모방하는 치료법

피부가 심하게 손상되면 줄기세포가 부족해 피부 재생이 힘들어집니다. 이때에는 환자의 피부에서 뽑아 배양한 피부 세포를 진피 지지체(피부를 유지해 주는 콜라겐* 단백질로 구성된 막) 위에 골고루 뿌려 피부를 재생합니다. 이는 기존의 인공 피부 이식보다 재생률이 높고 치료 부위도 넓어 손상된 피부를 치료하는 데 효과적입니다. 줄기세포 대신 새로운 세포를 뿌려서 공급하는 방법이지요.

치료 희망과 생명윤리 사이

줄기세포에는 배아 줄기세포와 성체 줄기세포가 있습니다. 성체 줄기세포

골수 뼈 중심부의 공간을 채우고 있는 부드러운 조직. 적혈구나 백혈구, 혈소판과 같은 혈액세포를 만들어 공급하는 일을 한다. 많은 줄기세포를 가지고 있는데, 이들이 계속 분열하고 발달하여 혈액세포가 된다. 뼈를 구성하는 줄기세포도 있다. 면역 체계를 담당하는 백혈구를 생산하기 때문에 면역 체계에도 매우 중요한 조직이다.

지라 횡격막과 왼쪽 신장 사이에 있는 내장 기관. 비장이라고도 한다. 혈액 속의 세균을 죽이고, 늙어서 기운이 없는 적혈구를 파괴하는 일을 한다.

콜라겐 동물의 뼈·연골·이·피부와 물고기의 비늘 등을 이루는 단백질이다. 섬유 모양의 고체로, 전자현미경으로 복잡한 가로무늬 구조를 확인할 수 있다. 물·묽은 산·묽은 알칼리에 잘 녹지 않는 경단백질이지만, 끓이면 젤라틴이 되어 녹는다.

는 사람 몸에서 발견할 수 있지만, 배아 줄기세포는 아직 태아가 되지 않은 수정란에서 발견됩니다. 줄기세포는 어떠한 장기로도 분화할 수 있기 때문에 불치병에 걸린 사람이나 새로운 장기가 필요한 사람에게 치료될 수 있다는 희망을 줍니다. 그러나 배아 줄기세포는 태아가 될 수 있는 배아 세포에서 추출하기 때문에 윤리적으로 문제가 됩니다. 수정 후 8주까지가 배아이고 8주 이후는 모든 주요 기관이 형성되는 태아이므로, 배아 줄기세포 연구는 모든 국가에서 제한적으로 허용하고 있습니다.

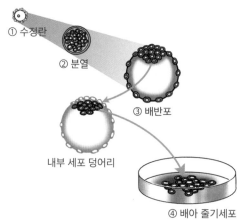

① 수정란
② 분열
③ 배반포
내부 세포 덩어리
④ 배아 줄기세포

▲ 줄기세포 배양 과정

복제 인간이란?

인간 개체 복제 기술을 이용하여 한 인간과 유전적으로 동일하게 만든 인간이다. 배아 복제는 그에 필요한 줄기세포를 만들 수 있고, 복제 인간을 만들 수 있음을 뜻한다. 인간 개체 복제 기술에는 수정란 분할법과 체세포 핵 이식법이 있다. 인간 복제에 대해서는 세계적으로 찬반양론이 맞서고 있는데, 찬성 쪽에서는 인공수정으로 시험관아기를 만드는 수준을 뛰어넘어 무성생식을 가능하게 함으로써 불임 문제를 해결하고, 염색체 이상 같은 선천성 결함을 예방하며, 신장이나 골수 등의 장기 이식을 활성화할 수 있다고 본다.

한편 반대론자들은 복제 양 돌리가 탄생하기까지 무려 250여 회의 실험이 실패로 돌아간 데에서 보듯이 기술적 위험성이 여전하므로 기형 출산이나 조기 사망을 피할 수 없고, 남녀 간의 자연스러운 성 결합을 전제로 하는 가족 공동체를 파괴하며, 유전적 동일성을 초래해 진화를 방해하고 질병에도 취약해진다는 문제점을 지적하고 있다.

▲ 복제 양 돌리

우리 눈은 어떻게 색을 구별할까요?

어두운 밤에는 색깔을 구별하기 어렵지만 물체의 형태는 알아볼 수 있습니다. 낮에는 색깔도 선명하게 보이고 형태도 알아볼 수 있습니다. 왜 어두운 밤에는 색깔이 잘 안보이고 낮에는 잘 보이는 것일까요? 우리 눈은 어떻게 색깔을 구별할까요?

색을 인식하는 세포와 명암을 구별하는 세포

우리 눈을 카메라에 비유하면 상이 맺히는 망막은 필름에 해당합니다. 망막에는 빛을 감지하는 두 종류의 시각세포가 있습니다. 바로 물체의 모양과 명암만을 구별하는 간상세포*와, 명암과 색 모두를 구별하는 원추세포*입니다. 사람 눈에는 약 1억 개의 간상세포와 600만 개의 원추세포가 있습니다. 원추세포는 간상세포보다 빛에 민감하지 못해, 간상세포가 감지하는 빛보다 50~100배 정도는 밝아야 빛을 감지할 수 있습니다. 그래서 어두운 밤에는 원추세포가 기능을 하지 못해 색깔 구별을 잘 못하고, 빛에 민감한 간상세포만 제 기능을 해 물체의 모양과 명암은 구별할 수 있는 것입니다.

옆으로 보아야 잘 보이는 별빛

원추세포에는 빨간색, 초록색, 파란색 영역에 각각 반응하는 세 종류의 세포가 있습니다. 각 세포의 비율이 40:20:1이어서 사람 눈에는 빨간색이 가장 잘 전달됩니다. 포유류 가운데 색을 구별하는 종은 인간과 원숭이뿐이라고 합니다. 사람 눈은 같은 계통의 색이라도 약 250가지를 구별할 수 있고, 다른 색은 약 17,000가지를 구별할 수 있습니다. 망막에서 원추세포가 모여

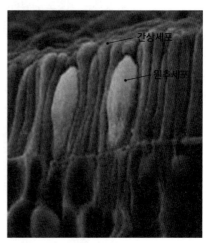

▲ 간상세포와 원추세포의 모습

있는 황반*에는 간상세포가 없습니다. 밤하늘에 빛나는 별빛은 황반에 상이 맺혀도 빛이 너무 약해 원추세포가 잘 감지하지 못합니다. 그럴 때 옆으로 별빛을 보면 망막 전체에 퍼져 있는 간상세포에 상이 맺혀 별이 잘 보이게 됩니다.

낮과 밤에 사냥하는 새가 다른 이유

사람보다 더 멀리 더 정확히 볼 수 있는 동물은 새입니다. 독수리와 매 같은 육식 조류는 시각이 매우 발달했습니다. 매의 망막에 집중된 원추세포의 수

간상세포 망막에 있는 가늘고 긴 모양의 시각세포. 0.1Lux 이하의 어두운 빛을 감지한다. 외절과 내절의 두 부분으로 이루어져 있다. 가는 외절에 들어 있는 로돕신은 빛에 의해 옵신과 레티날로 쉽게 분해된다. 이때 발생하는 분해 에너지가 시각세포를 흥분시켜 뇌에 자극을 전달함으로써 시각이 성립한다.
원추세포 망막에서도 황반의 중심부에 밀집한, 통통한 모양의 시각세포. 0.1Lux 이상의 밝은 빛을 감지한다. 추상세포라고도 부른다.
황반 망막에서 시각세포가 밀집해 있어 빛을 가장 선명하고 정확하게 받아들이는 부분

는 사람의 다섯 배로, 1mm²당 100만 개나 됩
니다. 그래서 사람이 5m 거리에서 볼 수 있는
물체를 매는 20m 밖에서도 정확히 볼 수 있
습니다. 하지만 간상세포가 부족해서, 어두운
밤이 되면 매와 독수리는 사냥을 할 수 없습
니다. 그 반면에 아주 흐린 빛에도 예민한 부
엉이는 밤에 사냥을 합니다. 부엉이는 간상세

▲ 간상세포가 많은 수리부엉이

포가 많기 때문에 약한 빛에 대한 감지 능력이 뛰어나 밤에 사람보다 100배
이상 잘 볼 수 있다고 합니다.

명순응과 암순응

암순응은 밝은 곳에서 어두운 곳으로 들어갈 때 처음에는 아무것도 안 보
이다가 서서히 물체의 형체가 보이는 것을 말합니다. 명순응은 어두운 곳에서

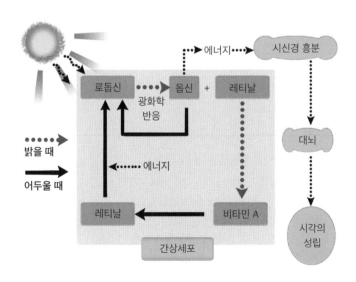

▲ 로돕신의 분해와 합성 과정

밝은 곳으로 나갈 때 눈이 부셔서 잠시 안 보이다가 보이게 되는 것을 말합니다. 이런 현상은 로돕신* 때문입니다. 로돕신은 빛에 의해 옵신과 레티날로 분해되고, 이때 발생하는 에너지가 시신경을 자극해 대뇌로 흥분이 전달되어 물체를 구별하게 되는 것입니다. 어두워지면 옵신과 레티날은 다시 로돕신으로 합쳐집니다. 로돕신이 다시 합성될 때 시간이 걸리기 때문에 밝은 곳에 있다가 어두운 곳에 가면 바로 보이지 않습니다.

비타민 A는 레티날로 변해 로돕신이 되기 때문에 비타민 A가 부족하면 야맹증에 걸립니다. 2008년 《네이처》에 전북대학교 화학과 최희욱 교수가 옵신의 구조를 밝힌 논문을 발표한 바 있는데, 시각의 형성 과정에 관한 연구는 지금 이 순간에도 계속되고 있습니다.

| **로돕신** 간상세포에 함유된, 붉은색의 빛을 감지하는 단백질

◁ 뜬금있는 질문 ▷

비타민이 부족할 때 나타나는 결핍증은?

비타민은 주로 효소의 작용을 도우면서 대사 과정에서 중요한 역할을 한다. 인체에 필요한 양은 아주 적지만, 몸 안에서 합성되지 않으므로 외부로부터 보급되어야 한다. 따라서 섭취량이 부족하면 결핍증이 나타나기 쉽다. 비타민 A가 부족하면 야맹증과 피부 건조증, 비타민 B는 각기병과 악성빈혈, 비타민 C는 괴혈병, 비타민 D는 구루병과 골연화증, 비타민 K는 장기 출혈 등의 결핍증이 나타난다.

▲ 각기병에 걸린 다리

025

인간 돌연변이도 있나요?

초자연적 능력을 소유하고 모습을 이리저리 바꾸는 인간 돌연변이를 소설이나 만화, 영화에서 볼 수 있습니다. 영화 〈엑스맨〉에서도 수많은 돌연변이 인간들이 등장합니다. TV나 영화가 아닌 현실에서도 인간 돌연변이는 존재할까요?

'엘리펀트 맨' 조셉 메릭

유전자는 우리 몸을 구성하는 데 필요한 물질을 생성하는 정보를 담고 있으므로 유전자에 하나라도 이상이 생기면 비정상적인 대사 기능으로 돌연변이*가 발생합니다. 돌연변이를 유발하는 요인으로는 X선, 자외선, 방사선, 마약과

돌연변이 유전물질인 DNA가 갑자기 변화하고 자손에게까지 전달되는 것. 유전물질의 복제 과정에서 우연히 발생하거나, 방사선이나 화학물질 등과 같은 외부 요인에 의해 발생한다.

같은 각종 화학약품, 영양 결핍, 스트레스 등이 알려져 있습니다.

2014년, 바티칸 성 베드로 광장 미사에 참석한 한 남자를 프란치스코 교황이 꼭 안고 위로하는 한 장의 사진이 인터넷을 통해 전해졌습니다. 그 남자는 조셉 메릭이라는 사람으로 흉측한 외모 때문에 '엘리펀트 맨'으로 알려진 인물이었습니다. 그의 이야기는 카툰으로 그려져 기사화되었는데, 질병으로 변해 버린 외모 때문에 주변 사람들이 낯설어하고 멀리하려 드는 것과 달리 자신을 안고 위로하며 축복해 준 프란치스코 교황의 사랑과 배려에 대한 존경심을 담고 있습니다.

그의 피부와 얼굴 주변 및 손까지 뒤덮고 있던 종양 덩어리들은 신경 섬유종증 제1형에 해당합니다. 신경 섬유종증은 7가지가 있습니다. 그중 약 85% 정도가 첫 번째 종류인 제1형인데, 17번 염색체*에 존재하는 유전자의 변이에 의해 발생합니다. 신경이 있는 신체 어느 부위에서나 종양이 생길 수 있으며 여러 개가 한꺼번에 발생하기 때문에 신경 섬유종이라고 합니다.

겸상 적혈구 빈혈증*도 신경 섬유종처럼 유전자 변이가 원인이 되어 발생하는 질병입니다. 유전자의 특정 암호에 이상이 생겨서 적혈구를 구성하는 헤모

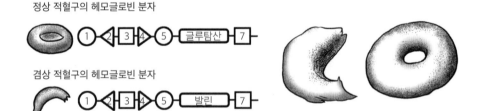

정상 적혈구의 헤모글로빈 분자

겸상 적혈구의 헤모글로빈 분자

▲ 유전자에 이상이 생기면 낫 모양의 겸상 적혈구가 만들어진다.
정상 적혈구의 아미노산 6번 글루탐산이 겸상 적혈구에서는 발린으로 바뀐다.

염색체 세포가 분열할 때 핵 속에 나타나는 굵은 실타래나 막대 모양의 구조물로, 유전물질을 담고 있다. 세포분열의 전기에 핵 속의 염색사가 응축되어 형성된다. 아세트산카민과 같은 염색약에 염색이 잘되어 세포분열 때 잘 관찰된다.

글로빈이라는 단백질 구조에 변형이 일어나 비정상적인 적혈구를 만들어 냄으로써 심각한 빈혈을 유발하는 질병이지요.

염색체 이상으로 생기는 돌연변이

"신은 여덟 번째 조지를 만들었고 참 보기 좋았더라."라는 자막과 함께 환하게 웃는 조지의 모습을 배경으로 엔딩 자막이 올라가는 〈제8요일〉이라는 영화가 있습니다.

사람은 부모 양쪽으로부터 각각 하나씩 총 23쌍의 염색체, 즉 46개의 염색체를 물려받습니다. 이 46개의 염색체는 부모님의 유전물질들이 담겨 있는 일종의 실타래들로, 그중 44개의 염색체는 몸을 구성하는 유전자들을 담고 있고 2개의 염색체는 성을 구별하는 역할을 합니다. 영화에 등장하는 조지는 44개의 염색체 중 21번째 염색체가 한 쌍이 아닌 3개로, 모두 47개의 염색체를 가지고 태어난 사람입니다. 이러한 염색체 수 이상을 다운증후군이라 하는데, 특징적인 외모와 지적 장애가 나타납니다. 납작한 얼굴에 눈꼬리가 올라가 있고, 눈과 눈 사이가 멀고 귀·코·입이 작으며, 혀가 두꺼워 항상 입을 벌리고 있습니다. 또한 행동 장애와 함께 70%에서 지능지수 20~40의 지능 저하가 나타나는

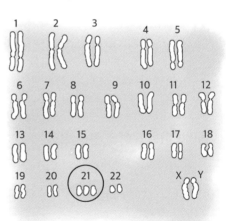

▲ 다운증후군 염색체

검상 적혈구 빈혈증 400명의 미국 흑인 가운데 한 명꼴로 발생하는 질환이다. 헤모글로빈을 암호화하는 유전자의 염기 하나가 바뀌어 비정상적인 헤모글로빈이 만들어지고, 그것이 적혈구에 축적되어 적혈구 모양이 낫 모양(겸상)으로 바뀌는 유전자 돌연변이를 말한다.

데, 다운증후군 아동을 위한 학령 전 조기교육의 확대로 최근 이들의 지능지수가 조금이나마 높아지는 경향을 보이고 있습니다.

X와 Y 같은 성염색체 수에 이상이 생겨 나타나는 증후군도 있습니다. 아버지로부터 Y염색체, 어머니로부터 X염색체 하나씩을 물려받아야 하는 남성이 X염색체를 2개 이상 가지고 있으면, 고환이 작고 생식 능력이 없고 남성이면서 가슴이 나오고 2차 성징이 발현되지 않는 클라인펠터증후군이 나타납니다. 또한 부모님으로부터 각 1개씩 X염색체를 물려받아야 하는 여성이 하나의 X염색체만을 가지고 태어나면, 가슴과 생식기가 잘 발달하지 못하고 2차 성징이 없어 불임 증상을 보이는 터너증후군이 나타납니다.

이와 같은 염색체 수 이상에 의한 증후군 이외에, 염색체의 일부가 없어지거나 중복 복제될 때, 혹은 자리가 뒤집히거나 다른 염색체에 자리 잡을 때에도 증후군이 나타납니다. 5번 염색체의 일부가 없어져서 목소리가 고양이 우는 소리처럼 되고 각종 신체 및 정신 이상을 보이는 묘성증후군, 22번 염색체가 중복 복제되어 지적 장애와 홍채 결손, 항문 폐쇄 등의 증상을 보이는 묘안증후군 등이 그러한 예입니다.

돌연변이는 진화의 원동력인가?

그렇다면 이처럼 겉모습의 이상이나 질병, 기능 이상 등을 초래하는 돌연변이의 의미는 무엇일까요?

공장에서 생산된 제품에서 오류가 많이 발견된다면 그 제품을 만든 공장에 대한 신뢰도가 점점 떨어져 공장의 존립 자체가 위태로워질 것입니다. 그와 마찬가지로 세포를 복제하고 생산하는 과정에서도 오류가 자주 발생하면 세포로 구성된 생물의 생존에 문제를 일으키므로, 세포는 오류를 줄이는 시스템을 오랫동안 스스로 찾고 개발하였습니다. 그 결과 오류 발생 확률을 최소한으로 낮추게 되었고, 따라서 돌연변이는 자주 일어나는 현상은 아닙니다.

물론, 유전자의 변화는 생물 종의 변화를 가져오고, 새로운 돌연변이 가운데 환경에 적합한 종이 나올 수도 있습니다. 지금도 많은 종에서 수많은 돌연변이가 일어나고 있는 데서 알 수 있듯이, 돌연변이가 생물 종의 다양성에 기여하고 있는 것도 분명

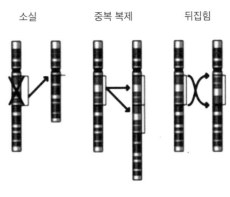

▲ 염색체 돌연변이의 형태

합니다. 하지만 앞에서 살펴보았듯이, 돌연변이는 대체로 생물의 생존과 번식에 불리합니다. 결국, 돌연변이는 유전적 다양성에 기여하는 요인 가운데 하나이지, 생물 진화를 이끄는 원동력이라고 보기는 어렵습니다. 그보다는 서로 다른 개체군 사이에 일어나는 유전자 교류가 생물 진화에서 더 큰 역할을 한다 하겠습니다. 서로 다른 개체군 사이에 만남이 가속되고 있는 지금과 같은 지구촌 세상에서는 더욱 그렇지요.

026 해바라기는 어떻게 해의 움직임을 감지하나요?

해바라기는 해가 움직이는 방향을 따라 움직입니다. 창가의 식물들은 해가 비치는 쪽으로 기울어 자라기도 합니다. 동물과 달리 감각기관이 없는 식물이 어떻게 해가 비치는 방향을 따라 움직일 수 있을까요?

줄기와 잎만 해를 따라가는 해바라기

해바라기는 다른 국화과 식물처럼 꽃잎이 여러 겹인 겹꽃으로, 노란색의 큰 꽃을 피웁니다. 한해살이풀로 2m까지 자라며, 줄기에 넓은 타원형이나 하트 모양 잎들이 어긋납니다. 중앙아메리카가 원산지로, 콜럼버스가 아메리카 대륙을 발견한 이후 유럽으로 옮겨져 '태양의 꽃' 또는 '황금의 꽃'이라고 불립니다. 페루의 국화이고 미국 캔자스 주(州)의 주화이기도 합니다. 학명은 Helianthus annuus인데 라틴어인 '헬리안투스(Helianthus)'를 번역해 영어로는

▲ 해바라기의 꽃봉오리들

Sunflower라고 부르고, 중국에서는 '향일규(向日葵)'라고 합니다. 꽃이 피기 전에는 녹색 꽃봉오리가 동서로 움직이고, 꽃이 피면 남쪽을 향해 고개를 숙이고 있습니다. 개화에 필요한 양분을 얻기 위해 녹색 꽃봉오리와 줄기와 잎의 끝부분이 해를 따라 움직이는데, 그 때문에 마치 해바라기 꽃이 해를 좇아 움직이는 것처럼 보이는 것입니다. 밤이 되면 녹색 꽃봉오리와 줄기, 잎은 다시 동쪽으로 되돌아옵니다.

햇빛 반대 방향으로 이동하는 옥신

옥신*은 세포 신장을 촉진하는 호르몬입니다. 세포 신장이란 세포 길이가 늘어나는 현상입니다. 햇빛이 비치면 옥신이 빛의 반대쪽 줄기로 이동해 줄기를 휘게 만드는데 이를 굴광성*이라고 합니다. 줄기가 태양 쪽으로 굽으면 자라는 동안 햇빛을 가장 많이 받게 됩니다. 옥신은 나무를 삼각형으로 자라게

옥신 식물의 씨가 싹터서 생장하는 데 필요한 여러 가지 조절 물질 가운데 특히 줄기가 자라는 데 관여하는 식물 생장호르몬의 일종이다.

굴광성 빛의 자극에 따라 식물이 굽는 운동. 광굴성이라고도 한다. 광원 쪽으로 굽으면 양성 굴광성, 그 반대 방향으로 굽으면 음성 굴광성이라고 한다. 식물의 줄기와 잎은 광원 쪽으로 굽어 자라는 양성 굴광성을 나타내고, 뿌리는 광원의 반대 방향으로 굽어 자라는 음성 굴광성을 보인다.

도 합니다. 나무 맨 위의 줄기에서 옥신이 분비되면 아래쪽 주변 줄기의 생장은 억제되고, 따라서 나무는 위가 뾰족한 삼각형으로 성장하게 됩니다.

옥신은 줄기 세포를 신장시키지만 뿌리 세포에서는 신장을 억제합니다. 열매를 발달시키지만 곁가지 형성은 억제하며, 낙엽 형성은 촉진합니다. 억제와 촉진을 다양하게 조절하는 옥신 호르몬 덕분에 식물은 제대로 자랄 수 있습니다.

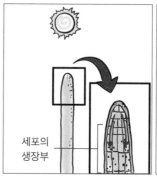

세포의 생장부

그늘에서 커진 세포들

▲ 옥신의 작용에 따른 세포의 성장과 굴성

그리스 신화 속의 해바라기

클리티에는 물의 님프였다. 그녀는 태양의 신 아폴론을 사랑했으나 아폴론은 그 사랑을 받아주려 하지 않았다. 절망한 그녀는 머리카락을 풀어 헤친 채 하루 종일 차가운 땅 위에 앉아 있었다. 며칠 동안이나 그렇게 앉아서 아무것도 먹지도 마시지도 않은 그녀는 날로 파리해져 갔다. 그녀 자신의 눈물과 찬 이슬이 유일한 음식물이었다. 그녀는 해가 떠서 하루의 행로를 마치고 질 때까지 줄곧 바라보고 있었다. 다른 것에는 눈도 돌리지 않고 언제나 해가 있는 쪽으로만 얼굴을 돌리고 있었다. 그러다 마침내 그녀의 다리는 땅속에 뿌리 내렸고, 얼굴은 꽃(해바라기)이 되었다. 이 꽃은 동에서 서로 움직이는 태양을 따라 얼굴을 움직여 늘 태양을 바라보고 있다. 왜냐하면 지금도 님프 시절의 아폴론에 대한 사랑을 간직하고 있기 때문이다.

▲ 고흐의 해바라기

027 과거에는 대륙이 하나였다고요?

1912년, 독일의 과학자 알프레트 베게너는 지도를 보다가 아프리카의 해안선과 남아메리카의 대서양 쪽 해안선이 매우 닮았다는 사실을 발견합니다. 이를 바탕으로 훗날 그는 남아메리카와 아프리카가 하나의 대륙으로 붙어 있다가 갈라졌다는 대륙이동설을 주장하게 됩니다. 세계지도를 한번 보세요. 베게너의 주장이 그럴 듯하다는 생각이 들지 않나요?

대륙이동설에서 판구조론까지

아프리카와 남아메리카가 붙어 있었다면 지금 그 사이에 있는 대서양은 어떤 과정으로 만들어졌을까요? 이 물음에 대한 답을 얻으려면 베게너가 설명하지 못했던 대륙 이동의 원동력을 밝혀야 합니다. 1960년대 초 미국의 디츠와 헤스는 대서양 중앙의 해령*에서 거의 같은 시기에 솟아오른 고온의 맨틀물질이 새로운 해저 지각을 만들어 내면서 양쪽으로 멀어져 간다는 가설을 세웠습니다. 과학자들은 그 가설을 증명하기 위해 대서양 곳곳의 해양지각*을 채취하여 연령을 측정함으로써 해령에서 멀어질수록 해양지각의 연령이 증가한다는 사실을 발견했습니다. 그리고 이를 통해 대륙 이동의 원동력이 맨틀 대류임을 알아내고, 그동안 설명되지 않았던 여러 영역의 관찰 결과들에 대한 해답을 얻게 됩니다. 이처럼 디츠와 헤스의 주장 이후, 많은 과학자들은 흩어져 있던 여러 자료를 모아 과거의 판게아*로부터 현재에 이르는 대륙 이동의 모습을 복원하였습니다.

과학자들은 대륙이나 해저가 연간 1~20cm의 속도로 이동한다는 점에 착안하여 지구의 겉 부분을 구성하는 딱딱한 블록들이 운동한다는 사실을 알게 됩니다. 각 블록이 대륙의 경계와 정확히 일치하는 것은 아니지만, 지진과 화산 활동이 활발한 경계와는 정확히 일치합니다. 따라서 대륙이 이동했다는 표현보다는 블록이 이동했다는 표현 쪽이 정확한데, 이 블록을 '판(plate)'이라고 부르게 되었습니다. 판은 지각과 맨틀 제일 위쪽의 딱딱한 영역으로 이루어져 있습니다. 판은 대류하는 맨틀 위에 떠서 이동하며, 그 경계에서 지진과 화산 활동이 일어나고 있습니다. 대륙이동설에서 시작하여 맨틀대류설을 거쳐 '판' 개념을 추가하여 판의 상대운동이 지각변동의 원인이라고 주장하는 것이 오늘날의 판구조론(plate tectonics)입니다.

판구조론으로 대서양을 만들어라!

처음의 질문으로 돌아가서 베게너가 대륙이동설을 주장하게 된 대서양을

해령 바다에 있는 산맥으로, 판을 생성하는 부분에 해당한다. 맞닿아 있는 두 개의 판은 맨틀 대류에 의해 이동하고, 두 판이 서로 멀어져서 생긴 공간을 마그마가 상승하여 채우게 된다. 이때 마그마가 상승하는 부분이 주변보다 상대적으로 높기 때문에 해령이 생성된다.

해양지각 해양을 이루는 부분의 지각. 두께는 6~20km이다. 주로 현무암질 암석으로 구성되어 있고, 주된 구성 광물은 감람석과 휘석이다.

판게아 1915년 A. 베게너가 대륙이동설을 제창하였을 때 제안한, 모든 대륙이 한 덩어리로 붙어 있는 가상의 원시 대륙. 팡게아라고도 한다. pan은 '범(汎)', Gaea는 '대지(大地)의 여신'을 뜻하는 그리스어에서 온 말로, 판게아는 '지구 전체'를 뜻한다.

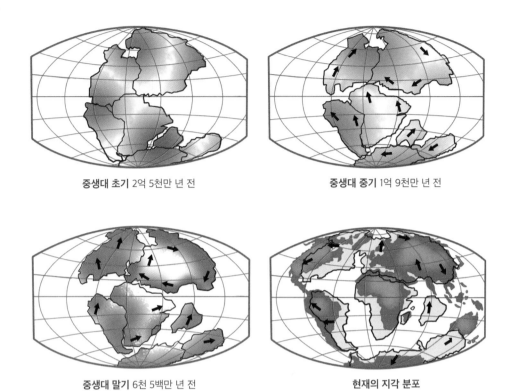

중생대 초기 2억 5천만 년 전   중생대 중기 1억 9천만 년 전

중생대 말기 6천 5백만 년 전   현재의 지각 분포

2억 5천만 년 후

↓

아프리카

북아메리카

유라시아

인도양

남아메리카

남극대륙   오스트레일리아

▲ 판의 이동

살펴봅시다. 대서양에서 시작한 아이디어가 대륙이동설에서 판구조론으로 이어졌다면, 거꾸로 대서양을 판구조론으로 설명할 수 있어야 하겠지요. 물론 대서양의 형성은 판구조론으로 훌륭하게 설명할 수 있습니다. 대서양은 지금은 지구에서 두 번째로 큰 바다이지만 처음에는 존재하지도 않았습니다. 앞 페이지 그림의 첫 번째 과정에서 보듯이, 2억 5천만 년 전에는 오늘날의 남아메리카 대륙(판)과 아프리카 대륙(판)이 서로 붙어 있었지요.

그러다가 맨틀 대류의 상승부에 있던 경계를 따라 점차 지각이 끊어지면서 사이가 벌어지기 시작합니다. 그렇게 끊어진 지각은 기다란 계곡인 열곡을 형성하게 됩니다. 점점 멀어지는 두 대륙 사이에 틈이 생기는데, 이 틈을 통하여 맨틀로부터 마그마가 상승합니다. 갈라진 틈은 시간이 지날수록 깊어지고 길어집니다. 그러다가 갈라진 틈을 따라 바닷물이 들어오면 좁고 긴 바다가 형성됩니다. 좁고 긴 바다는 점차 넓어지고 바다의 중앙을 따라 마그마를 분출하는 거대한 산맥이 만들어지는데, 이것이 바로 해령입니다. 해령에서 분출된 마그마가 바닷물에 의해 냉각되면서 새로운 해양지각을 만들어 내고 바다는 점점 넓어집니다. 그렇게 지금 이 순간에도 대서양은 조금씩 넓어지고 있습니다.

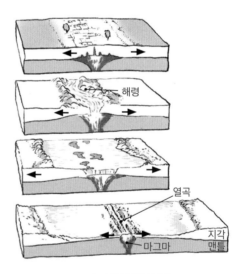

▲ 대양의 형성 과정

새로운 바다가 만들어지다

대서양이 지질시대 동안에 새로이 만들어진 바다이고 지구가 지금도 역동적인 상태라면, 우리는 위의 그림에 나타난 각 과정을 지구상에서 모두 관찰

할 수 있어야 합니다. 아직 바다
가 되지 않은 대륙판 내부에 존
재하는 열곡을 관찰할 수 있다면
대서양이 두 대륙의 분리에 의해
만들어진 바다라는 사실을 쉽게
받아들일 수 있을 것입니다. 그
런 곳이 실제로 있냐고요? 있습
니다. 가장 두드러진 예가 아프
리카 대륙의 동쪽에 있는 동아프
리카 열곡대입니다. 이곳에서는

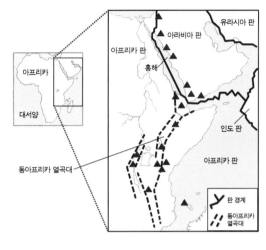

▲ 동아프리카 열곡대

열곡에 의해 형성된 단층과 화산활동을 땅 위에서 관찰할 수 있습니다. 그리
고 그림을 보면 홍해가 막 생기기 시작한 바다이며 점점 더 넓어지리라는 점
도 쉽게 짐작할 수 있을 것입니다.

그뿐이 아닙니다. 실제로 대서양 중앙해령 위에 살고 있는 사람들도 있습
니다. 대서양의 중앙해령은 대서양을 남북으로 가로지르는 띠 모양으로 이루
어져 있습니다. 이 해저화산 위에 사람이 살고 있다니, 어떻게 그런 일이 가능

할까요? 물속에 있는 해령이 물 밖으로 솟아
난 곳이 바로 섬나라 아이슬란드입니다. 아이
슬란드 주민들은 대서양 중앙해령의 한 부분
에서 살고 있는 것입니다. 물 밖으로 나와 있
지만 물속 산맥과 마찬가지로 여러 개의 갈
라진 틈으로 깨져 있으며, 마그마가 올라와
서 틈을 메워 새로운 지각을 만들어 내고 있
습니다. 매년 15cm씩 동서로 벌어지고 있는
아이슬란드 땅 사람들은 지질학적인 위험부

▲ 아이슬란드의 간헐천

담을 안은 채 살아가지만, 그에 따르는 이점도 누리고 있습니다. 온천물을 파이프로 끌어올려 겨울철 서리로부터 작물을 보호해 줄 농업용수로 사용하고, 지열을 이용해 전기도 만들어 내고, 거의 모든 지역에서 온수 수영장을 이용할 수 있습니다. 또한 화산활동 특유의 산물인 아름다운 자연경관도 즐길 수 있습니다. 이런 점에서 아이슬란드는 위험하지만 아름답고 풍요로운 섬이라고 할 수 있습니다.

앞으로 2억 5천만 년 후에 현재의 대륙들은 다시 하나로 합쳐 판게아 울티마라는 초대륙을 이룰 것입니다. 지구상의 대륙들은 약 5억 년에 한 번씩 하나의 초대륙으로 다시 모인다고 합니다. 인간의 나이 한 살이 지구의 나이 1억 년과 비슷하다고 가정하면, 지구가 5년마다 새로운 모습으로 다시 태어나는 꼴입니다. 그렇게 보면 지구라는 행성도 마치 생명체처럼 살아 있는 것 같지 않나요?

◀ 뜬금있는 질문 ▶

대륙이 이동했다는 증거는?
대륙이동설에 따른 대륙 이동의 증거는 다음과 같다.
- 아프리카 대륙의 서해안과 남아메리카 대륙의 동해안의 해안선이 유사하다.
- 같은 종의 고생물 화석이 멀리 떨어진 여러 대륙에서 발견된다.(예: 글로소프테리스 화석)
- 여러 대륙에 분포한 빙하의 흔적과 이동 방향이 대륙을 하나로 모으면 잘 설명된다.
- 서로 멀리 떨어진 대륙 사이에 지질구조가 연속적이고 같은 지층의 분포가 발견된다.

028

별똥별은 왜 내 앞으로는 안 떨어지고 먼 산 뒤로만 떨어질까요?

별똥별. 참 재미있는 이름입니다. 별똥별이 진짜로 별의 배설물이라고 생각하는 사람은 없겠지요? 그래도 유성이라는 말보다는 별똥별이란 표현이 더 맘에 드는 것 같습니다. 별똥별은 우주를 떠도는 먼지들이 지구 대기와 충돌하여 빛을 내며 타는 현상으로 알려져 있습니다. 그런데 별똥별은 왜 내 앞으로 떨어지지 않고 다 먼 산 뒤로만 떨어질까요?

별똥별이 떨어질 때 소원을 빌면?

밤하늘의 별똥별이 떨어지는 순간에 소원을 빌면 소원이 이루어진다고 합니다. 하지만 안타깝게도, 별똥별이 떨어지는 순간에 실제로 소원을 빌기는 매우 어렵습니다. 별똥별이 떨어지는 시간이 거의 1초도 안 되기 때문에, 별똥별을 보고 나서 대뇌에서 소원을 생각하여 빌려고 할 때쯤이면 이미 별똥별은 사라지고 없을 테니까요. 별똥별을 보면 반사적으로 "우아!"라는 감탄사가 먼저 나오고, 감탄사가 끝나면 별똥별도 사라져 버립니다. 그리고 별똥별이 사라진 뒤에야 소원을 빌지 못했다는 아쉬움이 밀려오겠지요.

유성이란?

이렇게 늘 아쉬움을 주는 별똥별은 '유성'이라 불리는 천문 현상입니다. 유성(流星)이란 우주를 돌아다니는 작은 먼지들이 지구 대기권과 충돌하여 빛을 내며 타는 것인데, 마치 별이 흘러가는 것처럼 보이기 때문에 유성이라고 부르게 되었습니다. 유성을 만드는 물질을 유성체라고 하는데, 밀도가 $0.3g/cm^3$로 아주 가볍고 담뱃재보다도 엉성한 구조를 가지고 있습니다. 하루 동안 지구 전체에 떨어지는 유성 가운데 눈으로 관찰할 수 있는 것이 수백만 개에 이른다고 합니다. 그렇게 많은 유성체들은 어떻게 만들어졌을까요?

유성체를 이루는 먼지들을 만들어 낸 주인공은 바로 혜성*입니다. 혜성이 태양 옆을 지나갈 때 혜성의 얼음이 녹으면서 조금씩 부서지는데, 이 부서진 먼지들이 혜성의 꼬리를 만들게 됩니다. 즉, 혜성이 지나간 자리에는 매우 많은 먼지들이 남게 됩니다. 그리고 지구가 공전*하면서 그 자리를 지날 때 혜성의 부스러기 먼지들이 지구 대기권과 충돌하여 유성이 되는 것입니다. 혜성의 부스러기 먼지가 특히 많은 지역을 통과할 때에는 유성이 시간당 수십~수백 개나 계속 떨어지게 되는데, 유성이 마치 비처럼 떨어진다고 해서 그것을 유성우(流星雨)라고 부릅니다. 대표적인 유성우로는 8월 11~12일경의 페르세우스 유성우, 11월 17~18일경의 사자자리 유성우, 12월 13~14일경의 쌍둥이자리 유성우가 있습니다. 모두 새벽에 동쪽 하늘에서 쏟아지는데, 이 날짜들

혜성 태양이나 질량이 큰 행성 주위를 타원 또는 포물선 궤도를 따라 도는, 태양계에 속한 작은 천체. 16세기에 티코 브라헤가 혜성이 지구 대기에서 나타나는 현상이 아니라 천체의 일종임을 밝혀내었고, 18세기에 영국 천문학자 핼리가 혜성이 태양계의 구성원임을 입증하였다.
공전 한 천체가 다른 천체 주위를 도는 운동이라고 하지만, 엄밀하게 말하자면 두 천체의 공통 무게중심의 둘레를 일정한 주기로 도는 것이다.

을 잘 기억해 두었다가 그러한 유성우를 보게 된다면 평생 기억에 남겠지요.

별똥별을 보려면?

유성우까지는 아니더라도 유성은 조금만 노력하면 어렵지 않게 볼 수 있습니다. 새벽에 혹시 별이 잘 보이는 곳에 있다면, 동쪽을 향한 다음에 동쪽 지평선에서 45도쯤 위쪽을 응시하고 있으면 적어도 20분 안에 한 개 이상은 보게 될 것입니다. 긴 시간 동안 한곳을 계속 지켜보기가 쉬운 일은 아니지만, 끈기 있게 계속 하늘을 바라보면 꼭 기억에 남을 만한 유성을 보게 될 겁니다.

아래 그림에서 보듯이, 지구 공전 방향 앞쪽에 놓인 유성체는 지구가 공전하면서 저절로 부딪치기 때문에 쉽게 유성이 될 수 있지만 공전 방향 뒤쪽의 유성체는 지구의 공전 속도보다 더 빨리 날아와 지구에 부딪쳐야 하기 때문에 유성이 되기 어렵습니다. 그래서 저녁보다 새벽에 유성이 더 많이 보이는 것입니다. 아침에도 새벽과 마찬가지로 유성체가 많이 부딪치기는 하지만, 하늘이 더 밝기 때문에 태양이 떠오른 이후에는 유성을 보기 어렵습니다.

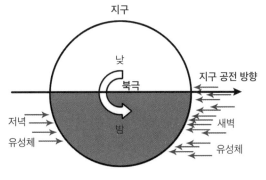

▲ 지구의 운동과 유성

내 앞으로 떨어지는 별똥별은 왜 없어?

유성체가 대기권과 충돌하여 유성이 된다면 내 앞쪽으로 떨어지는 유성도 있을 텐데 전부 먼 산으로 떨어지는 것처럼 보입니다. 그 이유는 다음 쪽의 유성우 사진을 보면 쉽게 알 수 있습니다. 사진을 보면 사진의 중심에서 유성이 화살처럼 눈앞으로 날아오는 듯한 느낌이 들 것입니다. 이 사진은 노출 시간을 길게 주어 여러 개의 유성이 한 사진에 찍히도록 한 것입니다. 이렇게 여러 개의 유성을 모아 보면 존재감을 느낄 수 있지만, 실제로는 하나씩 하늘에 투영되어 보이기 때문에 입체감 없이 별들 사이로 지나가는 것처럼 보이게 되는 것입니다. 정확히 자신의 눈앞으로 떨어지는 유성이라면 그냥 반짝이는 별처럼 보이기 때문에 유성이라고 생각하지 않을 것입니다. 그래서 자기 앞으로 떨어지는 유성이 없다고 생각하는 것입니다.

▲ 유성우

유성이 타고 남은 찌꺼기가 바로 운석!

유성이 타고 남은 찌꺼기가 땅으로 떨어질 때가 종종 있는데 그것을 운석이라고 합니다. 운석 가운데 남극 빙하에서 발견된 것은 화성에 소행성이 충돌했을 때 화성 지표의 암석이 떨어져 나와 지구로 날아온 것으로 추정되고 있습니다.

이러한 운석들은 태양계 형성 초기에 관한 연구에서 매우 중요한 자료로 이용되고 있습니다. 지구의 핵이 철과 니켈*로 이루어져 있다는 사실도 운석을 통해 알아낸 것입니다. 운석들이 모여

▲ 애리조나 주의 운석 구덩이

지구와 같은 행성이 되었다면 행성을 이루는 암석도 운석과 비슷해야 합니다. 그러나 지구의 암석에 비해 운석에는 철과 니켈이 훨씬 많이 들어 있습니다. 이 사실로부터, 지구 탄생 초기에 지구 전체가 마그마 상태였을 때 철과 니켈

니켈 주기율표 10족 철족에 속하는 금속원소. 원소기호는 Ni이다.

이 중심부로 가라앉아 핵을 이루게 되었다는 것을 알게 되었습니다.

운석이 지구 대기권에 부딪치는 속도는 초속 10km 이상입니다. 이처럼 빠르게 대기와 마찰하기 때문에 온도가 높아져 불타 버리는데, 타고 남은 찌꺼기가 땅으로 떨어질 때에는 공기 마찰 때문에 서서히 속도가 줄어 주먹만 한 운석이라면 지붕에 구멍이 뚫리거나 차 유리창이 깨지는 정도의 피해를 입히는 데 그칠 것입니다. 그러나 운석의 크기가 30m 정도 되면 앞 쪽 사진에서 보는 것처럼 지름 1.3km, 깊이 174m의 거대한 운석 구덩이가 만들어지고, 원자 폭탄 폭발과 맞먹는 피해가 발생할 수 있습니다.

◁ 뜬금있는 질문 ▷

핼리의 예언?

핼리 혜성의 주기는 76.03년이다. 태양과 가장 가까워지는 근일점 통과는 1910년 4월 20일 5시였는데, 그때 태양과의 거리는 0.5872AU, 궤도면이 이루는 황도면과의 경사각은 162.21°이었다. 영국의 천문학자 에드먼드 핼리는 1705년에 당시 뉴턴이 발표한 만유인력의 이론에 따라 기록에 있는 24개의 혜성의 궤도를 계산한 결과 1531년, 1607년, 1682년에 출현한 바 있는 세 개의 혜성이 같은 궤도를 돌고 있음을 발견했다. 그리고 거의 같은

▲ 핼리 혜성

시간 간격을 두고 나타난다는 점에서 셋이 사실은 태양의 주위를 76년의 주기로 도는 하나의 혜성이라고 결론짓고, 이 혜성이 1758년에 다시 나타날 것이라고 예언했다. 비록 그는 혜성의 재출현을 보지 못하고 사망했지만, 그의 예언은 정확히 적중하여 1758년의 크리스마스 밤에 그 아름다운 모습을 드러내며 접근해 왔다. 핼리의 이 공적으로 혜성 가운데 주기를 가진 것이 있다는 사실을 비로소 알게 되었다.

029

소행성 충돌로 몇 년 안에
지구가 멸망한다던데요?

2016년 8월, 소행성 하나가 약 8만km 거리를 두고 지구를 스쳐 지나갔습니다. 넓은 우주에서 보면 거의 충돌 수준입니다. 약 6,500만 년 전에 멕시코 유카탄 반도에 떨어진 거대한 운석에 의해 공룡이 멸종했을 것이라고 과학자들은 이야기합니다. 혹시 우리 인류도 소행성 충돌에 의해 멸망하지 않을까요? 그렇다면 소행성이 지구와 충돌할 가능성은 얼마나 될까요?

지구를 위협하는 NEOs

태양계에는 셀 수 없을 만큼 많은 소행성*과 혜성이 존재하는데, 대부분이 지구로부터 멀리 떨어진 궤도를 공전합니다. 이들 천체는 목성과 같은 행성의 중력에 의해 특이한 궤도를 가지거나, 다른 소행성(또는 혜성)과의 충돌로 인

소행성 태양 주위의 공전 궤도를 돌고 있는, 태양계의 한 구성원인 작은 천체를 말한다. 소행성은 태양 주위를 공전하고 있는 천체 중에서 행성보다는 작지만 유성체보다는 큰 천체를 의미하며 혜성은 포함하지 않는다. 크기는 혜성과 비슷하지만 관측하였을 때 혜성의 핵 둘레에 존재하는 대기인 코마가 보이거나 꼬리가 보이면 소행성이 아닌 혜성으로 분류한다.

해 궤도가 서서히 변하고 있습니다. 그 때문에 소행성과 혜성이 이따금 궤도를 이탈해 지구 공전 궤도를 통과하거나 지구에 가까워지기도 하는 것입니다.

이렇게 지구에 매우 가까워지는 소행성과 혜성을 지구접근천체(NEOs, Near-Earth Objects)라고 부릅니다. 그리고 그들 가운데 지구에 748만km 이내로 근접하고 지름 150m 이상인 것은 지구위협천체(PHAs, Potentially Hazardous Asteroids)로 분류됩니다. 2016년 현재 알려진 지구위협천체는 1,601개이며, 새로운 천체들이 속속 발견되어 그 수가 점점 늘어나고 있습니다. 일반적으로 지름 1km 이상인 지구접근천체는 약 1,000개, 지름 100m인 것은 대략 10만 개로 추정하고 있습니다.

실제로 1908년 6월 30일 중앙 시베리아의 퉁구스카(Tunguska) 지역 10km 상공에서 작은 소행성일 것으로 추정되는 물체에 의한 폭발이 있었습니다. 당시 소행성 크기는 50m급이었을 것으로 추정되며, 파괴력은 원자폭탄 15개의 파괴력과 맞먹는 것으로 알려졌습니다. 폭발 당시 발생한 충격음을 영국 런던 시내에서도 들을 수 있었으며, 시베리아 횡단 철도를 달리던 열차가 탈선하고 제주도 면적만 한 삼림이 파괴되는 등 많은 피해가 발생했습니다. 국제소행성센터(MPC)에서는 지구와 충돌할 위험이 있고 지구 전체에 큰 피해를 줄 수 있

소행성 크기	발생 에너지 (단위: TNT 폭발력) 100TNT= 1수소폭탄	충돌 횟수/년	충돌 결과
10m	20킬로톤	1/1 이상	대기권 밖에서 폭발하여 인공위성을 파괴, 조기 경보 발령
100m	50메가톤	1/1,000	서울과 같은 대도시와 충돌 시 도시 전체 파괴, 바다에 충돌 시 해일에 의한 해안 지역 파괴
500m	1,000메가톤	1/50,000	육지에 충돌 시 국가 존폐 위기, 바다에 충돌 시 해일 및 전 지구적 기후 변화
1km	100,000메가톤	1/200,000	전 지구적 재난 발생 및 장기적 기후 변화
10km	100,000,000메가톤	1/1억	인류를 포함한 대부분 생물 멸종

는 소행성을 240개쯤으로 추산하고 있습니다.

약 10km급 천체가 지구와 충돌할 경우 6,500만 년 전 공룡이 절멸하였듯이 지구상의 생물 대부분이 멸종할 것으로 예측되고 있습니다. 천 년에 한 번씩 떨어질 것으로 예상되는 100m급 천체도 지구에 충돌할 경우 무시하지 못할 피해를 불러일으킵니다. 만약 우리나라에 떨어진다면 나라 전체가 사라져 버릴지도 모릅니다.

충돌 그 후⋯

소행성과 지구가 충돌하면, 우선 엄청난 먼지구름이 대기권을 덮으면서 태양을 가리는 '충돌 겨울'이 약 1년 정도 지속될 것입니다. 영화 〈딥 임팩트〉나 〈아마겟돈〉은 소행성이 지구와 충돌하면서 지상 구조물이 파괴되거나 대규모 해일이 발생하는 등 전 지구적 재난 상황을 다룬 영화입니다. 하지만 충돌에 의한 직접 피해보다는 그 후의 피해가 훨씬 심각합니다. 소행성 충돌 후 2차로 나타날 생태계 변화가 엄청나기 때문입니다. 충돌에 의한 먼지구름이 태양을 가리면서 충돌 겨울이 오고, 그 후 시간이 흐르면서 하늘을 가린 먼지가 없어지는 동안 지상에는 산성비가 내리게 됩니다. 그런 다음 비가 그치면 오존층*이 없어진 하늘을 뚫고 태양의 자외선*이 강하게 내리쬐는 '자외선의 봄'이 약 2년간 지속될 것입니다. 자외선의 봄이 지나는 동안 태양에너지를 이용해 생활하는 모든 생물은 절멸할 것입니다. 이러한 충돌을 겪고도 살아남으려면 먼저 충돌에 의한 충격파를 견딘 후 1년 동안 햇빛이 전혀 없는 혹한의 겨울을 지내야 합니다. 그런 다음 2년 동안 자외선이 닿지 않는 곳에 숨어 지내야 할 것입니다.

오존층 대기 중에 포함된 오존의 총량을 지상기압으로 압축시켜 깊이로 환산하면 약 0.3cm에 불과하지만, 이 양의 약 90%는 성층권에, 나머지 10%는 대류권에 포함되어 있다. 특히 성층권 내에서도 25~30km 부근에 오존이 밀집해 있는데 이 층을 오존층이라 한다.

자외선 태양광의 스펙트럼을 사진으로 찍었을 때, 가시광선보다 파장이 짧아 눈에 보이지 않는 빛

발견한 지 1년도 안 된 소행성과의 충돌은 믿지 말자

대부분의 천문학자들은 발견한 지 1년도 안 된 소행성과의 충돌 예측은 믿을 수 없다고 이야기합니다. 우리나라 최초로 소행성을 발견한 이태형 박사는 "발견한 지 두 달이 채 안 된 소행성이 수십 년 후에 지구와 충돌한다고 발표한다는 것은 과학적으로 불가능하다. 소행성 궤도는 변화 요인이 많기 때문에 최소한 수년간 정밀 관측을 한 후에야 정확한 궤도를 알 수 있다."고 말했습니다.

미국 애리조나 주의 천문학자들이 주장한 소행성 2000BF19의 2022년 지구 충돌설, 소행성 1999AN10의 2027년 지구 충돌설, 소행성 1997XF11의 2028년 지구 충돌설. 모두 짧은 관측 기간에 수집한 자료를 가지고 섣불리 발표하였다 망신을 당하고 말았습니다. 이러한 망신스러운 해프닝을 막기 위해 선진국에서는 소행성 탐색을 전담하는 연구소를 만들어 소행성들의 움직임을 끊임없이 감시하고 있습니다. 우리나라에서는 한국천문연구원을 우주환경감시기관으로 지정하고 그 안에 우주위험감시센터를 두어 지구에 접근하는 천체들을 독자적으로 감시하고 있습니다.

충돌 천체를 파괴하면 오히려 더 큰 피해를…

영화 〈아마겟돈〉에서는 지구에 접근하는 천체를 핵폭탄을 이용해 파괴하지만, 그러면 수천 개의 작은 천체들이 지구 곳곳에 떨어져 전 지구적 피해를 막을 수 없을 것입니다. 따라서 소행성을 파괴하는 것보다 궤도를 바꿔 충돌을 피하는 것이 최선의 방책입니다.

지금까지 연구된 소행성 접근 시 대처 방법은 다음과 같습니다.

첫째: 원자력 엔진 달기

소행성에 원자력 엔진을 탑재하여 소행성을 원래 궤도에서 밀어내는 방법입니다.

둘째: 태양 돛 달기

초대형 돛을 태양 방향으로 소행성에 설치해 주어 돛에 태양풍이 작용하여 소행성의 궤도가 바뀌도록 하는 방법입니다.

셋째: 핵무기 폭발로 밀어내기

핵폭탄으로 소행성을 폭파하는 것이 아니라 소행성 근처에서 폭발시켜 그 충격파로 소행성의 궤도를 바꾸는 방법입니다.

그러나 우리가 가장 먼저 알아야 할 것은 지구접근천체의 밀도와 구성 성분 같은 물리적 성질입니다. 물리적 성질을 모르는 채로 지구접근천체의 궤도를 바꾸려 들다가는 실패할 것이 뻔하기 때문입니다. 이렇게 중요한 물리적 성질을 알아내기 위해 2005년 7월 4일 NASA에서는 '딥 임팩트'라는 역사적인 실험을 실시하였습니다. 임팩터라는 충돌체를 템펠1 혜성과 시속 약 4만km의 속도로 충돌시키는 실험이었습니다. 충돌은 성공적으로 이루어졌고, 이를 통해 혜성의 밀도와 구성 성분에 관한 좀 더 정확한 자료를 수집하게 되었습니다.

지구접근천체에 관한 연구는 우리 인류의 존속을 위해 앞으로도 계속 이루어져야 할 것입니다. 천문학자들이 이른바 '한 건' 올리려는 식의 경쟁을 그만두고, '언제 지구와 충돌할 것입니다.'라는 식의 혼란을 부르는 발표 대신에 "이렇게 지구를 구하겠습니다."라는 희망 찬 발표를 하는 날을 기다려 봅니다.

▲ 소행성 충돌을 다룬 영화 <딥 임팩트>

030 블랙홀에 사람이 들어간다면?

블랙홀이라는 말을 못 들어 본 사람은 아마 없겠지요. 우리에게 블랙홀은 빛의 속도로도 도망칠 수 없는, 모든 물질을 다 삼켜 버리는 아주 무서운 천체로 알려져 있습니다. 이렇게 무서운 블랙홀은 과연 어떻게 만들어졌을까요? 또, 만약 사람이 블랙홀에 들어가면 어떻게 될까요?

천체에서 탈출하려면?

블랙홀을 이해하려면 먼저 '탈출속도'라는 개념을 이해해야 합니다. 우리가 하늘 높이 힘껏 공을 던지면 공은 얼마 지나지 않아서 땅으로 다시 떨어질 것입니다. 만약 이 공을 초속 11km라는 엄청난 속도로 하늘로 던져 올리면 어떻게 될까요? 공기의 마찰을 무시한다면 공은 영영 지구를 떠나 버릴 것입니다. 이처럼 천체의 중력을 이기고 천체로부터 멀어지는 데 필요한 최소한의 속도를 탈출속도라고 합니다. 천체의 중력이 클수록 탈출속도는 더 커집니다.

별의 시체, 중성자별

태양은 죽어 가는 과정에서 마지막에 지구 크기의 다이아몬드를 포함한 백색왜성을 만들고 죽습니다. 이 백색왜성* 표면에서 탈출속도는 약 3,000km/s입니다. 태양 질량의 3배인 별까지는 태양과 비슷한 종말을 맞게 되지만, 태양 질량의 4~15배인 별은 중심의 탄소로 만들어진 다이아몬드 핵마저도 핵융합을 하게 됩니다. 이때 엄청난 에너지가 방출되기 때문에 별 전체가 폭발하여 우주로 흩어져 버립니다. 이것을 초신성(Super Nova) 폭발이라고 합니다.

질량이 태양 질량의 15배보다 큰 별이 초신성 폭발을 일으키면 껍데기는 폭발에 의해 우주로 흩어지고 중심부에서는 엄청난 압력에 의해 전자들이 원자핵 속으로 밀려들어가서 전자가 없이 중성자로만 구성된 반지름 5~10km 정도인 작은 천체가 만들어집니다. 크기는 작아도 질량은 태양의 몇 배인 이 천체를 중성자별이라고 합니다. 중성자별은 1cm³의 질량이 10억 톤가량이나 됩니다. 따라서 엄청나게 밀도가 큰 중성자별의 탈출속도는 백색왜성의 경우보다 훨씬 큰 20만km/s에 이릅니다.

블랙홀의 특이점

태양보다 질량이 20배 이상 큰 별이 죽을 때에도 초신성 폭발이 일어나게 되는데, 이때 폭발 당시의 에너지가 너무나 크기 때문에 중심의 중성자별이 버티지 못하고 붕괴해 버립니다. 중성자별 표면의 중성자가 붕괴하기 시작하면 그 밑에 있는 중성자는 더 큰 압력을 받아 중심을 향해 붕괴하고 그 밑에 있는 중성자가 또 중심을 향해 무너져 내리는 식으로 연속으로 붕괴합니다. 초신성 폭발이 일어나면 별의 바깥 부분은 터져 나가지만 핵은 중앙의 한 점

백색왜성 중간 이하의 질량을 지닌 항성이 죽어 가며 생성하는 천체이다. 이러한 종류의 항성은 상대적으로 가벼운 질량 때문에 중심핵에서는 탄소 핵융합을 일으키기에 충분한 온도에 도달하지 못한다. 항성 진화의 마지막 단계에서 표층의 물질을 행성상 성운으로 방출한 뒤, 남은 물질들이 응축하여 만들어진 청백색의 별이다.

으로 급격하게 수축하게 되는 것입니다. 그러면 부피는 없고 질량만 있는 특이점이 생깁니다.

블랙홀의 구조

특이점은 중력이 엄청나게 커서, 꼭 특이점이 아니라 그로부터 한참 떨어진 곳에서도 탈출속도가 30만km/s, 다시 말해 빛의 속도를 넘게 됩니다. 블랙홀의 질량이 태양과 비슷하다면 특이점 주변 3km 이내에서는 빛의 속도로도 탈출할 수 없는 공간이 생기게 됩니다. 이것을 우리는 블랙홀이라 합니다. 이 블랙홀의 반지름을 슈바르츠실트(Schwarzschild) 반지름*이라 하고, 빛이 탈출할 수 없는 경계 부분을 사건의 지평선이라고 합니다. '사건의 지평선'이란, 태양이 지평선으로 지고 나면 볼 수 없듯이, 빛이 빠져나오지 못하는 사건의 지평선 안에서 일어나는 일을 밖에서는 절대로 볼 수도 알 수도 없기 때문에 붙은 이름입니다.

▲ 블랙홀의 구조

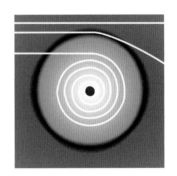

▲ 중력렌즈

아인슈타인의 상대성이론*에 따르면 블랙홀 주변은 공간이 휘어서 질량이 없는 빛도 굽어져 달린다고 합니다. 이렇게 중력에 의해 빛이 휘는 현상을 중력렌즈라고 합니다. 블랙홀을 직접 관측할 수 없기 때문에, 이 중력렌즈 현상

슈바르츠실트 반지름 아인슈타인이 새로운 상대론적 중력 방정식을 제시하자 1916년 독일 천문학자 카를 슈바르츠실트는 회전하지 않는 블랙홀에 중력 방정식을 적용하였는데, 이로부터 정의되는 블랙홀의 반지름을 슈바르츠실트 반지름이라고 한다. 슈바르츠실트 반지름은 천체의 질량에 비례하는데, 지구의 경우에는 약 1cm이다.

상대성이론 아인슈타인이 제시한 이론으로, 특수상대성이론과 일반상대성이론을 아울러 가리킨다. 자연법칙이 관성계에 대해 불변이고, 시간과 공간이 관측자에 따라 상대적이라는 이론이다. 특수상대성이론은 좌표계의 변환을 등속운동이라는 특수한 상황에 한정하고 있으며, 일반상대성이론은 좌표계의 변환을 가속운동을 포함한 일반 운동까지 일반화하여 설명한다.

이 블랙홀을 간접적으로 관측할 수 있는 방편으로 이용되고 있습니다.

블랙홀을 찾아서

블랙홀의 엄청난 중력으로 주변의 물질들은 중심 쪽으로 회전하며 낙하하게 됩니다. 중심 쪽으로 떨어지는 물질들은 각운동량 보존에 의해 점차 속도가 빨라지면서 원반(강착원반, accretion disk)을 형성하게 됩니다. 그런데 신기하게도, 수직인 블랙홀의 양극에서 물질이 뿜어져 나오는 제트 현상이 나타난다고 합니다. 과학자들은 블랙홀 양

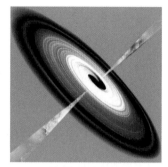

▲ 블랙홀의 원반과 제트

극의 강력한 자기장 때문이 아닐까라고 추측하고 있습니다. 블랙홀 주변 원반의 물질들은 회전하면서 마찰을 하게 되는데, 이때 원반의 온도가 매우 높아지면서 빛을 내게 됩니다. 그러나 안타깝게도 이때 방출되는 빛은 가시광선이 아닌 X선이나 자외선이기 때문에 육안으로는 볼 수 없고, X선 망원경 같은 특수한 장비를 사용해야 합니다.

그래서 과학자들이 X선 망원경을 통해 X선이 강하게 방출되는 곳을 찾던 차에 2005년 10월 상하이천문대의 선즈창 박사 팀이 지구로부터 약 2만 6천 광년 떨어진 우리 은하 중심부의 궁수자리 너머에서 발산되는 강력한 X선을 포착하여, 그것이 지름이 태양-지구 거리인 약 1억 5천만km에 질량이 태양의 수천만 배인 초거대 질량 블랙홀이 내는 빛이라고 발표했습니다. 잘 관측은 안 되지만, 과학자들은 우리 은하 안에 다양한 크기의 블랙홀이 1억 개 정도나 있을 것으로 추정하고 있습니다.

블랙홀에 사람이 들어가면

거리가 가까울수록 만유인력이 커진다는 사실은 누구나 알고 있을 것입니

다. 사람이 선 채로 블랙홀에 들어간다면 중심에 더 가까운 발에 작용하는 인력이 머리에 작용하는 인력보다 훨씬 크게 작용합니다. 따라서 발부터 몸이 점점 엿가락처럼 늘어나게 됩니다. 재미있는 점은, 발에서 오는 빛이 눈에 도착해야 자기 발이 늘어나는 것을 볼 수 있는데, 이 빛마저도 블랙홀 중심으로 빨려 들어가고 있기 때문에 그것을 볼 수 없다는 것입니다. 이렇게 거리에 따라 중력에 차이가 나는 것을 차등 중력이라고 합니다. 블랙홀에 비하면 지구 중력은 매우 작기 때문에 지구에서는 차등 중력을 느끼지 못합니다. 하지만 블랙홀에서는 거리 차가 아무리 작더라도 차등 중력이 작용하기 때문에 그 주변에 있는 사람의 각 기관은 물론이고 분자, 원자까지도 쪼개 버릴 수 있는 힘이 작용하게 됩니다. 그래서 블랙홀 주변의 사람은 몸이 엿가락처럼 늘어나면서 몸을 구성하는 원자까지 쪼개져 일렬로 블랙홀 속으로 빨려 들어가게 됩니다.

블랙홀로 끌려가는 사람의 속도는 점점 빨라져서, 빛의 속도에 가까워지면 빨려 들어가는 사람이 경험하는(혹시 경험할 수 있다면) 시간은 점점 느려집니다. 그러다가 블랙홀로 들어가는 순간에는 빛의 속도로 움직이기 때문에 시간이 완전히 멈춰 버리겠지요. 하지만 '시간이 멈춘다.'라는 경험을 해 본 사람도 없고 할 수도 없기 때문에, 그 상황이 어떠한지 잘 이해가 안 되기는 여러분이나 저나 마찬가지입니다.

블랙홀을 이용한 시간 여행

모든 것을 빨아들이는 블랙홀이 있다면 모든 것을 뱉어 내는 화이트홀도 있을 것으로 추정되지만, 아직은 화이트홀 관측 기록이 전혀 없습니다. 만약 화이트홀이 있다면 블랙홀과 화이트홀이 연결된 웜홀*도 있지 않을까 상상해

웜홀 블랙홀과 화이트홀을 연결하는, 우주의 시간과 공간 벽에 있는 구멍. 블랙홀이 회전할 때 만들어지며, 회전 속도가 빠를수록 만들기 쉬워진다.

봄 직합니다. 혹시 사람의 힘으로 블랙홀과 화이트홀을 만들 수 있다면, 내 앞에 블랙홀을 만들고 내가 가고 싶은 시간과 장소에 화이트홀을 만들어 놓으면 블랙홀과 화이트홀을 통해 시간 여행을 할 수 있을 겁니다. 블랙홀과 화이트홀이 아무리 멀리 떨어져 있더라도 그 사이를 여행하는 동안에는 빛의 속도로 움직이기 때문에 여행하는 사람의 시간은 블랙홀에 들어가는 순간에 멈추어 버립니다. 그랬다가 화이트홀로 나오는 순간에 다시 흐르기 때문에, 시간 여행을 한 사람의 머릿속에는 광속으로 여행하던 기억은 전혀 없을 것입니다. 아마 블랙홀에 들어가자마자 바로 화이트홀로 나왔다고 생각하겠지요.

그러나 실제로 웜홀이 있다고 해도 문제는 남습니다. 그곳을 어떻게 지나가느냐가 문제입니다. 워낙 비좁아서 원자마저도 통과하지 못하는 곳인데, 그곳을 통과해 화이트홀로 나온 뒤에도 블랙홀로 들어가기 전의 몸과 마음이 그대로 유지될지는 의문입니다. 또 다른 문제점은, 예컨대 지구로부터 십만 광년 떨어진 곳에 시간 여행을 다녀온다 할 때, 여행자의 시간은 멈춘 상태지만 지구의 시간은 계속 흐르기 때문에 몇 만 년이 지난 뒤일지도 모른다는 것입니다. 몇 만 년이 지난 지구에서는 이미 인류가 멸망했을 수도 있고, 설사 존재한다 하더라도 여행자를 아는 사람은 아무도 없겠지요. 그러니 시간 여행이란, 돌아왔을 때의 시간까지 감안해 엄청나게 복잡한 계산을 해야 하는 데다 웜홀을 통과하다 죽을 수도 있는 힘든 여행이라 하겠습니다.

031

우리나라는 어떤 암석으로 구성되어 있나요?

지질시대를 구분하는 명칭들은 거의가 우리에게 낯설기 짝이 없습니다. 예컨대 선캄브리아대, 오르도비스기, 실루리아기, 데본기 같은 이름은 유럽의 지명이나 그 지역에 살던 종족명에서 유래했습니다. 그래서 지질시대에 대해 배우고 나서도 정작 우리나라의 어떤 지방이 어떤 시대에 만들어진 것인지는 머리에 잘 떠오르지 않습니다. 그러나 우리가 발 딛고 살고 있는 우리나라의 이 땅이 언제 어떻게 만들어졌는지 아는 것이야말로 진짜 지질 공부가 아닐까요? 한반도는 언제 어떻게 만들어졌는지 살펴봅시다.

땅 할아버지는 경기도 지역?

중국이나 미국에 비하면 좁은 땅이지만, 한반도에는 선캄브리아대부터 신생대에 이르기까지 다양한 지층과 암석이 분포하고 있습니다. 그중 가장 오래된 선캄브리아대의 지층은 경기도와 영남의 지리산 근처 그리고 북한 지역에 있습니다. 경기도에 분포하는 변성암*으로 구성된 지역의 암석은 화석이 거의 발견되지 않아 정확한 연대를 측정하기는 어렵지만 절대연령 측정 결과 선캄브리아대에 해당하는, 최소 25억 년도 더 된 암석이라고 할 수 있습니다. 영남 지역에서도 대체로 여러 가지 편마암이 발견됩니다. 그렇다면 선캄브리아대에는 변성암만이 만들어졌을까요? 처음부터 변성암이 만들어진 것은 아니고, 암석이 형성된 이후 오랜 시간 동안 열과 압력 등의 지각변동을 받아 변성된 것입니다.

▲ 경기 연천 지역에서 발견되는 변성암의 습곡구조

강원도, 동굴과 석탄의 보물창고

강원도의 유명한 수학여행지 가운데 하나가 환선굴입니다. 웅장한 규모를 자랑하는 환선굴 주변은 2003년에 발견된 대금굴을 비롯하여 많은 동굴이 있는 삼척의 대이리 동굴 지대에 있습니다. 우리나라에서는 특히 강원도에 많은 석회암 동굴이 분포하는데, 왜 그럴까요?

동굴의 형성 과정을 안다면 이 물음에 대한 답은 쉽게 찾을 수 있

▲ 석회암 동굴

습니다. 석회암 동굴은 주로 지하수가 석회암* 지대를 흐르는 동안에 석회암이

변성암 변성암은 열과 압력에 의해 만들어진다. 높은 온도와 압력을 받은 암석은 새로운 화학 조합이나 구조를 가진 암석으로 변한다.

석회암 탄산칼슘을 주성분으로 하는 퇴적암을 말한다. 백색, 회색이나 암회색, 흑색을 띠며, 덩어리 모양이나 층을 이룬 모양을 하고 있다.

녹아서 형성되므로, 이 암석이 많은 지역에 동굴이 많을 수밖에 없습니다. 실제로 강원도의 태백, 동점, 사북, 삼척 지역의 지층은 주로 석회암과 같은 탄산염암으로 구성되어 있습니다. 이곳의 지층들은 그 밑에 있는 선캄브리아대 지층을 덮으면서 퇴적되었는데 삼엽충, 완족류, 코노돈트 등의 화석이 산출되는 것으로 보아 고생대 전기에서 중기(약 4억~5억 년 전)에 걸쳐 형성된 지층들입니다. 삼엽충이 살던 곳도 바다이고 석회암 또한 바다에서 퇴적되므로 고생대 전기의 강원도 지역은 바다였음을 짐작할 수 있습니다.

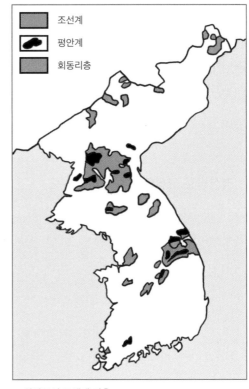

▲ 한반도의 고생대 지층

조선계
평안계
회동리층

강원도에는 동굴 외에 석탄을 캐는 탄광들도 집중적으로 분포하고 있습니다. 석탄은 인목류*나 양치류* 식물이 땅에 묻혀서 만들어지므로, 이 지역이 계속 바다였던 것은 아니었고, 이곳의 석탄층은 다른 시기에 생성되었다고 생각할 수 있습니다. 강릉 탄전, 삼척 탄전, 영월 탄전 등은 고생대 후기의 지층으로, 육지에서 퇴적되었음을 알 수 있습니다. 물론 고생대 후기의 모든 지층이 육지에서 퇴적된 지층인 육성층*이었던 것은 아니고, 바다에서 형성된 해성층

인목류 고생대 데본기에 나타나서 석탄기 후기에 번성하였다가 페름기에 절멸한 대형 화석식물. 나무줄기 지름이 약 2m에 높이가 40m를 넘는 종도 있었다. 석탄기 습지 숲의 주요 구성목이었다.
양치류 양치식물 중에서 잎이 큰 대엽형에 속하는 한 군으로, 고사리류라고 한다.
육성층 육지 환경에서 퇴적된 지층으로, 늪지 및 호수와 강가에서 퇴적된 층을 말한다.

도 함께 분포하여 방추충* 화석을 발견할 수 있습니다. 강원도 정선의 회동리 층은 우리나라에서 잘 발견되지 않는 고생대의 실루리아기(약 4억 년 전) 층에 해당한다는 이유로 주목받는 지층입니다. 이처럼 다른 지역에서는 볼 수 없는 동굴과 탄전 같은 강원도만의 특징적인 지형은 고생대가 오랜 시간에 걸쳐 만들어 낸 작품이라고 할 수 있을 것입니다.

경상남도 고성의 공룡세계엑스포

지질시대와 화석이라는 단어를 들으면 가장 먼저 떠오르는 생물은 단연 공룡이 겠지요. 공룡은 중생대의 대표적인 표준화석*으로, 몸이 작은 육식 공룡부터 몸집이 매우 큰 초식 공룡까지 다양한 공룡이 중생대 지구를 지배하였습니다. 2012년에 이어 2016년에도 경상남도 고성에서 공룡세계엑스포가 열렸는데, 경남 지역은 한반도 중생대층의 대표 주자라고 할 수 있습니다.

우리나라의 중생대층은 모두 육성층으로 이루어져 있습니다. 그래서 조개류의 화석

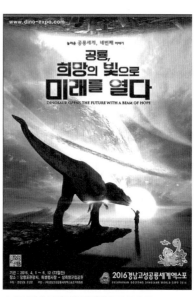

▲ 2016년 고성공룡세계엑스포 포스터

이 발견되어도 해수에 살던 것이 아니라 담수에 살던 종이 발견되고, 식물화석과 석탄층이 발견되기도 합니다. 그러나 가장 특징적인 것은 아무래도 공룡

방추충 고생대 후기인 석탄기와 페름기에 번성한 유공충 무리로, 푸줄리나라고도 한다. 따뜻한 얕은 바다에서 살았으며, 크기가 0.5mm~3cm 정도에 석회질 껍질을 가졌다.

표준화석 특정 지질시대에만 살았던 생물의 화석으로, 그것이 발견된 층의 지질시대를 짐작하게 하는 화석을 말한다. 반대로, 특정한 환경에서 오랫동안 살았던 생물의 화석은 지층이 생성될 당시의 환경을 짐작하게 하는 화석으로, '시상화석'이라고 한다.

화석이겠지요. 우리나라에서는 공룡 알과 공룡 발자국 화석이 아주 많이 발견되고 있습니다. 공룡의 흔적을 느끼고 싶다면 쥐라기 공원 말고 고성 당항포 관광지를 찾으면 됩니다.

이와 더불어, 중생대 기간에는 한반도에 큰 지각변동이 일어나 조산운동과 화성활동이 활발했습니다. 현재 한반도에 있는 큰 산맥들은 이 기간에 만들어졌다고 볼 수 있습니다.

쥐라기 말에 일어난 대보 조산운동은 한반도 최대의 지각변동으로 이로 인해 그 이전에 생성된 지층이 모두 심한 변동을 겪었으며, 한반도에 대규모의 대보 화강암이 관입하였습니다. 또, 백악기 말에 있었던 불국사 변동으로 불국사 화강암이 경상 분지에 관입하였습니다.

▲ 한반도의 중생대 지층

한라에서 백두까지 신생대가 전성기?

한반도의 신생대층은 크게 퇴적암과 화성암으로 이루어져 있습니다. 황해도 봉산과 강원도 동해, 경상북도 영해·연일·장기, 그리고 제주도 서귀포 등지에 해안을 따라 소규모로 분포합니다.

신생대의 퇴적층은 비교적 나이가 어린 새로운 층이기 때문에 덜 굳은 사암, 이암, 역암 등으로 이루어져 있습니다. 이러한 지층에서는 조개류 화석이나 식물화석들이 많이 발견됩니다.

신생대의 마지막 기로 현재까지 이어지는 신생대 제4기에 제주도의 한라산과 북한의 백두산, 울릉도, 철원 등지의 화산활동으로 만들어진 화산암류가 분출하였고, 현재의 한반도 모습이 만들어졌습니다. 백두산과 한라산은 이 시기에 여러 차례 일어난 화산 폭발에 의해 만들어졌으므로, 이곳의 높은 산들이 아주 오래되지는 않았다는 것을 알 수 있습니다.

화성 고정리에 가면 공룡 알 화석이 있다?

경기도 화성 고정리 공룡 알 화석 산지는 2000년 3월 21일 천연기념물 제414호로 지정되었다. 1999년 4월 25일 한국해양연구소와 '희망을 주는 시화호 만들기 화성·시흥·안산 시민연대회의' 공동조사단이 경기도 화성시 송산면 고정리 시화호 간석지의 육지화에 따른 생태계와 지질 변화에 관한 기초 조사를 하던 중에 남쪽 간석지의 중생대 백악기 퇴적층에서 공룡 알 화석을 대량으로 발견하였다.

▲ 공룡 알 화석

화석이 발견된 곳은 시화호가 조성되기 이전에 섬이었던 적색 사암층 지대이다. 이 지대 안 6~7개 지점에서 가로세로 50~60㎝ 크기의 둥지 20여 개가 발견되었는데, 둥지마다 평균 5~6개, 많은 곳에서는 12개의 공룡 알 화석이 들어 있었다. 공룡 알 화석이 여러 퇴적층에서 발견된 것으로 보아 시화호 일대는 약 1억 년 전 중생대 백악기 공룡의 집단 산란지였을 것으로 추정된다. 이 지역 외에도 우리나라에서는 전라남도 보성군 득량면 선소해안 등지에서 공룡 알 화석이 발견된 적이 있다. 이로써 공룡 발자국 화석에만 의존하던 우리나라의 고생물학계가 한 차원 높은 공룡 연구를 본격적으로 시작할 수 있게 되었을 뿐 아니라, 한반도를 세계적인 공룡 화석지로 전 세계에 알리는 계기가 되었다.

032

우주는 얼마나 큰가요?

우리는 지구라는 행성의 조그만 나라인 대한민국에 살고 있습니다. 지구는 태양계에 속한 작은 행성이고, 태양은 우리 은하에 있는 천억 개의 별 중 하나입니다. 그리고 우리 은하는 우주 공간에 있는 천억 개의 은하 중 하나입니다. 현재 인류가 알고 있는 가장 큰 공간은 우주입니다. 그렇다면 우주는 도대체 얼마나 크고, 우주 밖에는 무엇이 있을까요?

멀어지는 은하들

하나의 점이 거대한 폭발(Big Bang)을 일으켜 현재의 우주가 되었다는 이론이 빅뱅 이론*입니다. 처음 빅뱅 이론을 접하면 황당할지 모르겠지만, 현재로

빅뱅 이론 우주가 점과 같은 상태에서 약 138억 년 전에 대폭발이 일어나 팽창하여 현재에 이르고 있다는 이론이다. 먼 은하일수록 우리 은하로부터 빠르게 멀어진다는 사실, 온도가 3K인 우주배경복사 등을 근거로 한다. 대폭발설에 기초한 A. 구스의 인플레이션 우주론이 불균일한 우주의 모습을 잘 설명해 준다.

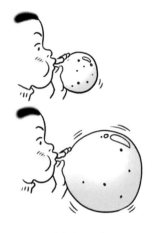

▲ 팽창하는 풍선

서는 우주의 역사를 설명하는 이론들 가운데 중 가장 널리 받아들여지고 있는 이론입니다. 풍선에 일정한 간격으로 점을 찍은 뒤 풍선을 불면 점들 사이의 거리가 멀어지는 것을 볼 수 있습니다. 풍선 위의 한 점에 서서 다른 점들을 바라보면 다른 점들이 관찰자를 중심으로 멀어지는 것으로 보입니다. 풍선 전체의 길이가 두 배로 커지면 1cm 떨어져 있던 점과의 거리는 2cm로 멀어지고, 2cm 떨어져 있던 점은 4cm로 멀어질 것입니다. 즉, 멀리 떨어진 점일수록 더 빠르게 멀어지는 것으로 보입니다. 풍선을 우주, 풍선 위의 점을 은하라고 생각한다면 우리 은하에서 다른 은하들을 관측할 때 은하들이 전부, 멀리 있는 은하일수록 더 빨리 우리 은하로부터 멀어지는 것으로 관측되겠지요.

미국의 천문학자 허블(1889~1953)은 실제로 그러한 사실을 관측한 후 허블의 법칙*을 발표하였습니다. 대부분의 은하가 우리로부터 멀어지고 있다는 사실은 우주가 팽창한다는 증거입니다. 거꾸로 생각하면, 과거로 갈수록 우주의 크기는 점점 더 작아지겠지요. 그로부터 하나의 점과 같은 것이 폭발해 우주가 탄생했다는 결론이 나옵니다. 이것이 바로 우주의 탄생을 설명하는 빅뱅 이론입니다.

빅뱅(Big Bang) 그 후

약 138억 년 전에 하나의 점이 폭발합니다. 이것이 우주의 시작입니다. 빅

허블의 법칙 1929년 미국의 허블이 발견한 법칙으로, 외부 은하의 스펙트럼에서 나타나는 적색 이동이 거리에 비례한다는 속도-거리 법칙이다.(적색 이동으로 은하의 거리를 알아내는 원리에 대해서는 p.392의 '도플러효과의 예'를 참고할 것) 이 법칙은 당시 제창된 상대론적 팽창 우주론을 밑받침하는 관측 근거가 되었다.

뱅 시작 후 10^{-32}초. 상상도 할 수 없을 만큼 짧은 시간이지만 우주 탄생에서는 가장 중요한 시간입니다. 이 시간 동안 폭발 당시의 에너지가 우주의 공간을 만들면서 급격하게 퍼져 나갑니다. 이 시기에는 공간에 복사에너지가 충만했습니다. 우리에게 익숙한 물질은 추후에 만들어집니다.

아인슈타인의 질량에너지 등가의 원리($E=mc^2$)라는 유명한 식은, '에너지가 질량이 될 수 있고, 질량이 에너지가 될 수 있다.'는 것을 알려 줍니다. 빅뱅 이후, 복사에너지 중 일부가 물질로 바뀌게 됩니다. 물질이 서로 충돌하여 빛으로 변하기도 하고, 빛끼리 충돌하여 물질로 변하기도 합니다. 빅뱅에서 출발한 우주는 팽창과 더불어 식어 갑니다. 우주의 온도가 낮아지면서 물질이 더 이상 빛으로 변하지 못하고, 원자보다 더 작은 물질인 소립자들이 만들어지게 됩니다. 이 모든 일이 우주의 나이가 1초가 채 되기 전에 일어난 것으로 알려지고 있습니다.

우주의 나이가 1분이 되었을 때, 에너지가 낮아진 빛이 전자로 바뀌어, 빛은 더 이상 전자를 만들지 못하게 됩니다. 빅뱅 이후 처음 3분간, 우주의 대부분을 구성하는 수소 원자핵(양성자)과 헬륨 원자핵이 거의 다 만들어집니다. 빅뱅 이후 약 38만 년에는 계속된 우주 팽창으로 온도가 낮아지고, 원자핵과 전자가 결합하여 수소와 헬륨 같은 가벼운 원자들이 만들어집니다. 원자가 생성되면서 빛과 전자의 충돌이 줄어들고, 물질과 뒤섞여 있던 빛이 비로소 직진함에 따라 우주가 투명해집니다. 이때 빠져나온 빛을 우주배경복사라고 하며, 빅뱅 우주론의 강력한 근거가 되고 있습니다. 이후 우주는 계속 팽창하고 온도는 더 낮아져, 약 1억 년 뒤에는 은하와 별이 생성됩니다.

시간이 흐름에 따라 우주에는 천억 개 이상의 은하가 생성되고 그 은하들 안에서 각각 천억 개 이상의 별이 탄생하였습니다. 그 별들 가운데 하나가 우리 태양계의 중심에 있는 태양입니다. 태양 주변에서 행성들이 만들어졌고, 그 행성들 중 하나가 지구입니다. 현대 우주론에서는 빅뱅 이후 우주의 나이가 138억 년 정도인 것으로 알려져 있습니다.

우주의 끝은 어디?

그렇다면 우주는 얼마나 크고, 우주의 끝은 어디일까요? 우리는 우주에서 가장 빠른 것이 빛이라고 알고 있습니다. 우주 탄생 당시의 빛은 물질이 되기도 했지만, 물질이 되지 않은 빛은 처음부터 지금까지 빛의 속도로 날아가고 있다고 가정할 수 있습니다. 즉, 우주의 나이가 약 138억 살이니까 138억 년 동안 빛이 뻗어 나갔다면 우주 반지름은 약 138억 광년*이라고 할 수 있습니다. 그러나 우주 자체가 계속해서 팽창하고 있기 때문에 실제 우주는 훨씬 큽니다. 또한 우리가 관측할 수 있는 우주도 우주의 팽창으로 인해 138억 년보다 큰데, 관측 가능한 우주의 반지름은 약 460억 광년이라고 합니다.

그리고 우주의 중심이 어디인지는 현재로서는 알 수가 없습니다. 앞에서 말했던 팽창하는 풍선을 풍선 밖에서 관찰하면 중심이 어디인지 알 수 있습니다. 하지만 그중 한 점에 붙어서 다른 점들을 보면 서로 멀어지는 점들만 보이기 때문에 풍선 중심의 위치가 어딘지 알 수 없게 됩니다. 다시

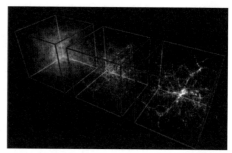

▲ 우주의 구조
왼쪽부터 탄생 후 9억 년, 32억 년, 138억 년(현재)으로, 우주가 팽창하면서 별과 은하(밝은 부분)들이 흩어진다. 폴커 스프링겔의 시뮬레이션이다.

말해서, 우리는 멈춰 있는 걸로 인식하면서 멀어지는 은하들을 바라보기 때문에 우주의 중심이 마치 우리인 것처럼 생각할 뿐, 진짜 우주의 중심은 아무도 알 수 없습니다.

광년 빛이 진공 속에서 1년 동안 진행한 거리. 천문단위(AU)·파섹(pc)과 더불어 멀리 떨어진 천체들 사이의 거리를 재는 데 쓴다. 빛은 진공 속에서 1초에 약 30만km를 진행하므로 1년간 진행하는 거리는 약 $9.46×10^{12}$km이고, 이것이 1광년이다.

우주 밖에는 무엇이 있을까?

인류는 아직 우주의 끝을 관측하지는 못했습니다. 우주의 끝을 포함하여 우주에 존재하는 모든 은하를 관측할 수 있다면 우주의 신비는 훨씬 쉽게 풀어낼 수 있을 것입니다. 현재까지 약 130억 광년 떨어진 은하들이 관측되었다고 합니다. 그 은하들이 우주의 끝에 있는 은하인 것은 분명 아니겠지요.

그렇다면 우주 밖에는 무엇이 있을까요? 빅뱅 이론에서는 우주가 시간도 공간도 없는, 진정으로 아무것도 없이 한 점에 모여 있던 에너지에서 탄생하여 지금처럼 커졌다고 합니다. 그렇다면 우주 밖에는 빅뱅 이전처럼 시간도 공간도 없다고 해야 맞겠지요. 그러니 우주의 밖은 상상하기 어렵습니다. 현재까지 인류가 알아낸 우주는 73%가 물질이 아닌 암흑 에너지이고, 27%가 물질이라고 합니다. 그러나 물질 가운데 인류가 정확하게 알고 있는 물질은 4%밖에 되지 않고, 나머지 23%는 무엇인지 알 수 없는 암흑 물질입니다. 물론 암흑 에너지 또한 정체를 모르고 있습니다. 밤하늘에서 관측 가능한 천체는 우주의 1%도 되지 않습니다. 그만큼 우주에는 아직 밝혀져야 할 많은 것이 기다리고 있습니다.

033 태양계에 지구와 똑같은 행성은 왜 없을까요?

파란 하늘과 신선한 공기, 드넓은 바다. 이들이 있어 우리 지구는 더욱 아름답고 생명력이 넘쳐 나는 행성이 되었습니다. 이렇게 아름다운 지구와 같은 행성이 우리 태양계 안에 지구밖에 없을까요? 없다면 왜 우리의 지구만 살기 좋은 행성이 된 걸까요?

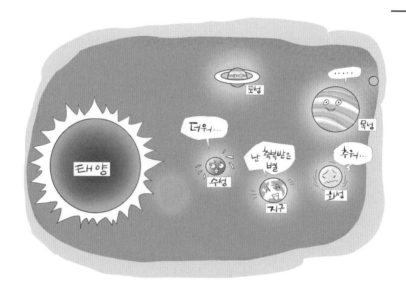

태양의 탄생

태양계 탄생 이전에 지금의 태양이 있는 곳 부근에서 초신성 폭발이 있었습니다. 이때 우주로 흩어진 찌꺼기들은 인력에 의해 서로 끌어당기기 시작합니다.

이 찌꺼기들의 중심에서 원시 태양이 형성되었고, 중심부의 온도가 천만 도까지 뜨거워지면서 중심핵에서 핵융합*이 시작되었습니다. 이때 태양 표면의 수소는 양전하와 전자로 분리되어 초속 수백km의 속도로 날아가게 됩니다. 이것을 우리는 태양풍*이라고 합니다. 태양으로 끌려가던 나머지 찌꺼기들 가

▲ 태양계

운데 밀도가 작은 수소, 헬륨 같은 기체 성분은 태양풍의 영향을 받아 밖으로 밀려났습니다. 짙은 가스와 먼지들로 가득했던 태양계가 태양풍에 의해 안개가 걷히듯이 맑아지기 시작한 것입니다.

행성들의 탄생

태양 가까이에 있던 작은 암석들은 태양의 중력에 의해 태양으로 떨어져 전부 불타 버리고, 그렇지 않은 암석들은 태양 주위를 돌다가 서로 충돌하면서 점점 더 커집니다. 질량이 큰 암석 덩어리일수록 주변의 작은 암석을 끌어들이는 인력이 크기 때문에 더 빨리 성장합니다. 원시행성이 그렇게 탄생합니다. 초속 수십km의 속도로 표면에 계속 떨어지는 암석들의 에너지와 암석 속의 방사성 원소들이 붕괴할 때 발생하는 에너지로 인해 원시행성의 온도는

핵융합 1억℃ 이상의 고온에서 가벼운 원자핵이 융합하여 더 무거운 원자핵이 되는 것. 이 과정에서 에너지를 방출하는데, 그 원리를 이용하여 수소폭탄이 만들어졌다.

태양풍 태양에서 우주 공간으로 쏟아져 나가는 전자, 양성자, 헬륨 원자핵과 같은 전하를 띤 입자의 흐름을 말한다. 태양으로부터 1천문단위(AU, 태양과 지구 사이의 평균 거리) 거리에서 $1cm^3$당 1~10개의 입자가 존재하며, 평균속도는 500km/s이다. 태양 표면에서 폭발이 발생하면 속도가 2,000km/s에 이르며, 이온화 가스의 흐름이 지구를 덮으면서 자기 폭풍이 일어난다.

점점 올라가게 됩니다. 온도가 암석의 녹는점보다 더 높아지면 원시행성은 녹기 시작하여 결국 전체가 마그마로 바뀝니다. 이렇게 전체가 용융 상태가 되어 중력에 의해 평형을 이루면, 행성은 비로소 구 모양을 띠게 됩니다. 암석으로 된 행성들이 구가 될 수 있었던 것은 이러한 과정을 거쳤기 때문입니다.

행성 전체가 마그마가 되면 철이나 니켈 같은 무거운 원소들이 중심부로 가라앉아 핵을 이루고, 규소와 산소 같은 상대적으로 가벼운 원소들은 밖으로 떠올라 맨틀을 형성하게 됩니다. 그리고 가장 바깥의 껍질 부분은 차츰 식어 원시 지각을 형성합니다.

지구와 닮은 행성들

태양계 안쪽의 수성, 금성, 지구, 화성이 이러한 과정으로 만들어졌는데, 지구와 닮았다고 해서 이들을 '지구형 행성'이라고 합니다. 지구형 행성들의 특징을 하나씩 알아보면 다음과 같습니다.

먼저, 수성은 태양에 가장 가깝고 지구형 행성 가운데 크기가 가장 작은 행성입니다. 중력이 지구의 38% 정도밖에 되지 않아 대기를 잡고 있을 힘이 약한 데다, 태양이 가까워서 낮에는 지표 온도가 $500°C$가 넘어 대기를 이루는 분자들의 운동이 너무 활발해서 수성은 조금씩 대기를 잃게 되었습니다. 현재의 수성은 대기

▲ 수성

를 전부 잃어 바람 한 점 없는 표면에 수많은 운석 구덩이들을 그대로 간직한 채, 낮에는 $500°C$가 넘고 밤에는 영하 $100°C$ 이하로 떨어지는 일교차가 가장 큰 행성이 되었습니다.

금성은 크기와 질량, 구성 물질이 지구와 가장 비슷합니다. 지구에서 일어나는 판의 운동에 의한 지각변동이 태양계 행성 중에서 유일하게 금성에서도 일어나고 있습니다. 짙은 이산화탄소 대기로 덮인 금성은 표면 기압이 지구

대기압의 90배나 되는데, 이는 1m²당 900톤이 넘는 무게에 해당합니다.

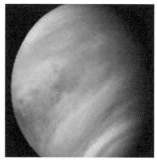
▲ 금성

이산화탄소가 온실효과를 일으킨다는 사실은 잘 알려져 있습니다. 이산화탄소의 농도가 매우 높은 금성에서는 온실효과가 아주 크게 나타나 밤에도 기온이 떨어지지 않고 항상 470°C 정도를 유지하고 있습니다. 금성에서 가장 이해하기 힘든 것은 자전 방향입니다. 태양계의 천체들이 동시에 회전하면서 수축하여 만들어졌기 때문에 공전 방향과 자전 방향이 태양의 자전 방향과 전부 같아야 하는데, 금성만은 다른 천체들과 반대 방향으로 자전하고 있습니다. 소행성 같은 천체와 충돌해서 거꾸로 자전하게 되었다는 영화 같은 가설만 있을 뿐, 지금도 그 원인은 밝혀지지 않았습니다.

▲ 지구

지구는 태양계에서 선택받은 행성으로, 액체 상태의 물이 있어 수많은 생명체들이 그것을 이용해 열심히 살아가고 있습니다. 적절한 온실효과 덕분에 생물이 살기 좋은 온도를 유지하고 있으며, 오존층이 태양의 자외선으로부터 생물들을 보호해 줍니다. 또, 지구의 자기장은 초속 400km가 넘는 강력한 태양풍으로부터 지구를 보호해 주고 있습니다. 이렇게 안락한 생존 환경이 자연히 만들어질 확률은 로또 당첨 확률과는 비교도 안 될 만큼 매우 희박합니다. 그런데도 이 귀한 지구를 우리 인간이 요즘 너무 괴롭히는 것은 아닐까요?

지구형 행성 가운데 마지막인 화성. 화성 표면은 붉은 자갈로 뒤덮인 사막이고, 그 위에는 과거에 물이

▲ 화성

흘렀던 자국들이 아직도 아주 많이 남아 있습니다. 지구의 북극과 남극이 빙하로 덮여 있듯이 화성의 양극에도 드라이아이스와 얼음으로 이루어진 극관*이 있습니다. 극관의 크기가 주기적으로 변하는 것으로 보아 화성에도 계절 변화가 나타남을 알 수 있습니다. 화성은 0.01기압에 거의가 이산화탄소인 희박한 대기를 가지고 있는데다 수증기가 거의 없기 때문에 기상 현상은 일어나지 않습니다.

그렇다면 왜 지구만?

비슷한 과정에 의해 탄생한 행성들 가운데 왜 지구에만 액체 상태의 물이 존재하여 생명체가 편안하게 살아가고 있을까요? 앞에서 원시행성들의 표면이 지각이 된다고 말한 바 있습니다. 그 원시 지각이 형성되는 시기부터 지구형 행성 4형제의 운명이 나뉘기 시작합니다.

먼저 수성에서는 껍질 부분의 마그마가 식어 지각이 되기도 전에 태양 활동이 본격적으로 시작되어, 태양의 막대한 에너지에 의해 껍질이 증발해 버리는 기이한 현상이 나타납니다. 중앙에 핵이 만들어진 다음에 표면에서 마그마가 증발한 탓에, 현재의 수성은 다른 지구형 행성들에 견주어 핵에 대한 맨틀의 비율이 상대적으로 낮습니다. 대기가 전혀 없고 600도가 넘는 일교차를 보이는 수성의 환경은 생명체와는 너무나 거리가 멉니다.

한편, 금성과 지구, 화성의 원시행성은 마그마가 식어 가면서 엄청난 화산가스를 뿜어내는데, 그로 인해 대기 밀도가 점점 높아지게 됩니다. 화산가스 가운데 많은 양을 차지하는 수증기가 대기 속에 계속 공급되어 금성, 지구, 화성은 수증기로 가득 차게 됩니다. 수증기가 대기 안으로 더는 들어갈 수 없게 되면 구름이 만들어지기 시작합니다. 구름이 하늘에 떠 있지 못할 만큼 커지면

극관 화성의 극에서 얼음으로 덮여 하얗게 빛나 보이는 부분을 말한다. 남북 양극에서 동시에 볼 수 없기 때문에 수증기가 교대로 극을 이동한다는 설, 드라이아이스로 구성되었다는 설, 수증기에 의한 눈이라는 설 등이 있다.

비가 오기 시작합니다. 엄청나게 많은 비가 내려 낮은 곳에 모이면 바다가 만들어지는데, 이 과정은 지구와 화성에서 동일하게 나타납니다. 그러나 기온이 지구보다 훨씬 높은 금성에서는 수증기의 공급이 부족하여 결국 비가 내리지 못했습니다. 금성의 대기 중에 기체 상태로 떠돌던 수증기가 자외선에 의해 쪼개져 조금씩 우주로 날아가 버려서, 현재의 금성에는 수증기가 거의 남아 있지 않습니다. 화산가스에 의해 늘어난 이산화탄소 때문에 금성은 온실효과가 점점 심해지고 기온이 계속 상승해서, 결국 지금은 표면 온도가 약 470°C나 됩니다.

그러면, 지구와 마찬가지로 바다가 만들어진 화성은 어떻게 되었을까요? 화성은 중력이 지구의 40%밖에 안 되기 때문에 액체 상태의 물은 바다를 이루어 화성에 붙어 있을 수 있지만 상대적으로 가벼운 수증기들은 우주 밖으로 조금씩 빠져나가기 시작합니다. 지구의 바닷물은 증발하여 수증기가 되었다가 구름이 되고 비가 되어 다시 바다로 돌아오지만, 화성의 바다는 증발하였다가 일부만이 바다로 되돌아가고 일부는 우주로 빠져나가 버립니다. 이러한 과정이 수억 년 동안 지속되어 화성의 바다는 지금처럼 말라 버렸습니다. 게다가 수증기뿐 아니라 다른 기체들도 우주로 빠져나가, 화성에는 지금 매우 희박한 대기만이 남게 되었습니다. 앞에서 화성의 극관이 드라이아이스와 얼음으로 되어 있다고 했는데, 극관의 얼음이 녹으면 물이 되지 않느냐는 의문이 이 대목에서 들지 모르겠습니다. 물은 1기압일 때 0°C에서 얼고 100°C에서 끓는데, 기압이 화성처럼 낮은 곳에서는 물이 액체 상태를 거치지 않고 얼음에서 바로 수증기로 승화해 버립니다. 기압이 높아지지 않는 한 액체 상태의 물이 존재할 수 없기 때문에, 인류가 화성으로 이동하여 살려면 기압을 높이는 방법부터 연구해야 할 것입니다.

이처럼 지구형 행성들인 수성, 금성, 지구, 화성은 태어나기는 같이 태어났어도 태양과의 거리, 중력 등이 각각 달라서 너무나 다른 모습으로 지금에 이르게 되었습니다.

화성보다 더 먼 곳으로

화성의 바깥쪽에는 20만 개 이상의 크고 작은 소행성들이 있는데, 이들은 목성의 인력 때문에 행성으로 성장하지 못한 것으로 과학자들은 추정하고 있습니다. 소행성이 너무나 많다 보니 그중에는 아직 이름이 없는 것들도 많이 있습니다. 아마 오늘 밤에도 세계의 수많은 천문학자들이 소행성을 찾기 위해 하늘을 관측하고 있을 것입니다. 소행성 중에는 우리나라의 이태형 박사가 찾아낸, '통일'이라는 이름을 가진 것도 있습니다.

소행성 무리 너머의 행성들은 암석이 아닌 수소·헬륨 같은 기체로 되어 있는데, 이들은 목성과 성질이 비슷하여 '목성형 행성'이라고 부릅니다. 이 목성형 행성을 하나씩 살펴보면 다음과 같습니다.

태양계 행성 중에서 가장 큰 목성은 태양을 제외한 태양계 전체 질량의 70%를 차지할 정도로 큰 천체입니다. 목성은 빠른 자전에 의해 만들어진 가로줄 무늬가 특징인데, 밝은 줄 쪽은 대기의 대류로 인해 기체가 상승하는 부분이고 어두운 줄 쪽은 하강하는 부분입니다. 그리고 남반구에 보이는 커다란 타원을 목성의 대적반이라 부

▲ 목성

르는데, 이는 지구의 태풍과 같은 대기의 소용돌이라고 합니다. 그런데 목성의 태풍인 대적반의 규모가 지구 2개가 들어가고도 남을 정도라니, 목성이 얼마나 큰지 짐작이 가지요? 보이저 탐사선에 의해 희미한 고리가 있는 것이 확인되었고, 위성은 갈릴레이가 관측한 이오·유로파·가니메데·칼리스토를 비롯해 100개 이상이 관측되고 있는데 대부분이 소행성대에서 끌려와 형성된 것으로 추정되고 있습니다.

행성 중에서 가장 큰 고리를 가진 토성은 태양계에서 두 번째로 크면서도 물에 띄우면 뜰 정도로 밀도가 가장 작은 행성입니다. 토성의 고리는 먼지와

암석이 섞인 얼음 알갱이들로 되어 있고, 태양계
에서 가장 큰 위성인 타이탄이 이 고리 밖에서 토
성 주위를 공전하고 있습니다. 2005년 1월 호이
겐스 호가 타이탄에 착륙하여 몇 장의 사진을 보
내왔는데, 이를 통해 얼음들 사이로 액체 상태의

▲ 토성

메탄으로 추정되는 액체가 흐르고 있다는 사실을 알아냈습니다. 현재로서는
토성이 태양계에서 지구 이외에 유일하게 표면에 액체가 흐르는 천체인 것입
니다. 따라서 생명이 존재할 가능성에 대하여 현재 연구가 진행되고 있습니
다. 비록 영하 178°C의 척박한 환경이지만 이론적으로는 생물의 물질대사가
가능하다니까, 앞으로의 연구가 궁금해집니다.

　천왕성과 해왕성은 이론으로 행성의 위치가 먼
저 예측된 뒤에 실제로 발견된 행성들입니다. 토
성의 공전궤도가 미지의 행성에 의해 흔들린다
는 사실로부터 천왕성의 위치를 예측했고, 1781
년 허셜이 망원경을 이용하여 예측한 곳에서 천
왕성을 찾았습니다. 그리고 프랑스 천문학자 르베
리에와 갈레는 천왕성의 위치를 추적한 수십 년
간의 자료를 분석하여 천왕성의 공전 궤도가 흔

▲ 천왕성

들린다는 사실을 알아내고, 천왕성의 경우와 같은 식으로 해왕성도 찾아내게
되었습니다. 해왕성을 찾은 것은 천왕성이 발견되고 거의 70년 뒤였습니다.
이 두 행성은 점으로만 관측되다가 보이저 2호에 의해 생생한 컬러사진으로
볼 수 있게 되었습니다.

　천왕성은 토성처럼 고리를 가지고 있지만, 표면에는 무늬가 없는 것으로 알
려졌습니다. 그러나 허블 우주 망원경으로 지구 대기권 밖에서 고배율로 관측
한 결과, 천왕성의 표면에서 목성 대기에서 보는 것과 비슷한 가로 줄무늬가

확인되었으며, 현재까지 18개의 위성이 발견되었습니다. 천왕성의 가장 놀라운 특징은 누워서 공전하고 있다는 것입니다. 천왕성이 이렇게 눕게 된 까닭에 대해서도 금성과 마찬가지로 거대한 천체와 충돌해서 그렇게 되었다는 이야기만 있을 뿐, 아직 밝혀진 것은 없습니다.

해왕성도 보이저 2호에 의해 4개의 고리가 있음이 알려졌고, 표면에는 목성의 대적반과 같은 태풍이 있는데 이를 대암반이라고 부릅니다. 위성은 토성의 타이탄처럼 대기를 가진 트리톤을 비롯하여 8개를 가지고 있습니다.

▲ 해왕성

목성형 행성들인 목성·토성·천왕성·해왕성은 기체로 된 행성들로, 태양계가 탄생할 때 태양까지 가지 못한 기체들이 뭉쳐서 형성된 것으로 알려져 있습니다. 핵융합으로 인한 태양풍이 불기 시작하면서 태양계 안쪽에 있던 기체들이 태양풍에 밀려나 목성이 만들어질 때 목성에 합쳐진 것으로 천문학자들은 보고 있습니다. 그래서 목성이 태양계 행성 중 가장 큰 행성으로 성장할 수 있었겠지요.

행성에서 버려진 명왕성

2006년 국제천문연맹에서 행성의 정의를 수정하여, 다음의 세 가지 조건을 만족하는 천체를 행성이라고 정의하게 되었습니다. 첫째, 항성을 중심으로 공전하는 스스로 빛을 내지 못하는 천체. 둘째, 자신의 중력에 의해 구형을 유지할 수 있을 만큼 질량이 큰 천체. 셋째, 자신의 궤도에서 지배적인 역할을 할 정도로 중력이 큰 천체.

그에 따라 해왕성 궤도를 넘나드는 9번째 행성이었던 명왕성이 행성에서 퇴출되게 되었습니다. 첫째, 둘째 조건은 만족하지만 셋째 조건을 만족하지 못하기 때문이었습니다. 그 대신에 명왕성과 같은 천체를 왜소행성(dwarf planet)

으로 추가 분류하였는데 세레스, 에리스 등이 그에 해당하는 천체들입니다.

목성형 행성 바깥쪽의 명왕성과 세드나 같은 작은 천체들을 비롯해 그 바깥쪽에 있는 카이퍼 벨트라는 작은 천체들의 띠, 지구태양 거리의 5만 배 정도 거리에 있는 혜성들의 씨앗들이라 할 수 있는 오르트 구름 같은 천체들은 거의 다 주로 얼음으로 구성되어 생명이 존재하기 힘든 천체들입니다.

지금까지 태양계의 탄생과 행성들, 그리고 그 밖의 천체들에 대해 살펴보았는데, 지구를 제외한 나머지 천체들은 대기가 없거나 온도가 너무 높거나 낮아서 생명체가 살기에는 적절치 않다는 것을 알 수 있었습니다. 우리가 사는 하나뿐인 지구를 더욱 소중히 여기고, 우리 후손들이 살아가야 할 이곳을 더욱 아끼고 사랑해야 하겠습니다.

화성에 생명체가?

2004년 3월 미국 항공우주국(NASA)은 화성 탐사 로봇 오퍼튜니티가 화성에서 다량의 황산철을 발견했다고 밝혔다. 황산철은 물이 있어야 형성되는 광물이다. 같은 해 9월에는 유럽우주국(ESA)이 화성 대기에서 높은 농도의 수증기와 메탄가스를 동시에 발견했다면서, 이는 화성에 미생물 형태의 생명체가 존재할 가능성을 한층 높여 주는 증거라고 밝힌 바 있다.

2012년에 화성에 착륙해 탐사 작업을 계속하고 있는 또 다른 탐사 로봇 큐리오시티가 2014년 8월 화성의 샤프 산에서 물이 존재했음을 보여 주는 암석을 발견했으며, NASA에서는 큐리오시티가 보

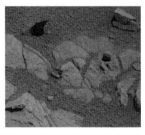

▲ **큐리오시티가 보내온 화성의 표면 모습**

내온 자료들을 분석해 2015년 9월 "화성 표면에 액체 상태의 물이 존재한다."고 발표한 바 있다. 하지만 그 발견이 화성에 생명체가 존재했다는 것을 의미하지는 않는다는 단서를 붙였으니, 화성 생명체 탐사는 여전히 현재진행형이라 하겠다.

034 태양은 영원할까?

우리 지구를 먹여 살리는 것은 누구일까요? 바로 태양입니다. 지질시대에 태양에너지를 이용해 살았던 생물들이 화석연료가 되어 우리에게 많은 에너지를 공급하고 있고, 지금 이 순간에도 식물은 태양에너지를 이용해 광합성을 하여 우리에게 먹을 것과 산소를 제공하고 있습니다. 지구의 기상 현상과 바닷물의 순환도 모두 태양이 있기 때문에 가능한 일입니다. 이렇게 소중한 태양은 우리에게 영원한 빛이 되어 줄까요?

태양의 탄생

태양은 어떻게 태어났을까요? 지금으로부터 약 50억 년 전, 지금 우리 태양계가 있는 자리는 다른 별들이 죽을 때 폭발하고 남긴 찌꺼기인 가스와 먼지들로 이루어진 황량한 공간이었습니다. 가스와 먼지들도 작지만 질량이 있기 때문에 만유인력이 작용하여 서로 끌어당기기 시작합니다. 가스들이 점점 더 많이 모이는 중심부가 생기고, 중심부의 가스들은 더 많이 충돌하게 됩니다. 가스들이 서로 충돌할 때마다 운동에너지가 열에너지로 전환되기 때문에 온도가 상승하여 중심부에서는 희미한 빛이 나기 시작합니다. 이렇게 탄생 순간을 맞이한 별을 원시별(원시성)이라고 합니다.

원시별이 더욱 수축하여 중심핵의 온도가 천만 도(10^7℃)에 이르면 수소 4개가 하나의 헬륨*으로 합쳐지는 핵융합이 일어나기 시작합니다. 수소 4개의 원자량은 4.0316인데, 헬륨 1개의 원자량은 4.0026입니다. 그렇다면 둘의 차에 해당하는 원자량 0.0286은 어디로 간 것일까요? 이 사라진 질량은 아인슈타인이 제시한 $E=mc^2$이라는 유명한 공식으로 설명할 수 있습니다. 즉, 줄어든 질량(m)에 빛의 속도(c)인 3×10^8m/s를 제곱한 만큼 에너지로 바뀐 것입니다. 만일 수소 4.0316g을 헬륨으로 핵융합 시킨다면, 2.574×10^9J(1J=1N의 힘으로 물체를 1m 이동시키는 데 필요한 에너지)이라는 막대한 양의 에너지가 방출됩니다.

태양에서는 질량의 약 10%가 이 핵융합 반응에 참여하여 초당 약 2×10kg의 수소가 핵융합 반응을 일으킵니다. 이때 생성되는 에너지는 초당 3.9×10^{28}J로서, 이는 핵폭탄 약 천조(10^{15}) 개의 폭발력과 맞먹습니다. 그 에너지의 아주 일부가 지구로 오는데, 그것이 바로 햇빛입니다.

원시 태양에서 천만 년 넘게 진행된 중력에 의한 수축이 멈추고 중심핵의 핵융합이 안정화하면, 태양은 어른 별인 주계열성*이라는 단계로 성장합니다. 그렇게 주계열성이 된 태양은 약 50억 년이 지난 지금도 핵융합으로 에너지를 만들어 태양계에 공급하고 있습니다.

늙어 가는 태양

중심핵의 수소가 핵융합을 통해 헬륨으로 전환되기 때문에, 태양 중심에서

헬륨 주기율표 제18족에 속하는 원자번호 2인 비활성 기체 원소. 원소기호는 He이다.

주계열성 표면 온도와 밝기 등을 기준으로 별을 분류하는 데 사용되는 H-R 도표(헤르츠스프룽-러셀 도표)의 주된 부분을 이루는 별들을 가리킨다. 도표의 왼쪽 위에서 시작하여 오른쪽 아래로 이어지는 대각선 방향의 휘어진 띠 안에 분포한다. 별의 종류는 주계열성, 도표에서 주계열성 오른쪽 위에 있는 별들인 적색거성과 초거성, 왼쪽 아래에 있는 어두운 별인 백색왜성으로 나뉜다.

는 연료로 사용되는 수소가 점점 줄어들고 헬륨핵이 만들어집니다. 중심에 있는 헬륨핵의 질량이 태양 전체 질량의 0.1% 정도가 되면 태양이 더 수축하고 태양 가장자리 쪽도 온도가 높아져 이곳에서도 수소 핵융합이 일어납니다. 이렇게 태양의 껍데기에서 핵융합이 일어나면 껍데기의 바깥쪽이 급격히 팽창해 태양의 반지름은 금성 궤도만큼 부풀어 오릅니다. 그리고 거대해진 태양의 표면은 온도가 낮아져 지금보다 훨씬 붉은색으로 변하는데, 이것을 적색거성 단계라 합니다.

적색거성 단계가 진행될수록 중심의 헬륨핵은 점점 질량이 증가하고 온도도 높아지게 됩니다. 헬륨핵의 온도가 약 1억°C까지 올라가면 헬륨이 탄소로 핵융합을 하게 됩니다. 헬륨에 의한 핵융합에서는 수소 핵융합 때보다 훨씬 더 많은 에너지가 생성되기 때문에 별 전체가 순식간에 커지게 됩니다. 별이 순식간에 커지면 중심의 온도가 떨어지기 때문에 헬륨핵 융합 과정이 멈추어 버립니다. 중심의 헬륨핵 융합이 멈추면 별은 중력에 의해 다시 수축하다가 중심의 온도가 올라가면 또 헬륨핵 융합이 일어나 다시 커지게 됩니다. 즉, 태양이 사람의 심장처럼 맥박 뛰듯 하는 것입니다. 이 단계를 맥동(세페이드)변광성이라고 합니다. 맥동변광성이 된 태양이 팽창과 수축을 반복하는 동안, 엄청난 양의 가스들이 그 표면에서 빠져나가게 됩니다.

태양의 죽음

맥동변광성 단계까지 약 100억 년을 산 우리의 태양은 1,000년가량의 짧은 시간에 마치 죽음의 고통에 몸부림치듯이 자기 몸 안에 있는 가스를 전부 뱉어 내고 서서히 빛을 잃어 가게 됩니다. 가스를 전부 뱉어 내면 중심에 지금의 태양 지름의 100분의 1 정도인, 지구와 비슷한 크기의 조그만 별이 남게 되는데, 이것이 태양의 주검에 해당하는 백색왜성(white dwarf, 흰색난쟁이별)입니다. 죽기 전에 뱉어 낸 가스들은 백색왜성 주변에 희뿌연 구름처럼 퍼져 있는데,

모양이 행성의 고리와 비슷하다고 해서 행성상 성운이라고 부릅니다.

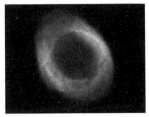

▲ 고리 성운(M57)
행성상 성운의 가장 일반적 형태로, 언젠가는 태양이 이와 같은 모습이 될 것이다.

백색왜성은 껍데기에 수소와 헬륨의 얇은 층이 있고 중심에 탄소가 다이아몬드처럼 빽빽이 들어찬 구조를 가지게 됩니다. 이것이 언론에 알려진 다이아몬드별입니다. 그것을 가질 수 있다면 온 우주에서 가장 큰 부자가 되겠지요. 그러나 이 지구만 한 다이아몬드를 누가 어떻게 사용할 수 있을까요? 만약 백색왜성 표면에 사람이 착륙한다면, 그 사람은 엄청난 중력 때문에 종잇장보다도 더 얇은 상태로 납작해져 바닥에 달라붙어 버릴 것입니다. 백색왜성은 시간이 지날수록 온도가 낮아지기 때문에 점점 어두워지다가 결국 전혀 빛을 내지 못하는 흑색왜성이 되어 싸늘하게 식어 갈 것입니다.

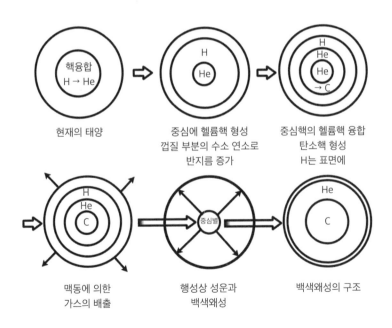

▲ 태양의 진화 과정

035

화성암을 분류하는 기준은 무엇일까요?

화성암은 마그마가 식어서 만들어진 암석입니다. 대표적인 화성암과 화강암이지요. 다른 이름의 화성암도 많이 있지만, 이 두 암석이 화성암을 대표합니다. 색깔도 다르고 결정 크기도 다른 두 암석이 왜 화성암을 대표할까요?

화강암과 현무암

주위를 둘러보면 밝은색 암석을 잘 다듬어서 만든 계단이나 창틀 난간이 쉽게 눈에 띕니다. 대리암(대리석)*으로 생각하기 쉽지만, 대부분은 화강암입니다. 화강암은 전체적으로 밝은색인 가운데 어두운색의 흑운모나 흰색 또는

대리암 석회암이 접촉이나 넓은 범위에 걸친 변성작용에 의해 재결정된 변성암이다. 원래의 암석이 순수한 탄산칼슘으로 이루어져 있으면 방해석 결정으로 변성되고, 다른 성분이 포함되어 있으면 그에 따라 여러 광물이 만들어진다. 색과 무늬가 아름다워서 장식용 건축재로 사용된다.

분홍색의 장석으로 된 굵은 알갱이가 드문드문 박혀 있습니다. 우리가 주위에서 흔히 볼 수 있는 암석 가운데 하나입니다.

혹시 제주도의 돌하르방을 본 적이 있나요? 구멍이 숭숭 난 검은색 암석으로 이루어져 있는데, 이것은 화성암의 일종인 현무암입니다. 현무암은 입자가 작고 색이 어둡다는 특징을 가집니다. 구멍이 많은 현무암은 쉽게 구별할 수 있지만, 구멍이 없는 현무암은 구별하기가 쉽지 않습니다.

▲ 화강암

우리는 중학교 1학년 과정에서 아래 표와 같은 화성암의 분류를 공부하게 됩니다. 고등학생이 되면 화산암*과 심성암*, 그리고 둘의 중간쯤인 반심성암을 합해서 총 9가지의 화성암을 배우게 됩니다.

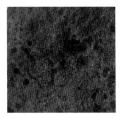
▲ 현무암

생성 깊이 \ 색	어두움	중간	밝음
화산암	현무암	안산암	유문암
반심성암	휘록암	빈암	석영반암
심성암	반려암	섬록암	화강암

▲ 화성암의 분류

이 중에서 본 적이 있거나 자신 있게 구분할 수 있는 암석이 몇 가지나 되나요? 대개는 2가지 정도일 텐데, 아마 까맣고 구멍이 숭숭 난 현무암과 하양

화산암 마그마가 지표 또는 지하의 얕은 곳에까지 올라와 굳은 암석. 지표나 얕은 지하에서는 마그마가 빨리 냉각되어 굳기 때문에, 화산암은 대부분이 입자가 매우 작은 결정질이거나 유리질이다.
심성암 마그마가 지각 아래 깊은 곳에서 굳어 만들어진, 결정의 크기가 큰 조립질 암석고 알갱이가 커다란 화강암이겠지요. 왜 그럴까요? "눈에서 멀어지면 마음에서도 멀어진다."는 말이 있습니다. 눈에 띄지 않으면 낯설고 사랑스럽지 않고 그래서 자꾸 잊어버리게 됩니다. 현무암과 화강암은 주위에서 쉽게 볼 수 있는 반면에, 나머지 암석들은 잘 눈에 띄지 않는 게 문제입니다. 밝은색의 입자가 작은 유문암이나 까맣고 알갱이가 굵은 반려암은 볼 기회가 많지 않고, 따라서 당연히 낯설고 잘 구분할 수 없는 것입니다.

화★암의 ★표에 들어가는 말은?

그러면 간단한 퀴즈를 통해 화성암 공부를 해 봅시다. 화★암의 ★표에 들어갈 수 있는 말은 무엇일까요? 답은 앞에 이미 나와 있습니다. '성', '산', 그리고 '강'이지요.

먼저 화'성'암. 한자 이름 '火成巖'을 보면 알 수 있듯이, 화성암은 불[火]로부터 만들어진[成] 바위[巖]를 뜻합니다. 이때 '불'은 마그마를 가리킵니다. 따라서 화성암은 구체적인 한 가지 암석을 가리키는 말이 아니라, 마그마로부터 만들어진 암석을 두루 일컫는 말입니다. 앞에서 본 표에 나오는 아홉 가지 암석을 모두 화성암이라고 부르는 이유를 이제 알겠지요?

다음으로, 화'산'암. 화산암은 이름 그대로 화산에서 만들어지는 암석 무리입니다. 화산은 마그마가 이동하다가 땅거죽(지표)을 뚫고 나오는 곳에서 형성됩니다. 따라서 화산암은 지표 근처에서 마그마가 식어서 굳어 만들어진 암석들을 가리킵니다. 그중 대표적인 것이 현무암이지요.

그런데 왜 어떤 화성암은 지표 근처에서 만들어지고, 어떤 화성암은 땅속 깊은 곳에서 만들어질까요? 그 원인은 여러 가지인데, 그중 하나로 마그마의

점성 유체의 흐름에 대한 저항, 즉 끈끈한 성질을 말한다. 운동하는 액체나 기체 내부에서 나타나는 마찰력이므로 내부 마찰이라고도 한다.

점성*을 꼽을 수 있습니다. '점성'이란 쉽게 말해 끈끈한 정도인데, 점성이 작으면 빨리 움직이고 점성이 크면 느리게 이동합니다. 점성이 작은 마그마는 빠르게 이동하다가 식기 전에 지표로 뚫고 나오기 쉽습니다. 그렇게 지표 근처로 이동해서 식어서 굳어진 암석들이 바로 화산암입니다. 그 반면에 점성이 커서 느리게 이동하는 마그마는 지표로 나오기 전에 땅속 깊은 곳에서 굳어서 멈추기 쉽습니다. 그렇게 만들어진 암석들을 '깊을 심(深)' 자를 써서 심성암이라고 부르지요. 반심성암은 둘의 중간쯤 되는 곳에서 식어 굳어진 암석들을 가리키고요.

자, 그러면 마지막으로 화'강'암. 화강암은 심성암을 대표하는 암석입니다. 땅속 깊은 곳에서는 마그마가 천천히 식기 때문에 암석을 이루는 광물들이 한데 뭉칠 시간이 많아서 알갱이(결정)가 크고 단단해집니다. 화강암이 알갱이가 굵고 단단한 것도 그 때문입니다. 또 한 가지, 화성암의 색이 서로 다른 것은 각 암석에 포함된 광물이 서로 다르기 때문인데, 색깔이 밝은 것은 암석에 이산화규소(실리카, SiO_2)가 많이 들어 있기 때문입니다. 화강암이 바로 그런 암석이지요.

현무암에는 왜 구멍이 숭숭 뚫려 있나?

현무암은 마그마가 지표 부근에서 식어서 만들어진 암석이다. 밖으로 나오면서 압력이 낮아져 가스(gas)가 급히 빠져나가 구멍이 뚫리게 된 것이다. 가스가 빠져나가지 않은 현무암은 구멍이 없어서 마치 사암처럼 보이기도 한다.

▲ 현무암의 구멍

036 낮말은 호숫가에서도 조심해야 한다는 사실!

밤에는 멀리서 부르는 소리가 잘 들리지만 한낮에는 잘 듣지 못할 때가 많습니다. 하지만 한낮에도 강가나 호숫가 너머에서 부르는 소리는 귀에 잘 들립니다. 또 강이나 호수에서 보트를 타고 있으면 주변에서 소곤대는 이야기, 새소리 등이 더 잘 들립니다. 다른 곳보다 호수 위에서 소리가 더 잘 들리는 이유는 무엇일까요?

소리(음파)

소리는 음파입니다. 파동의 한 종류이지요. 대부분의 파동은 진동을 전달해 주는 물질인 매질을 필요로 합니다. 기체보다는 액체, 액체보다는 고체가 진동을 빠르게 전달합니다. 입자들의 간격이 더 촘촘하기 때문이지요. 음파의 속도는 15℃ 건조한 대기에서 340m/s정도입니다. 1초에 340m씩 이동하기 때문에, 일상생활에서 소리가 물에서 빠른지 공기에서 빠른지 구별하기는 쉽지 않지만, 물속에서 소리를 들으면 다르게 들립니다. 우리 귀는 공기가 전달하는 음파에 익숙하기 때문입니다.

같은 공기라 하더라도 온도에 따라서 음파의 속도는 달라집니다. 온도가 높을 때 기체 분자의 운동에너지가 더 크기 때문입니다. 운동에너지가 큰 기체는 더 활발하게 움직여 진동을 빠르게 전달할 수 있습니다.

$$음속(m/s) = 331.42 + 0.6t \ (t: 섭씨온도)$$

음파의 굴절

물질의 경계에서는 진행 방향이 바뀌는 굴절 현상이 나타납니다. 예를 들어 볼까요? 자동차가 도로 위를 달리고 있다고 생각해 봅시다. 빠른 속도로 달리는 자동차의 왼쪽 바퀴가 도로를 벗어나 풀밭 위를 지납니다. 왼쪽 바퀴는 느려집니다. 그 순간 자동차는 왼쪽으로 꺾이는 아찔한 상황이 펼쳐집니다. 이처럼 진행 속도가 달라지는 경계면에서 방향이 바뀌는 현상을 굴절이라고 합니다.

음파는 온도가 다른 두 공기의 경계면을 지날 때 진행 방향이 바뀌는 굴절 현상이 나타납니다. 두 공기의 온도가 다르다는 말은 두 공기에서 음파의 속도가 다르다는 말과 같습니다. 낮에는 공기층보다 땅이 먼저 뜨거워지기 때문에 땅에서 높아질수록 기온이 낮아집니다. 땅 근처의 공기는 빠르게 진행하고, 상층부 공기는 느리게 진행하게 되어, 소리가 위로 굴절하게 됩니다. 밤에는 반대로 아래로 굴절하게 되지요. "낮말은 새가 듣고, 밤말은 쥐가 듣는다."는 속담에는 굴절 현상을 이해한 선조들의 지혜가 담겨 있습니다.

날씨 좋은 날 호숫가에서도 같은 현상이 나타납니다. 물은 비열이 크기 때문에 지면과는 반대로 낮에도 호수면 위의 온도가 낮습니다. 따라서 호수면 쪽으로 소리가 굴절되어 더 멀리까지 전달됩니다.

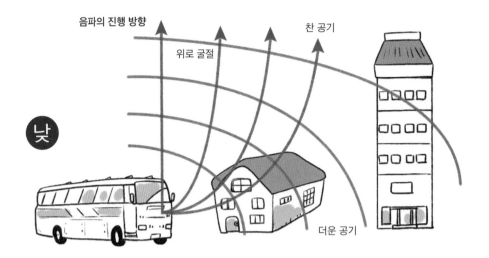

음파의 진행 방향

위로 굴절

찬 공기

낮

더운 공기

▲ 낮일 때 음파의 진행 방향

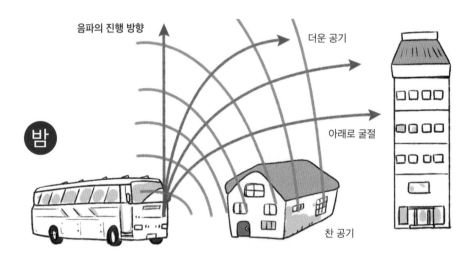

음파의 진행 방향

더운 공기

밤

아래로 굴절

찬 공기

▲ 밤일 때 음파의 진행 방향

지진파도 파동인가?

종을 치면 종소리가 모든 방향으로 퍼지는 것처럼, 지진이 발생하면 그 진동이 지진파의 형태로 사방으로 퍼져 나간다. 지진파는 크게 실체파와 표면파로 나눈다. 실체파는 지각 내부를 통과해 전달되는 파동으로, 파동의 진행 방향과 매질의 이동 방향이 같은 P파(primary wave)와, 파동의 진행 방향과 매질의 이동 방향이 수직인 S파(secondary wave)가 있다. 표면파는 지표면을 따라 파동이 전달되어 지진이 발생하면 큰 피해를 입힌다. 이러한 표면파에는 레일리파(Rayleigh wave)와 러브파(Love wave)가 있다. 지진파의 속도는 P파가 가장 빠르고 다음이 S파, 가장 느린 것이 표면파이다.

지진파는 매질의 구성 물질과 상태에 따라 반사, 굴절하고 속도가 변하기도 한다. 특히 S파는 고체는 통과하지만 기체나 액체는 통과하지 못한다. 지진파의 이러한 성질을 이용하여 지구 내부가 지각, 맨틀, 외핵, 내핵으로 구성된다는 것을 알아냈다.

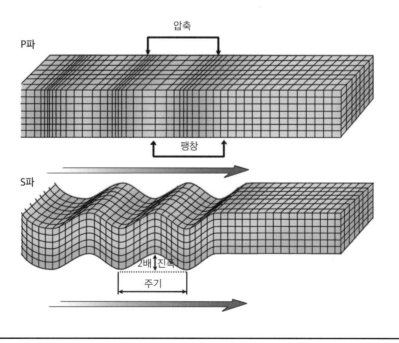

037 도로 위에 왜 신기루가?

더운 여름에 차를 타고 달리노라면 도로 위에 고인 얇은 물에 하늘과 자동차, 나무 들이 비치는 것처럼 보일 때가 있습니다. 그러나 다가가면 물웅덩이는 이내 사라지고, 얼마쯤 앞쪽에 물웅덩이가 다시 나타나는 것을 경험한 적이 있을 겁니다. 이러한 현상을 신기루라고 합니다. 1798년 이집트에 원정한 나폴레옹의 군사들도 그런 현상을 경험했습니다. 군사들은 분명히 보이던 호수가 사라지고, 풀잎이 야자수로 변하는 광경을 보면서 놀라움을 금하지 못했습니다. 그렇다면 신기루는 왜 생기는 걸까요?

빛의 굴절

빛의 속도는 항상 같은 것이 아니라 통과하는 물질에 따라서 달라집니다. 진공보다는 공기 중에서 더 느려지고, 물을 통과할 때에는 속도가 더 느려집니다. 다음 쪽 그림을 보면 빛이 공기(성긴 매질*)에서 물(촘촘한 매질)로 들어갈 때 속력의 변화가 생겨 진행 방향이 꺾인다는 것을 알 수 있습니다. 이것이 바로 굴절입니다. 네덜란드의 천문학자이자 수학자인 스넬이 빛의 굴절에 관한 규칙성을 발견했는데 그것을 '스넬의 법칙'이라고 합니다. 스넬의 법칙을 식과 그림으로 나타내면 다음과 같습니다.

$$n_1 \sin\theta_1 = n_2 \sin\theta_2 \ (n: 굴절률)$$

이 식은 굴절률이 더 큰 물질로 들어
갈 때는 빛이 법선 쪽으로 꺾이고, 반대
로 굴절률이 더 작은 물질로 들어갈 때
는 빛이 법선과 먼 쪽으로 꺾여 지나간
다는 것을 뜻합니다. 물속에 들어가면
다리가 짧아 보이고, 투명한 유리컵에
물을 넣고 빨대를 꽂으면 빨대가 꺾여
보이는 것도 모두 빛의 굴절 때문에 나
타나는 현상들입니다.

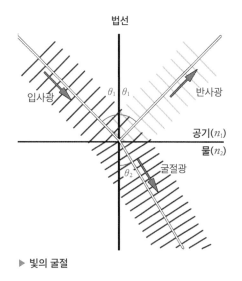

▶ 빛의 굴절

대기 중에서의 빛의 굴절

같은 매질이라도 온도가 달라져 밀도가 변하면 빛의 진행 방향이 꺾입니다.
아스팔트는 태양 빛에 의해 온도가 쉽게 올라가기 때문에, 아스팔트 바로 위
의 공기들은 뜨거운 열기 때문에 부피가 커지면서 그 위층의 공기들보다 밀도
가 작아집니다. 결국 공기의 밀도가 서로 다른 층이 형성됩니다. 따라서 그림
에서 보는 것처럼 빛은 지면에 가까워질수록 속력이 빨라지고 휘면서 진행하
게 됩니다. 이런 과정을 통해 빛이 지면 위의 공기층에 의해 모두 반사되고, 우

매질 파동을 매개하는 물질. 매질 입자의 진동이 곧 파동이다. 힘과 같은 물리적 작용을 전달하는 매개물을 두루
가리키는 개념으로 쓰일 때도 있다. 빛을 제외한 파동은 모두 매질에 의해 전파된다. 즉, 매질을 이루는 물질 입자
의 진동과 움직임이 파동으로 나타난다. 예컨대 지진파는 지각을 통해 전파되고, 수면파는 물을 통해 전파된다.
소리(음파)는 공기, 물, 금속 등 대부분의 탄성체를 매개로 하여 전파된다.

리는 그 빛이 마치 땅에 고
인 물에 의해 반사되는 것처
럼 착각하게 됩니다. 그와 같
은 원리로 더운 사막에서도
멀리 떨어진 곳에 있는 오
아시스가 바로 눈앞에 있는

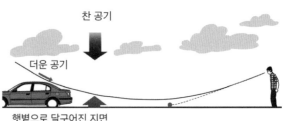

▲ 도로 위의 신기루

것처럼 보일 때가 있지요. 착시에 의한 이러한 현상들을 신기루*라고 합니다.

그 밖에 대기 중에서의 빛의 굴절로 인해 나타나는 대표적인 현상으로 밤하늘에 반짝이는 별을 들 수 있습니다. 원래 별은 반짝이지 않습니다. 단지 별빛이 대기 중의 불안정한 공기층을 지나면서 굴절 방향이 매 순간 달라지기 때문에 우리 눈에 별빛이 들어왔다 안 들어왔다 하는 것일 따름이지요. 그래서 쉬지 않고 지구로 빛을 보내는 별이 우리 눈에는 반짝이는 것처럼 보이는 것입니다.

신기루 물체가 실제의 위치가 아닌 위치에서 보이는 현상으로, 불안정한 대기층에서 빛이 굴절하면서 생긴다. 사막이나 극지방의 바다처럼 바닥 면과 대기의 온도 차가 큰 곳에서 쉽게 관찰할 수 있다.

◁ 뜬금있는 질문 ▷

작살로 물고기를 잡을 때 유의할 점!

빛이 물로 들어갈 때 굴절하므로 물고기가 보이는 곳에 작살을 던지면 맞지 않는다. 눈에 보이는 위치보다 약간 아래로 던져야 물고기를 잡을 수 있다.

038

왜 소라 껍데기를 귓가에 대면 바닷소리가 들리나요?

뜨거운 여름철이면 무더위를 피해 푸르른 바다로 갑니다. 해수욕의 재미와 함께 즐거움을 더해 주는 것이 바로 백사장에서 주운 소라 껍데기가 내는 소리입니다. 소라 껍데기를 귀에 대면 "쏴아~" 하는 파도 소리가 들립니다. 집으로 가져온 소라 껍데기도 파도 소리를 기억하고 있는 것처럼 소리를 냅니다. 단순한 소라 껍데기에서 어떻게 이런 바닷소리가 날 수 있는 걸까요?

소라 껍데기의 공명

귓가에 댄 소라 껍데기에서 소리가 나는 것은 소라 껍데기에서 일어나는 공명 때문입니다. 소라 껍데기 말고 빈 음료수 병의 주둥이를 귀에 가까이 대어도, 심지어는 손바닥으로 귓바퀴를 감싸기만 해도 "쏴아~" 하는 소리를 들을 수 있습니다.

물체는 크기나 모양, 재질에 따라 서로 다른 진동수*를 가지기 때문에 서로 다른 소리를 냅니다. 이렇게 물체가 저마다 가진 진동수를 고유진동수라고 합니다. 물체에 주기적으로 힘을 가하면 매 초마다 고유진동수만큼 진동합니다. 만일 힘을 가한 주기가 그 물체의 고유진동수와 같으면 물체의 진폭*은 더욱 커지는데, 이를 '공명'이라 합니다.

소라 껍데기에서 나는 소리는 주위의 여러 가지 소리 중에서 소라 껍데기의 고유진동수와 같은 소리가 공명 현상에 의해서 더 크게 들린 것입니다. 그렇다면 같은 바다에서 가져온 소라 껍데기에서도 크기나 모양에 따라 다른 소리가 나겠지요. 빈 병이나 사람의 손도 마찬가지입니다.

여러 가지 공명 현상

이러한 공명 현상은 우리 주위에서도 쉽게 발견할 수 있습니다. 그네를 밀 때 그네가 가진 고유진동수와 같은 진동수로 밀어 주면 큰 힘을 들이지 않아도 높이 올라가는 것, 세탁기가 탈수할 때 세탁조의 회전 속도가 느려지면서 세탁기의 고유진동수와 같아지면 어느 순간 세탁기가 크게 흔들리는 것, 건물 안에서 이야기하며 걸어가다 보면 내가 말한 소리가 갑자기 크게 울리는 것을 경험할 수 있는데 이것들도 모두 공명 현상의 일종입니다.

심지어 유리잔의 고유진동수와 진동수가 같은 음을 큰 소리로 오랫동안 내는 것만으로 유리잔을 깰 수도 있습니다. 실제로 1940년에 미국의 워싱턴 주 터코마 시에서는 해협에 놓인 다리가 공명 현상 때문에 무너지는 일이 벌어지

▲ 터코마 협교의 붕괴 장면

진동수 파동 같은 연속적인 주기 현상에서 단위 시간에 같은 현상이 반복된 횟수
진폭 주기적인 진동에서 진동의 중심으로부터 최대로 움직인 거리 또는 위치 변화의 정도를 말한다.

기도 했습니다. 바람의 진동수와 다리의 고유진동수가 일치하면서 점점 더 크게 출렁이던 다리가 끝내 무너져 내리고 만 것이지요.

여름철 바다에서 가져온 소라 껍데기는 공명에 의해 세월이 지나도 아름다운 파도 소리를 소중히 간직할 수 있습니다. 종종 어떤 것을 보고 똑같이 감동을 받거나 같은 생각을 갖게 되는 경우가 있는데 이럴 때도 우리는 공명이라는 표현을 씁니다. 누군가와 어떤 마음을 공명하면 그런 마음이 더 커지곤 하지요?

039

자석은 왜 N극, S극 커플로만 생기나요?

자석에는 N극과 S극이 있습니다. N극—N극, S극—S극으로 같은 극끼리 마주 보면 서로 밀어내고, N극—S극처럼 다른 극끼리 마주 보면 서로 끌어당깁니다. N극과 S극으로 이루어진 자석을 정확히 반으로 자르면 N극 자석과 S극 자석을 만들 수 있을 것 같은데, 잘린 자석도 N극과 S극이 있습니다. 얼마나 작게 잘라야 N극 자석, S극 자석을 만들 수 있을까요?

자석은 왜 N극과 S극이 같이 생길까?

자석은 물체를 당기거나 밀어냅니다. 이런 힘을 '자기력'이라고 하지요. 그리고 자기력이 미치는 공간을 '자기장'이라 합니다. 사람들은 자석의 이런 성질이 왜 나타나는지 궁금했습니다. 1820년 7월, 덴마크의 코펜하겐대학 물리학 교수 외르스테드(Hans Christian Oersted, 1777~1851)는 「전류가 자침에 미치는 영향에 관한 실험」이라는 논문을 발표합니다. 항상 남과 북을 가리키는 나침반 근처에 전선을 두고 전류를 흘렸다 멈추었다 하면, 전류가 흐를 때에만 자침의 방향이 변합니다. 자침 방향이 변한다는 것은 전류가 흐를 때 마치 자석이 있는 것처럼 자기장이 생긴다는 것을 뜻합니다. 사람들은 이때부터 전기와 자기 현상이 밀접하게 연결되어 있다고 생각했습니다.

자석은 두 개의 극, 즉 N극과 S극으로 이루어져 있습니다. N극은 North-seeking pole, S극은 Southseeking pole의 줄임말인데, 이 두 개의 극을 가진 자석을 쪼개면, 역시 N극과 S극을 다 가진 두 개의 자석이 됩니다. 아무리 잘게 잘라도 마찬가지 결과가 나타나는데, 과학자들은 그것을 "자연에는 자기 홀극이 없다."라는 말로 표현합니다. N극만 또는 S극만 따로 가지는 자석은 없다는 말이지요.

▲ 자석을 계속 잘라도 그 파편 또한 N, S극을 갖는 자석이 된다.

N극이나 S극만 있는 자석은 왜 없을까?

외르스테드의 실험을 보면, 도선에 전류가 흐를 때 자석 효과가 나타납니다. 전류가 자기장을 만든 것입니다. 전자의 흐름을 전류라고 합니다. 즉, 전자가 방향성을 띠고 움직이면 자기장이 만들어진다고 할 수 있지요. 자석은 주로 자철광이라는 광물로 만들어집니다. 수많은 원자로 이루어져 있지요. 원자는 원자핵과 전자로 이루어져 있습니다. 원자 안에 있는 전자는, 마치 지구가 자전하면서 태양 주위를 공전하는 것처럼, 스스로 회전하면서 원자핵 주위를 돕니다. 실제로 전자가 지구처럼 자전하고 공전하는 것은 아니지만, 전자의 성질 때문에 마치 회전과 궤도운동을 하는 것과 같은 효과가 나타난다는 말입니다. 그런 효과가 의미하는 바는 무엇일까요? 앞에서 말했듯이, 전자가 방향성을 띠고 운동하면 자기장이 형성됩니다. 따라서 그런 전자를 구성 요소로 포함하는 원자는 작은 자석과 같은 성질을 띠게 됩니다. 그런데 모든 물질은 원자로 이루어져 있습니다. 그렇기 때문에 자석을 아무리 작게 쪼개도 N극과 S극이 늘 같이 있게 마련이지요.

지구는 큰 자석?

지구는 하나의 거대한 자석이고, 자기력의 세기는 지역과 고도에 따라 차이가 있지만 우리나라에서는 약 0.5가우스(G)이다. 지구 자기장은 대체로 남북 방향으로 향하고 있는데, 정확히 말하면 지구 자기장의 북극은 지리적인 북극에서 약 1,800km 떨어진 캐나다 북부 허드슨 만 근처이다. 지구 자기장은 우주로부터 끊임없이 날아오는 강력한 파괴력을 가진 에너지의 입자선인 우주선으로부터 지구 생명체를 보호하는 역할을 한다. 지구 자기장이 생기는 원인은 아직 명확하게 밝혀지지 않았다. 지구 내부에서 전기를 띤 유체가 흐르기 때문인 것으로 추측되고 있다. 이 지구 자기장의 방향은 일정한 것이 아니라 조금씩 변한다.

천둥, 번개는 왜 생기나요?

한낮, 햇빛이 따사로이 비쳐야 할 시간에 온 세상을 삼킬 듯한 어둠이 찾아올 때가 있습니다. 그런 날, 어릴 때에는 볼일을 보러 나왔다가도 서둘러 집으로 도망치듯 뛰어가곤 했습니다. 급히 걸음을 옮길 때 뒤에서 "번쩍!" 하는 빛이 났고, 몇 초 후에 아주 큰 "우르릉 쾅!" 소리가 들렸습니다. 우리가 보통 '천둥 번개'라고 하는 이러한 현상은 어떻게 발생하는 걸까요?

번개란?

물방울과 얼음 알갱이들로 이루어진 구름이 상승하다가 마찰을 일으키게 되면 아래쪽은 음전하를 띠게 되고 위쪽은 양전하를 띠게 됩니다. 이렇게 전하를 띤 구름이 이동하면 아래쪽의 음전하에 의해 땅 위가 양전하를 띠게 되고, 구름 아래쪽과 땅 위의 전위* 차이 때문에 양쪽 사이에 기전력*이 작용해 방전이 일어납니다. 이때 전위차가 1억~10억V(참고로, 가정의 전압은 220V)나 되고, 방전로의 길이는 몇km에서 십몇km에 이릅니다. 번개는 좁은 의미로는 이 방전에 의한 발광 현상을 가리 킵니다. 빛은 약 $3 \times 10^8 m/s$의 속도로 이동하기 때문에 멀리서 번개가 쳐도 우리는 곧바로 번개를 볼 수 있습니다.

▲ 번개 치는 모습
하늘과 땅 사이의 전위차가 커지면 방전이 일어나면서 생긴다.

천둥이란?

천둥은 번개가 칠 때 같이 생기는 소리를 말합니다. 앞에서 말한 대로 번개가 칠 때는 전위차가 매우 커서 3만K의 고온이 발생합니다. 온도가 올라가면 공기의 부피가 증가하는데 이처럼 고온에서는 공기가 초음속으로 급격히 팽창하면서 기압으로 인한 충격파가 발생해 큰 소리가 납니다. 그것이 바로 천둥입니다. 천둥은 번개와 함께 생기고, 0.5초 이하의 짧은 시간 동안 일어나지만, 소리는 빛보다 느리기 때문에 우리가 느끼기에는 번개가 먼저 치고, 뒤이어 천둥이 치는 것 같습니다. 또한 빛보다 느린 소리가 우리 귀에 도달하는 시간이 그보다 지연되면서 마치 오랫동안 천둥이 치는 것처럼 착각하게 되는 것입니다.

번개를 피하려면?

차를 타고 가다가 번개가 치면 무서워서 차에서 나와 숨을 곳을 찾으려고 할 수도 있는데, 이것은 아주 위험한 행동 가운데 하나입니다. 전하는 항상 도체 표면에만 존재하기 때문에 차 내부에는 전하가 존재하지 않습니다. 그래

전위 전기장 안에서 단위 전하가 가지고 있는 위치에너지를 말하며, 일반적으로 국제표준단위인 볼트(V)로 나타낸다. 편의상 지표면의 전위를 0V로 할 때가 많다. 특히, 전기장 안의 두 점 사이의 전위 차이를 전위차 또는 전압이라고 한다.

기전력 전기장 안의 두 점 사이에 전위차를 발생시켜 전류가 흐르게 하는 힘

서 차를 탄 채로 번개를 맞게 되더라도 운전대를 잡고 있지 않는 이상 차 안의 사람은 안전합니다. 오히려 차에서 내리는 것이 더 위험하지요. 또한 전하는 뾰족한 곳에 많이 모입니다. 건물 옥상의 피뢰침은 이러한 사실을 이용한 장치로, 건물에 벼락이 치더라도 피뢰침을 통해 전류가 땅속으로 흘러가기 때문에 건물이 파손되거나 건물 안의 사람들이 다치는 것을 막을 수 있습니다.

▲ 피뢰침
뾰족한 모양이 전하를 많이 모이게 하는 효과가 있다.

◁ 뜬금있는 질문 ▷

항상 번개가 친 다음에 천둥소리가 들리는 이유는?

천둥 번개가 칠 때에는 항상 번개가 "번쩍!" 한 후에 얼마 지나서 "우르르 쾅!" 하는 천둥소리가 들린다. 이것은 빛과 소리의 속도가 서로 다르기 때문이다. 소리의 속도는 상온의 대기에서 약 340m/s이고, 빛의 속도는 진공 속에서는 299,792,458m/s이고 공기 중에서는 그보다 조금 느리지만 큰 차이는 없다. 따라서 속도가 훨씬 빠른 빛(번개)이 소리(천둥)보다 항상 먼저 도착하는 것이다.

041

중력파가 뭔가요?

2016년 2월 12일 한국을 비롯한 모든 나라의 방송 뉴스와 신문에서는 미국의 '라이고(LIGO, 레이저간섭중력파관측소)를 중심으로 한 13개국 합동 연구단인 라이고과학협력단(LSC)의 중력파 검출 소식을 일제히 전했습니다. 중력파 검출로 아인슈타인의 일반상대성이론이 100년 만에 실험으로 증명되었다는데, 중력파란 무엇일까요? 왜 이제야 발견되었을까요?

아인슈타인의 일반상대성이론

1915년, 아인슈타인은 일반상대성이론을 발표하면서, 중력(gravitation)을 '시공간의 휘어짐'으로 설명했습니다. 직진하던 공이 움푹 팬 구덩이를 만나면 구덩이의 곡면을 따라 굴러가듯이, 행성이 태양 주위를 도는 것은 행성들이 무거운 태양에 의해 휘어진 시공간을 따라 운동하기 때문이라는 것입니다.

아인슈타인은 공간이 휘면 직진하는 빛도 공간을 따라 휠 거라고 예측했습니다. 그 예측이 맞다면, 태양이 별과 지구 사이에 놓여서 별을 가리더라도 별을 볼 수 있습니다. 태양 근처를 지나면서 별빛이 휠 테니까요. 물론 낮에는 태양빛이 너무 밝아 별빛을 볼 수 없겠지요. 그래서 아인슈타인은 달이 태양을 가리는 '일식'을 기다렸습니다. 태양이 달에 가려

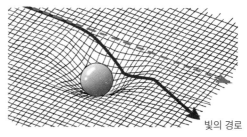

빛의 경로

▲ 중력에 의한 빛의 휘어짐

져 어두울 때, 태양 뒤에 있는 별의 빛이 관측된다면 별빛이 휜다는 증거가 되기 때문입니다. 아인슈타인은 1914년 8월 21일 러시아에서 일어나는 일식에 맞추어 실험 계획을 세우지만, 7월 28일에 1차 세계대전이 일어납니다. 그래서 결국 실험을 하지 못한 채로 일반상대성이론을 발표하게 됩니다.

1918년 말 독일의 항복으로 1차 세계대전이 끝났습니다. 영국 천문학자 에딩턴(Arthur Stanley Eddington, 1882~1944)은 1919년 3월 29일에 있을 일식에 맞추어, 브라질의 소브랄과 서부 아프리카의 적도 기아나 해변에서 조금 떨어진 프린시페 섬에서 태양 뒤편의 별들 사진을 찍는 데 성공했습니다. 이 실험으로 '빛이 휘어짐'이 입증되어 아인슈타인의 일반상대성이론은 힘을 얻게 됩니다.

그 후 상대성이론은 현대 물리학의 중심 이론으로 자리 잡았습니다. 더 정밀한 시간 보정과 GPS의 정확한 위치 계산이 가능해졌고, 정교한 의료 기기와 통신 장비를 비롯해 전자기파를 사용하는 모든 분야에 상대성이론이 적용되어 우리 삶이 크게 바뀌었습니다. 그뿐이 아닙니다. 절대 불변의 공간과 시간의 개념을 상대적인 개념으로 바꾼 상대성이론은 예술과 철학 영역에까지 영향을 미쳤습니다.

중력파

잔잔한 호수 위에 배가 떠 있다고 생각해 봅시다. 배가 정지해 있는 동안에는 물결이 없습니다. 배가 움직이면 주변에 물결이 일어 수면파가 나타납니

다. 이와 비슷하게, 공간을 누르고 있는 태양도 움직입니다. 태양이 움직이면서 휘었던 부분이 펴지고, 펴져 있던 다른 부분이 휘게 됩니다. 이런 움직임이 시공간의 출렁거림, 즉 파동을 만들어 내게 되지요. 바로 '중력파(Gravitational Wave)'입니다. 중력파는 시공간이 질량을 가진 천체에 의해 변형된다는 직접적인 증거입니다. 2015년 9월 14일 중력파를 발견했다는 사실은 바로 시공간의 변화를 관찰했다는 것을 뜻합니다. 아인슈타인이 예언한 중력파가 100년 만에 발견된 것이죠.

중력파를 발견한 놀라운 레이저 기술

중력파를 발견한 2곳의 중력파 검출기(LIGO)는 상호 검증을 위해 3,000km 떨어진 루이지애나 주 리빙스턴과 워싱턴 주 핸포드에 자리 잡고 있습니다. L자 모양을 하고 있는데, 한 팔의 길이가 4km나 됩니다. 레이저를 쏘면 빛이 두 갈래로 나뉘어 L 자를 따라 각각 4km를 진행한 후 반사되어 돌아와 다시 하나로 합쳐집니다. 만약 빛이 하나로 합쳐지지 않고 어긋난다면, 빛이 지난 공간에 변화가 있었음을 뜻합니다.

실은 아인슈타인도 중력파의 세기가 워낙 작기 때문에 인류가 발견할 수 없을 거라고 말한 바 있습니다. 그런데 2015년 9월에 10^{-21}m 크기의 공간 변화를 관측해 냄으로써 중력파를 발견한 것입니다. 원자의 크기는 1Å(옹스트롬, 10^{-10}m) 입니다. 10^{-21}m이라면 원자 크기의 1,000억분의 1 크기($\frac{10^{-10}}{10^{11}}=10^{-21}$) 변화를 인간이 찾아낸 것입니다. 중력파 발견을 위한 연구를 진행하는 동안 인류는 엄청난 기술을 확보했습

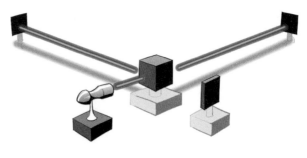

▲ LIGO의 원리

니다. 가장 주목할 만한 것은 원자 크기의 1,000억분의 1을 관측하는 기술입니다. 중력파를 발견한 개량형 LIGO는 10^{-23}m만큼의 변화율을 검출할 수 있습니다. 레이저가 4km를 왕복하는 동안 그 경로를 안정적으로 유지하는 광학 시스템, 그리고 레이저 간섭계를 다른 진동으로부터 완벽하게 고립시킬 수 있는 차폐 시스템을 인류는 가지게 되었습니다. 다른 진동에 의해 흔들릴 수도 있어서 상호 검증을 하도록 하였고, 면밀한 분석을 통해 후속 연구가 진행되었고, 충분히 검증한 후에 중력파 발견을 발표한 것입니다.

중력파 발견의 의의

아인슈타인 이전에 중력을 설명하는 이론은 뉴턴의 만유인력 법칙이었습니다. 만유인력의 법칙에 따르면, 질량이 있는 두 물체는 즉각적으로 서로의 존재를 알고 서로 잡아당깁니다. 하지만 뉴턴은 멀리 떨어진 물체들이 어떻게 즉시 서로의 존재를 느끼고 잡아당기는지에 대해 설명하지 못했습니다. 아인슈타인이 예언한 중력파는 우주에 존재하는 천체들이 중력을 교환하는 과정을 설명할 수 있습니다.

중력파가 발견된 지금처럼, 1887년 하인리히 헤르츠가 전자기파를 처음 발견했을 때에도 사람들은 "이것이 일반인에게 어떤 의미가 있나요?"라고 물었고, "이걸 어디에 쓸 수 있나요?"라고 물었습니다. 그 당시에 누구도 전자기파가 라디오, TV, 휴대전화, 전자레인지, 컴퓨터 등에 활용될 줄 몰랐습니다. 전자기파는 우리 눈에 보이는 가시광선을 비롯한 적외선, 자외선, 전파, x-선, γ-선 등의 빛을 한데 아우르는 이름입니다. 이 전자기파에 대한 깊이 있는 연구는 우리의 삶을 크게 바꾸었습니다.

1609년 11월 30일, 갈릴레이는 망원경을 이용해 처음으로 천체를 관측합니다. 이 관측은 인류의 생각을 하늘이 움직인다는 천동설의 세계관에서 지구가 움직인다는 지동설의 세계관으로 바꾸는 첫걸음이 되었지요. 갈릴레이는 별과 행성의 빛을 관측한 것으로, 엄밀하게 말하면 가시광선을 본 것입니다. 그 후 여러 가지 필터와 관측 장비의 발달로 인간은 다른 빛을 보게 됩니다. 적외선, 자외선, 전파, x-선, γ-선 같은 전자기파들이지요. 이 다른 빛을 관측하고 분석하여 인간은 천체 모양을 좀 더 선명하게 관찰할 수 있었고, 흑백으로 관찰되던 우주의 색을 볼 수 있게 되었습니다. 또 지금은 잡음으로 느껴지지만 우주의 천체들이 들려주는 소리도 듣게 되었습니다. 네덜란드 출신의 천문가 고베르트 실링은 『우주를 보는 눈』에서 "가시광선만으로 우주를 연구하는 것은 심각한 청각장애를 안고 연주회에 가는 것과 마찬가지다."라고 말했습니다.

중력파는 지금껏 인간이 보지도 듣지도 느끼지도 못했던 새로운 감각입니다. 다시 말해서, 중력파의 발견은 우주를 보는 또 다른 눈을 제공하는 것이자, 우주를 이해하는 인류의 감각을 넓혀 주는 것입니다. 인류의 지평이 그만큼 넓어진 것이

▲ 영화 〈인터스텔라〉

지요. 영화 〈인터스텔라〉에서 보는 것처럼 먼 행성과 별까지의 우주 비행, 웜홀을 통한 공간 이동 워프 등과 같은 상상도 못 했던 일들이 펼쳐질 가능성이 커진 것입니다.

042 헬륨 가스를 마시면 왜 목소리가 변하나요?

전 세계 어린이들에게 꿈과 상상력을 심어 준 디즈니 만화영화의 주인공 '도널드 덕'은 1934년에 나온 <작고 영리한 암탉>이라는 만화에 처음 등장했습니다. 그리고 장난을 즐기고 화를 잘 내는 주인공의 정열적인 개성이 '오리 소리'와 잘 맞아떨어져, 아직도 가장 사랑받는 만화영화 주인공으로서 명맥을 유지하고 있습니다. 헬륨 가스를 마신 후 목소리를 내면 마치 도널드 덕 목소리처럼 변하는 현상을 흔히 경험할 수 있습니다. 이것을 '도널드 덕 효과'라고 부르는데, 왜 그런 현상이 일어나는 걸까요?

목소리의 원리

우리 목구멍에는 공기의 통로 역할을 하는 기관과 음식물의 통로 역할을 하는 식도가 있습니다. 목소리는 폐에서 나온 공기가 목 아랫부분에 있는 성대* 중앙을 통과한 다음 발성 통로를 지나 밖으로 나오면서 만들어집니다. 성대가 긴장하여 두 주름 사이가 좁아지면 그 사이를 지나는 공기 압력이 달라지면서 공기가 진동해 다양한 소리가 만들어지는 것이지요. 이때 발생한 소리의 진동 수는 목소리의 높낮이를, 소리의 진폭은 목소리의 크기를, 소리의 파형은 사람마다 다른 목소리를 결정해 줍니다.

또 다른 목소리

목소리를 변화시킬 수 있는 또 다른 요인은 입안에 있는 공기의 종류입니다. 사람이 말을 할 때에는 폐에서 나온 공기가 발성 통로를 지나면서 진동하여 입안에서 공명이 일어나 목소리가 납니다. 이때 입안에서 울리는 소리의 속도는 입안 공기의 밀도에 따라 달라지고, 그에 따라 소리가 서로 다른 진동수를 가지게 되어 목소리가 변하게 됩니다.

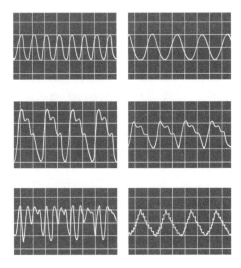

▲ 소리의 구분
진동수, 진폭, 파형의 차이로 소리를 구분한다.

평소에는 체온과 비슷한 공기가 입안에서 진동하기 때문에 목소리 변화가 없지만, 공기가 아닌 다른 기체가 성대를 통과하면 그 기체의 밀도에 따라 목소리가 달라집니다.

같은 온도에서 헬륨*의 밀도는 공기보다 작기 때문에 헬륨을 통과하는 소리의 속도는 공기를 통과하는 소리의 속도보다 빨라집니다. 소리의 속도가 빨

성대 후두의 한복판에서 약간 아래쪽으로 수평 위로 보이는 한 쌍의 주름을 말한다. 남성의 성대는 평균 2cm로 굵고 길며, 어린이와 여자의 성대는 가늘고 짧아서 어린이는 0.9cm, 여성은 1.5cm이다. 따라서 진동수는 남성은 적고 어린이와 여성은 많아서, 둘 사이에 목소리의 고저가 생기게 한다. 같은 사람의 목소리 고저는 진동하는 성대의 움직임 폭으로 결정된다.

헬륨 주기율표 제18족에 속하는 원자 번호 2의 비활성 기체 원소. 원소 기호는 He이다. 1868년 프랑스의 피에르 장센이 인도에서 개기일식을 관측하다가 태양 홍염의 스펙트럼 속에 587.6나노미터(nm)의 새로운 스펙트럼선이 존재하는 것을 발견하였는데, 영국의 조셉 로키어와 에드워드 프랭클랜드가 그것을 지구에서는 알려지지 않은 태양 속에 존재하는 원소에 의한 것이라고 생각해, 태양을 뜻하는 그리스어 helios를 따서 헬륨이라고 이름 붙였다.

라지면 진동수는 증가하기 때문입니다. 그러므로 헬륨 가스를 마시고서 말을 하면 목소리의 진동수가 증가하여 평소보다 높은 소리가 납니다. 관악기 내부를 헬륨 가스로 채우고 연주를 해 보면 목소리와 마찬가지로 평소보다 높은 음이 나는 것을 확인할 수 있습니다. 이제 '도널드 덕 효과'가 왜 일어나는지 알겠지요?

그러면 헬륨과 반대로 공기보다 밀도가 높은 기체를 마시면 어떻게 될까요? 밀도가 높은 기체 가운데 인체에 무해한 크립톤이라는 가스를 마시면 목소리가 낮아진다고 합니다. 하지만 크립톤은 워낙 희귀한 기체라, 그런 체험을 해 보기는 쉽지 않을 겁니다.

043

내 머리는 돌이다?

사람마다 두개골의 강도는 다르다고 합니다. 2006년 사망한 전설의 프로레슬러 김일은 박치기 왕으로 유명합니다. 이마가 단단했던 김일 선수도 말년에는 두개골에 상처가 나서 큰 후유증을 겪었다고 합니다. 그렇다면 사람의 두개골이 견딜 수 있는 충격량은 어느 정도일까요? 또 야구공이나 총알 등 충격 도구에 따라서는 어떻게 달라질까요?

야구는 우리나라에서 가장 대중적인 스포츠 가운데 하나입니다. 그중에서도 메이저리그 경기는 많은 한국 선수들의 활약 때문에 큰 인기를 끌기 시작한 지 오래입니다. 메이저리그에서 한국인 돌풍을 처음 일으킨 선수는 박찬호입니다. 나중에 구속이 조금 떨어지기는 했지만, 최고 전성기이던 LA 다저스 시절에는 시속 150km가 넘는 공 스피드로 타자들을 압도했습니다. 야구 경기에서는 투수가 던진 공에 타자가 맞는 일이 종종 벌어집니다. 아무리 출루가 좋다지만, 맞는 타자로서는 정말 아프고 두려운 일이 아닐 수 없습니다. 불행히 머리에라도 맞는다면 병원 진료를 받게 될 수도 있습니다. 그나마 타자들은 머리에 쓴 헬멧이 아주 큰 불행은 일차로 막아 줍니다. 그런데 한번 생각해 봅시다. 그렇게 무시무시한 속도로 날아오는 공을 헬멧 없이 머리에 맞는다면, 머리를 보호하는 두개골은 어떻게 될까요?

두개골의 강도

우리가 생각하는 것보다 두개골은 훨씬 단단합니다. 두개골의 강도는 사람마다 달라서 특별히 정해진 평균값은 없습니다. 하지만 대개는 질량 20kg인 망치를 100km/h의 속도로 내리치면 두개골이 깨진다고 합니다. 또 직경이 5.56mm 정도 되는 총알(탄환)을 넣은 K2소총으로 머리를 쏘면 두개골이 깨진다고 합니다. 이것을 기준으로 두개골이 느끼는 충격량을 살펴볼까요?

충격량

어떤 물체가 충격을 받은 것을 물리적으로는 충격량*으로 나타냅니다. 충격은 외부 힘을 많이, 또는 꾸준히 받으면 커집니다. 그래서 충격량은 힘(F)과 시간(t)의 곱으로 나타냅니다. 또한 물체가 충격을 받으면 그만큼 운동량이 증가하거나 감소하게 되지요. 이것을 식으로 표현하면 다음과 같습니다.

충격량 물체에 힘을 작용하여 운동 상태를 바꿀 때 가한 충격의 정도로, 힘(충격력)과 시간을 곱한 벡터량으로 나타낸다. 날아오는 야구공을 방망이로 치면 야구공의 속도가 변한다. 이것은 방망이가 짧은 시간 동안 야구공에 힘을 작용하여 운동 상태를 바꾸기 때문이다. 이렇게 힘이 작용하여 물체의 운동 상태가 변할 때, 가해 준 충격의 양을 충격량이라고 한다. 충격량의 방향은 힘의 방향과 같고, 크기는 작용한 힘의 크기가 클수록, 그리고 작용 시간이 길수록 크므로 같은 힘을 계속 작용할 수 있다면 방망이를 더 긴 시간 동안 야구공에 접촉하는 쪽이 더 큰 충격량을 전달할 수 있다. 반대로 충격량이 일정한 경우에는 시간이 길수록 충격력이 작아진다. 던진 야구공을 받으면 야구공의 운동량은 0으로 변하므로 어떻게 받든지 손이 받는 충격량은 같지만 손을 뒤로 빼면서 야구공이 멈추는 데 걸리는 시간을 길게 하면 충격력이 작아져서 손바닥이 덜 아프다.

$$I = F \cdot \Delta t = m \times a \times \Delta t = m \times \frac{\Delta v}{\Delta t} \times \Delta t = m \Delta v = \Delta p$$

(I: 충격량, p: 운동량)

망치에 맞을 때 충격량

그러면 먼저 망치에 의한 충격량을 계산해 보겠습니다. 망치를 내리쳐서 멈춘다고 가정을 하면, 충격량 I는 아래와 같이 됩니다. 단, 망치의 질량은 20kg입니다.

$$I = \Delta p = 20\text{kg} \times \frac{100{,}000\text{m}}{3600\text{s}} = 555.6\text{kg} \cdot \text{m/s} (\text{또는 N} \cdot \text{s})$$

가 됩니다. 이때 빠르기의 단위는 m/s를 사용합니다.

야구공으로 맞았을 때 충격량

이번에는 시속 150km로 날아오는 야구공에 맞았을 때의 충격량을 계산해 봅시다. 야구공의 질량을 2kg으로 놓으면, 야구공이 머리에 맞고 같은 속도로 튕길 때에 충격량이 최대가 되므로, 최대 충격량은 아래의 계산과 같이 망치로 맞을 때의 1/3 수준밖에 되지 않는다는 것을 알 수 있습니다.

$$I_\text{M} = 2\text{kg} \times \frac{150{,}000\text{m}}{3600\text{s}} \times 2 = 166.7\text{kg} \cdot \text{m/s} (\text{또는 N} \cdot \text{s})$$

(I_M : 최대 충격량)

총알은 어떻게 단단한 두개골을 관통할 수 있을까?

그렇다면, 총알의 충격량은 어떻게 될까요? 보통은 총알이 관통해 버리므로, 총알에 의한 최대 충격량은 머리에 박히는 경우(나중 속력이 0)를 생각하면 될 것입니다. 총알의 질량을 0.1kg, 빠르기를 944.9m/s라고 하면 다음과 같이 계산할 수 있습니다.

$$I_M = \Delta p = 0.1\text{kg} \times 944.9\text{m/s} = 94.5\text{kg} \cdot \text{m/s}$$

이렇게 계산된 값은 야구공에 의한 충격량보다도 작습니다. 그렇다면 어떻게 총알은 두개골을 관통할 수 있을까요? 그 비결은 바로 총알의 작은 직경과 회전입니다. 야구공보다 훨씬 직경이 작은 총알은 더 작은 충격량으로도 두개골에 더 큰 압력을 가할 수 있습니다. 게다가 총알의 회전은 총알이 두개골에 충돌한 뒤 곧바로 튀어나오지 않고 더 오래 머무르도록 충돌 시간을 늘려 줍니다. 그래서 회전이 없을 때에는 그리 크지 않았던 충격량이 아주 커져서 두개골을 관통하게 되는 것입니다.

뉴턴도 헷갈리는 마찰력의 세계!

마찰력이라면 운동을 방해하는 힘이라고 생각하기 쉽습니다. 하지만, 마찰력이 있어야 운동을 할 수 있는 경우도 있습니다. 얼음판보다 운동장 위에서 걷거나 뛰기 쉬운 것도 마찰력 때문입니다. 마찰력이 없으면 손에서 물건들이 미끄러질 뿐, 잡을 수 없게 되지요. 정지해 있는 물체를 밀면 힘을 어느 정도 줄 때까지 꼼짝하지 않다가 어느 순간 힘이 빠지는 느낌이 들면서 움직입니다. 왜 이런 현상이 나타날까요?

관성과 마찰력

우리는 어떤 일을 할 때 변화를 주기 보다는 무심코 이전에 했던 대로 하는 경향이 있습니다. 이런 성향을 '관성'이라고 하지요. 과학에서는 관성을 "운동하는 물체는 계속 운동하려 하고, 정지한 물체는 계속 정지해 있으려는 성질"이라고 표현합니다. 이 관성은 질량하고 관계가 있습니다. 10kg인 물체와 5kg인 물체를 힘을 조금씩 더 주면서 밀면 어떤 물체가 먼저 움직이나요? 5kg인 물체가 먼저 움직입니다. 이는 5kg 물체 쪽이 관성이 작기 때문입니다. 관성이 작으면 쉽게 말해 '버티는 힘'도 작습니다. 이 버티는 힘을 과학에서는 마찰력이라고 표현합니다.

그런데, 물체는 움직이기 시작하는 순간부터 힘이 덜 드는 느낌이 듭니다. 마찰력의 종류가 바뀌기 때문이지요. 마찰력은 크게 정지마찰력과 운동마찰력으로 나눌 수 있습니다. 구르는 물체에 대해서는 구름마찰력을 따로 생각해야 합니다. 정지한 물체가 움직이는 순간 힘이 덜 들기 때문에 정지마찰력이 운동마찰력보다 크다고 생각하기 쉬운데, 아래의 그래프에서 보듯이 항상 정지마찰력이 큰 것은 아닙니다.

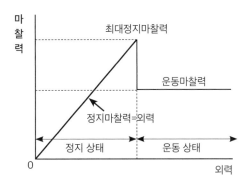

정지마찰력

바닥에 놓인 사과 상자를 슬쩍 밀면 움직이지 않습니다. 마찰력 때문이지요. 어느 정도 큰 힘을 줄 때까지 움직이지 않습니다. 5N의 힘으로 밀 때에는 5N의 마찰력이, 7N으로 밀 때에는 7N의 마찰력이 동시에 작용하기 때문에 움직이지 않는 것입니다. 정지 상태에서 작용하는 정지마찰력은 밖에서 주는 힘의 크기와 동일하게 작용합니다.

그러면, 물체를 움직이게 하려면 힘을 얼마나 주어야 할까요? 물체가 버틸 수 있는 가장 큰 힘을 최대정지마찰력이라고 합니다. 마찰 면과의 정지마찰계수에 물체가 마찰 면을 누르는 힘을 곱한 값이죠.

$$\text{최대정지마찰력} = \text{정지마찰계수} \times \text{누르는 힘}$$
$$F_S = \mu_S \times N = \mu_S \times \text{mgcos}\theta$$

물체가 누르는 힘은, 물체를 받치는 힘인 수직항력과 크기가 같습니다. 그래서 물체가 바닥 위에 있을 수 있는 것이지요. 평평한 바닥에서는 물체에 작용하는 중력 값 mg가 바닥을 누르는 힘이 됩니다. 물체가 빗면을 누르는 힘은 빗면의 기울기에 따라 값이 달라집니다. 수식으로 표현하면 mgcosθ인데, θ값이 0인 상태를 평평하다고 합니다. 이때는 cos0°=1이기 때문에 누르는 힘이 mg로 표현되는 것입니다.

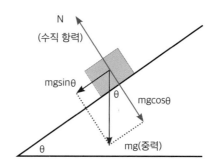

최대정지마찰력보다 큰 힘을 줄 때 비로소 정지한 물체는 움직입니다.

운동마찰력

운동하는 물체에는 운동마찰력이 작용합니다. 사과 상자가 움직이는 순간 물체를 미는 힘이 덜 드는 것을 느낄 수 있습니다. 이는 운동마찰력이 최대정지마찰력보다 작기 때문입니다. 운동마찰력의 크기는 운동하는 마찰 면의 운동마찰계수에 물체가 마찰 면을 누르는 힘을 곱한 값입니다.

$$운동마찰력 = 운동마찰계수 \times 누르는 힘$$
$$F_K = \mu_K \times N = \mu_K \times mg\cos\theta$$

빗면으로 이득 볼 수 있는 것은?

빗면의 원리를 응용한 것으로 쐐기와 나사가 있다. 틈을 벌리거나 물체를 쪼 갤 때 양쪽으로 바로 잡아당기기보다는 쐐기의 빗면을 이용하여 벌리는 쪽이 힘이 덜 든다.

원기둥에 감긴 나사선을 평면으로 펼치면 빗면이 된다. 못을 수직으로 바로 박아 넣는 것보다 나사선을 따라 밀어 넣는 쪽이 힘이 덜 든다.

쐐기도 나사도 힘에서는 이득을 보지만, 한 일은 사용하지 않은 경우와 같다.

▲ 쐐기의 이용

045

매질 없이도 전달 가능한 파동이 있다고요?

진동이 옆으로 전달되어 가는 것을 파동이라고 합니다. 소리, 물결, 지진처럼 대부분의 파동은 어느 정도 퍼져 나가면 거의 소멸되어 무한히 전달되기는 힘들다고 합니다. 하지만 빛은 우주의 아주 먼 곳으로부터 지구까지 전달되어 별과 우주에 관한 다양한 정보들을 우리에게 전해 줍니다. 빛은 다른 파동들과 무엇이 다른 걸까요?

진공 속에서의 소리

일상에서 가장 흔히 경험하는 파동 중 가장 대표적인 것으로 음파, 즉 소리가 있습니다. 소리는 수면파[*], 줄파, 지진파처럼 매질을 통해 전달됩니다. 꼭

수면파 두 매질, 예컨대 액체와 기체의 경계면에서 나타나는 파동. 경계면에 대해 수평 방향으로 진행한다. 물결파라고도 하듯이, 물의 운동에서 쉽게 관찰할 수 있다. 물 입자의 수직 방향 운동에 대하여 중력과 표면장력 등이 복원력으로 작용하면서 수평 방향으로 위상 변화가 전달된다.

▲ 진공 속에서 소리와 빛

그런 것은 아니지만, 일반적으로 소리는 공기를 매질로 삼아 전달됩니다. 아래 그림과 같이 공기를 채운 유리종 속에 자명종을 넣고 알람 벨을 울리면 당연히 종 밖에서도 소리가 들립니다. 하지만 종 속의 공기를 조금씩 빼내면 벨 소리가 점점 작아지다가 진공 상태에 가까워지면서 전혀 들리지 않게 되지요. 소리는 매질이 없으면 전달될 수 없기 때문입니다.

진공 속에서의 빛

그러나 매질이 있어야 진동이 전달될 수 있다는 것은 파동 가운데 역학파에만 해당하는 이야기입니다. 파동에는 우리가 일상에서 흔히 감지하고 경험하는 역학파가 있는가 하면, 매질이 없는 곳에서도 에너지 전달이 가능한 전자기파*도 있습니다. 빛도 전자기파의 일종이지요.

그런데 정말로 빛은 매질이 없는 진공 속에서도 전달되는 파동일까요? 물론입니다. 앞의 그림에서 보았듯이, 유리종 안을 진공으로 만들면 벨 소리가

전자기파 주기적으로 세기가 변화하는 전자기장이 공간 속으로 전파해 가는 현상. 전자파라고도 한다. 막대기로 수면의 한 점을 주기적으로 반복해 때리면 그 점을 중심으로 물결파가 발생하여 주변으로 멀리 퍼져 나간다. 같은 원리로 시간에 따라 주기적으로 진동하는 전자기장의 파동을 만든다.

밖으로 들리지 않습니다. 하지만 이때에도 자명종이 흐릿해 보이거나 안 보이는 일은 일어나지 않습니다. 자명종이 보이는 것은 자명종에 반사된 빛이 보는 사람의 눈으로 들어왔기 때문입니다. 즉, 소리와 달리 빛은 진공 속에서도 진행하여 자명종에 관한 시각 정보를 전달해 줄 수 있는 것이지요.

매질이 필요 없는 전자기파

그렇다면 왜 역학파는 매질을 필요로 하고, 전자기파는 그렇지 않은 걸까요? 파동은 진동 에너지의 전달이라고 말할 수 있습니다. 한 곳에서 다른 곳으로 진동 에너지를 전달해 주면서도 입자 자체는 이동하지 않는 것이 파동의 특징이지요. 그러므로 어떤 종류의 파동이든지 진동할 대상이 있어야 합니다. 예컨대, 수면파의 물, 음파의 공기, 줄파의 줄, 지진파의 땅처럼 말이지요. 즉, 역학파에서는 진동할 대상이 매질인 셈입니다.

매질의 진동에 대해 좀 더 알아볼까요?. 음파의 매질인 공기는 관성*과 탄성*을 가지고 있습니다. 공기의 이 두 가지 성질이 용수철에서 보는 것과 같은 역학적 진동을 만들어 냅니다. 좀 더 자세히 말하자면, 탄성을 가진 부분은 계의 위치에너지*를 저장하고, 관성을 지닌 부분은 운동에너지를 저장하게 됩니다. 탄성과 관성을 지닌 매질에서만 두 에너지의 전환, 즉 진동이 가능

관성 물체에 가해지는 외부 힘의 합력이 0일 때 자신의 운동 상태를 지속하는 성질. 질량이 클수록 관성도 크다. 모든 물체는 자신의 운동 상태를 그대로 유지하려는 성질이 있어서 정지한 물체는 계속 정지해 있으려 하고, 운동하는 물체는 원래의 속력과 방향을 그대로 유지하려 한다. 그러므로 정지한 책상을 옆으로 밀 때, 날아오는 야구공을 잡아서 멈출 때나 굴러오는 축구공의 방향을 바꿀 때, 우리는 물체에 힘을 가해야만 한다. 아무런 힘도 주지 않으면 물체는 정지해 있거나 등속직선운동을 한다. 힘을 가하면 관성이 깨지고 속력이나 운동 방향이 변한다.
탄성 외부 힘에 의하여 변형을 일으킨 물체가 힘이 제거되었을 때 원래의 모양으로 되돌아가려는 성질. 고무나 스프링 등에서 쉽게 볼 수 있다.
위치에너지 중력이나 정전기력과 같은 보존력이 작용하는 공간 안에 있는 물체가 위치에 따라 잠재적으로 가지는 에너지를 말한다. 각 위치에서 기준 위치까지 물체가 이동하는 동안 보존력이 물체에 하는 일의 양으로 위치에너지의 값을 정의한다. 기준점을 정하는 방법에 따라 다른 값을 가질 수 있지만, 위치에너지의 절댓값은 물리적 의미가 없고 그 차이만이 의미를 가진다.

하다는 말이지요.

하지만 전자기파에서는 전기적 진동이 매질의 진동을 대신하기 때문에, 역학파와 달리 진동을 일으킬 다른 어떤 매질도 필요로 하지 않습니다. 물론 전기적 진동은 항상 자기적 진동을 유도하여 쌍으로 일어나며, 이 전자기적 진동이 바로 전자기파입니다. 전자기파의 진행 방향으로 매 순간 전기장과 자기장이 서로를 유도해 가는 것이 이들의 진동 에너지 전달 방법인 셈이지요. 태양빛은 이런 전자기파의 일종이고, 따라서 진공인 우주 공간을 지나 태양의 전자기적 진동 에너지를 지구에까지 전달할 수 있는 것입니다.

횡파와 종파를 어떻게 구별하나요?

파동이 진행하여 나아가는 방향과 매질의 진동 방향이 수직을 이루는 파동을 횡파라고 부른다. 아래 그림에서 보듯이, 긴 용수철을 용수철의 길이 방향에 수직인 방향으로 흔들어 보면 위아래로 흔들리는 출렁거림이 용수철의 길이 방향을 따라 전달되는데, 이것이 횡파이다. 그 반면에, 종파에서는 파동이 진행하는 방향과 매질의 진동 방향이 같다. 예컨대, 앞의 용수철을 길이 방향으로 흔들었다 놓으면 용수철의 촘촘한 상태(밀)와 성긴 상태(소)가 용수철의 길이 방향을 따라서 전달되어 간다. 이처럼 파가 나아가는 방향과 진동이 일어나는 방향이 나란한 파동을 종파라고 부른다.

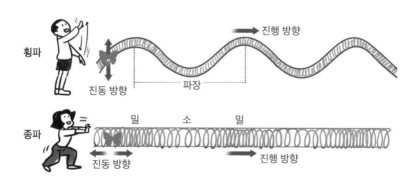

046 비행기는 어떻게 하늘을 날 수 있을까요?

커다란 비행기가 중력을 이기고 날아오르게 하려면 로켓처럼 가스를 아래로 내뿜어야 할 것 같은데, 대부분의 비행기는 가스를 아래로 분사하지 않고 오히려 뒤로 내뿜어서 단지 빠른 속력만을 얻게 되지요. 그렇게 얻는 빠른 속력과 비행기 날개의 구조에 커다란 비행기도 날아오르게 할 수 있는 비밀이 있다고 합니다. 과연 그 비밀은 무엇일까요?

하늘을 날고 싶어!

사람들은 하늘을 나는 새를 보며 그 자유로움을 부러워합니다. 그래서 날고 싶다는 소망을 이루려고 수많은 연구와 도전을 했습니다. 1500년경 이탈리아의 레오나르도 다빈치가 날개를 퍼덕여서 날 수 있는 비행기를 설계했습니다. 하지만 하늘을 날 수는 없었습니다. 그 후 사람들은 뜨거운 공기로 하늘을 나는 열기구나 바람을 이용하는 글라이더 등을 발명하기에 이르렀습니다.

하늘을 더 높이 더 오랫동안 날고 싶은 소망을 이루려는 연구는 계속되었습니다. 1903년 미국의 라이트 형제가 최초로 동력 비행기를 타고 하늘을 날 았습니다. 12초 동안의 첫 비행기록은 36m였습니다.

수많은 사람들의 도전과 실패에 힘입어 지금은 비행기가 어엿한 교통수단 이 되었습니다. 무거운 쇳덩이에 많은 사람과 짐까지 태우고 하늘을 나는 비 행기를 바라보노라면 정말 놀라지 않을 수 없습니다.

베르누이의 원리

아주 가벼운 종이나 깃털도 공중에 던지면 중력 때문에 아래로 떨어지는데 어떻게 무거운 비행기가 하늘을 날 수 있을까요? 그것은 비행기 날개와 공기 가 만나서 중력 반대 방향으로 양력*이라는 힘을 만들어 내기 때문입니다. 이 양력을 이해하려면 먼저 베르누이의 원리를 알아야 합니다.

18세기 스위스의 과학자 다니엘 베르누이는 유체가 연속으로 흐를 때 좁은 곳을 지나면 속도가 빨라진다는 사실을 발견하고, 그 이유를 궁금해 했습니다. 그리고 연구 결과, 유체의 속도와 압력 사이의 관계 때문에 좁은 곳에서 유속 이 빨라진다는 사실을 알아냈습니다.

베르누이의 원리를 수학적으로 표현하면 '$\frac{1}{2}\varrho v^2 + p + \varrho g y$ = 일정(p: 압 력, ϱ: 유체의 밀도, g: 중력 가속도, y: 유체의 높이)'이라는 방정식이 되는데, 이는 유 체의 운동에너지와 위치에너지를 합한 값이 일정하다는 것을 의미합니다. 이 방정식에서 유체의 높이 y가 변하지 않는다고 하면 마지막 항인 $\varrho g y$가 상수 가 되어, 식을 '$\frac{1}{2}\varrho v^2 + p$ =일정'으로 바꾸어 표현할 수 있습니다. 그리고 이 로부터 유체의 속도(v)가 증가할 때 압력(p)이 감소한다는 것을 알게 됩니다.

양력 유체 속의 물체가 수직 방향으로 받는 힘. 높은 압력에서 낮은 압력 쪽으로 생기며, 물체를 눌러 내리려는 힘에 대한 반작용이다. 비행기 날개에 작용하여 비행기를 띄우는 양력이 그 보기이다.

양력

비행기 날개 단면을 살펴보면 아랫면은 평평하고 윗면은 불룩합니다. 이런 독특한 구조의 날개를 에어포일(airfoil)이라고 합니다.

양력은 에어포일의 구조를 따라 공기의 흐름이 날개의 위아래로 나뉘면서 나타나는 두 가지 현상으로 설명할 수 있습니다. 첫째는 에어포일의 받음각입니다. 날개의 앞면이 살짝 들려 있는데, 이것이 공기를 받는 각도를 결정하지요. 살짝 들린 상태로 받게 되는 공기는 날개의 위와 아래, 두 갈래로 나뉩니다. 날개의 아래를 흐르는 공기는 날개의 아랫면과 충돌하는데, 이때 속도가 느려지고 아래쪽으로 꺾이게 됩니다. 그러면서 날개 아랫면과 공기

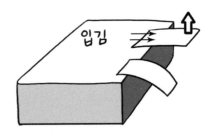

▲ 베르누이의 원리의 예로, 입김을 불면 종이가 뜬다.

사이의 작용-반작용으로 양력이 발생합니다. 연을 날릴 때, 바람을 향해 연을 기울인 채 달리면 연이 떠오르는 것과 같은 이치이지요.

둘째는 베르누이의 원리입니다. 에어포일에 의해 공기 흐름이 바뀌면서 볼록한 윗면과 평평한 아랫면을 통과하는 공기의 속도가 서로 달라집니다. 윗면을 통과하는 공기 흐름의 속도가 빠르지요. 이 속도 차이로 날개 아랫면 쪽

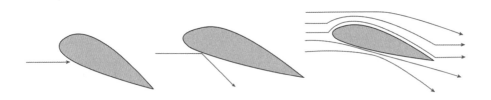

▲ 비행기의 양력 발생 원리 가운데 하나로 뉴턴의 작용-반작용 원리가 있다. 움직이는 비행기의 날개는 주변의 공기 흐름을 변화시킨다. 날개로 접근하는 공기의 흐름은 날개 앞부분에 부딪혀 두 갈래로 나뉜다. 그중 한 갈래는 날개 위 곡면 모양을 따라 흐르고, 다른 한 갈래는 아래쪽으로 꺾인다. 이때 날개와 꺾인 공기 사이에 뉴턴의 작용-반작용 법칙이 적용된다. 날개는 공기 흐름을 아래쪽으로 꺾기 위해서 공기에 힘을 작용하고, 공기는 그 반작용으로 크기가 같고 방향이 반대인 힘을 날개에 가한다. 이 반작용으로 양력이 생겨 비행기가 떠오르게 된다.

의 압력이 더 커지는데, 이러한 압력 차이가 떠올리는 힘인 양력으로 나타납니다.

양력은 비행기 속도가 빠를수록, 비행기 날개가 넓을수록 증가하는데, 이 양력이 중력보다 커지는 순간 비행기가 뜨게 되는 것입니다.

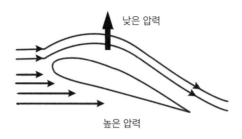

▲ 비행기 날개 단면
비행기 날개가 진행하면 위쪽으로 양력이 작용한다.

베르누이의 원리가 일상생활에 적용되는 예

비행기뿐 아니라 일상생활에서도 베르누이의 원리가 적용되는 예는 쉽게 찾을 수 있습니다. 간단한 예로, 큰 트럭이나 트레일러가 사람 옆으로 지나갈 때에도 중간의 공기 흐름이 빨라져 몸이 차도 쪽으로 쏠리는 현상을 들 수 있습니다.

투수가 던지는 변화구도 마찬가지입니다. 야구공에 회전을 주어 던지면 회전 방향과 공기 흐름의 방향이 반대인 부분은 마찰이 생겨 공기 흐름이 느려져서 압력이 증가하고, 공의 회전과 공기 흐름의 방향이 일치하는 부분은 공기 흐름이 빨라져 압력이 감소하므로 공의 양쪽에 압력 차이가 생겨 공이 휘어집니다.

◁ 뜬금있는 질문 ▷

왜 비행기가 지나간 자리를 따라 하얀 선이 생길까요?

비행기가 지나가고 나면 비행기의 연료가 연소되고 남은 물질들이 생긴다. 연소로 생긴 미세 입자나 연기 입자인데, 이것들이 대기 중의 수증기가 엉기어 뭉치도록 돕는 응결핵 역할을 해서, 비행기가 지나간 자리를 따라 작은 구름이 만들어지게 된다. 비행기가 만든 구름, 비행운이다.

047

캡틴아메리카는 15m 빨대로 물을 마실 수 있을까요?

고층 건물에 수돗물을 공급하는 데 쓰는 펌프는 진공펌프가 아니라 압축펌프입니다. 즉, 수도관 아래쪽에서 압축펌프가 물을 위로 밀어 올려 주는 것입니다. 진공펌프로 수도관 위쪽에서 물을 빨아올려 주어도 마찬가지로 건물 고층까지 물이 공급될 것 같지만, 아무리 성능 좋은 진공펌프를 써도 그럴 수 없다고 합니다. 그렇다면 무한한 힘을 가진 캡틴아메리카에게도 그것은 불가능한 일일까요?

공기가 누르는 대기압을 느끼자

지구를 둘러싼 대기의 90%는 지상으로부터 20km 이내에 있습니다. 이렇게 많은 공기가 아래로 누르는 힘을 대기압*이라고 하는데 우리는 왜 그런 대기압을 느낄 수 없을까요? 공기의 무게에 해당하는 대기압이 인체 내의 압력과 같아서 결국 우리에게 작용하는 알짜 힘은 없기 때문입니다. 이것은 마치 물속의 물고기가 물의 무게를 느끼지 못하면서 자유롭게 움직일 수 있는 것과 같습니다. 물속에서는 물이 든 플라스틱 주머니의 무게가 없고, 공기 중에서는 공기 무게를 느끼지 못합니다.

수은기압계의 원리를 찾아라

대기압을 측정하는 기구를 기압계*라고 합니다. 시소 양 끝에 사람이 앉으면 올라앉은 두 사람의 무게가 같을 때 시소가 균형을 이룹니다. 이와 마찬가지로 기압계도 수은 기둥의 무게와 외부 대기압이 같을 때 균형을 이룹니다. 토리첼리*의 실험을 보면 유리관의 단면적에 상관없이 76cm 수은 기둥의 무게가 같은 단면적에 높이가 30km인 유리관 내의 공기 무게와 같습니다. 만약 수은 대신 물을 사용한다면 어떻게 될까요? 수은은 물보다 밀도가 13.6배나 큽니다. 물의 밀도는 1g/mL , 수은의 밀도는 13.6g/mL이기 때문이지요. 그러므로 76cm에 해당하는 수은의 무게와 같으려면 물기둥의 높이가 10.3m나 되어야 합니다.

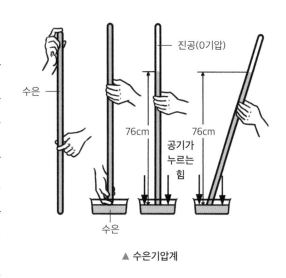

▲ 수은기압계

빨대로 음료수를 마시는 것도 과학이다

빨대로 음료수를 마실 때 나타나는 현상은 기압계에서 나타나는 현상과 비

대기압 76cm의 수은 기둥이 누르는 압력. 약 1,000km 높이의 공기 기둥이 누르는 압력과 같다.
기압계 대기의 압력을 측정하는 장치. 수은기압계, 자기기압계, 아네로이드기압계 등이 있다.
토리첼리 에반젤리스타 토리첼리(1608년~1647년). 이탈리아의 수학자이자 물리학자이다. 1641년부터는 갈릴레이의 제자가 되어 그와 함께 연구를 했다. 수은으로 실험한 대기압 측정으로 유명하다.

숫합니다. 음료수 잔에 꽂힌 빨대를 빨면 빨대 안의 압력이 줄어들게 됩니다. 그러면 상대적으로 커진 외부 대기압이 음료를 빨대 속으로 밀어 넣어 음료수가 올라오고, 우리는 그것을 마실 수 있게 되지요. 다시 말해서, 우리가 음료수를 직접 빨아올린 것이 아니라, 상대적으로 커진 외부의 대기압이 음료수를 밀어 올린 것입니다. 만약 대기압이 작용하지 못한다면, 마치 한쪽 빨대 끝을 마개로 막은 것처럼 아무리 힘껏 빨아도 음료수를 마실 수 없게 됩니다.

따라서, 지구에서 진공펌프로 물을 10.3m 이상 퍼 올리는 것은 불가능합니다. 물론 빨대로 빨아올릴 수 있는 물의 최대 높이도 10.3m가 되겠지요? 만일 외부 대기압이 2기압 정도로 커진다면, 20m 정도의 빨대로도 물을 마실 수 있을 것입니다. 그러나 지구에서는 대기압이 1기압이므로, 제아무리 힘이 센 캡틴아메리카가 빨대 속을 완전히 진공으로 만들더라도 외부 대기압과 1기압밖에 차이가 나지 않아 10.3m 이상의 빨대로 물을 마실 수는 없습니다.

◁ 뜬금있는 질문 ▷

모세관현상이란?
액체 속에 폭이 좁고 긴 관을 넣었을 때 관 내부의 액체 표면이 외부의 표면보다 높거나 낮아지는 현상. 액체의 응집력과, 관과 액체 사이의 부착력에 의해 발생한다.
수은과 물에 유리관을 각각 넣었을 때, 수은은 부착력보다 응집력이 더 강하기 때문에 액체 표면이 볼록해진다. 그 반면에, 물은 부착력이 더 강하기 때문에 액체 표면이 오목해진다. 표면이 볼록하면 관 안의 액체 표면이 바깥의 액면보다 낮아지고, 오목하면 관 안쪽이 더 높아진다. 즉, 수조에 담긴 물에 가는 관을 넣으면 관을 따라 물이 올라온다. 반대로, 수은은 더 내려가게 된다.

048

고체, 액체, 기체 말고
다른 상태의 물질도 있나요?

영화 <스타워즈>에서 주인공들은 플라스마 보호막으로 적의 미사일과 레이저 광선을 막아 냅니다. 화면에 비친 플라스마 보호막은 기체처럼 눈에 안 보이면서 고체처럼 미사일과 충돌합니다. 도대체 플라스마의 정체는 무엇일까요?

제4의 상태, 플라스마

플라스마란 매우 높은 온도 등에서 이온이나 전자, 양성자와 같이 전하를 띤 입자들이 기체처럼 섞여 있는 상태를 가리킵니다.

대부분의 물질에 열을 가하면 고체는 액체로, 액체는 기체로 상태가 변합니다. 물질 내의 에너지가 커지기 때문입니다. 기체의 에너지가 계속 커지면 기체를 이루고 있는 분자는 원자로 해리*되고, 원자는 전자와 양전하를 가진 이온으로 전리*됩니다. 이 상태를 플라스마 상태라고 합니다.

전체로 보면 전기적으로 중성이지만, 부분적으로는 이온과 전자 사이의 전하 분리에 의해 전기장이 발생하고, 전하의 흐름에 의해 전류와 자기장이 발생하게 됩니다. 이러한 복잡한 전기적 상태 때문에 플라스

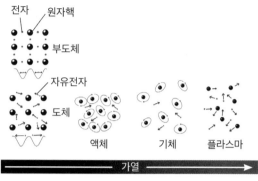

▲ 물질의 4번째 상태 플라스마

마를 고체도, 액체도, 기체도 아닌 물질의 제4 상태라고 부릅니다.

플라스마 상태는 밀도와 온도에 따라 우리 주변에서 쉽게 볼 수 있는 네온사인, 형광등, 소나기와 동반하는 번개로부터 핵융합로, 북극의 오로라, 지구의 이온층, 전리층 등으로 광범하게 분류할 수 있습니다. 지구상에서는 플라스마 상태가 매우 드물지만, 우주는 대부분이 플라스마 상태입니다. 태양을 비롯한 별의 내부, 행성과 행성 사이를 비롯한 은하계 공간의 대부분이 플라스마 상태이며, 태양풍(solar wind) 역시 플라스마의 흐름입니다.

오로라, 플라스마가 만들어 내는 환상적인 작품?

태양은 끊임없이 핵융합과 핵분열을 합니다. 이 과정에서 원자핵들이 분열하거나 융합하게 되지요. 이때 전자와 양성자는 에너지를 얻게 되는데, 전자는 100eV, 양성자는 1keV 정도의 에너지를 가지게 되면 태양의 중력을 벗어날 수 있습니다. 태양을 벗어나는 입자들의 흐름을 바람에 빗대어 '태양풍'이라고 합니다.

해리(解離, Dissociation) 염화나트륨이 염소 이온과 나트륨 이온으로 나뉘는 것처럼, 어떤 화합물이 나뉘었지만 원래의 물질 상태로 돌아갈 수 있는 분리 과정
전리(電離, ionization) 원자나 분자가 전자를 얻거나 잃어서 이온이 되는 과정

태양풍을 이루는 플라스마 상태의 전하를 띤 입자들은 지구 자기장을 따라 남극과 북극으로 흐릅니다. 태양에서 온 전하를 띤 입자들이 대기와 충돌하면서 대기를 이루는 기체의 분자와 원자가 이온화하여 자유전자가 밀집하게 됩니다. 이때 빛이

▲ 오로라

방출되는데 이 빛이 '오로라'입니다. 그리고 대기 안의 빛이 방출되는 영역을 이온층, 전리층 또는 열권이라고 부릅니다.

지상에서 보면 높은 구름이 빛을 내는 것처럼 보이지만, 실제로는 고도 90km 이상에서 일어나는 현상입니다. 이런 플라스마 입자들은 평상시에도 얇은 띠 형태로 북극과 남극 주위를 둘러싸고 있습니다. 태양풍은 황도면 근처에서 200~600km/s의 속도를 내지만, 황도면 바깥에서는 600~800km/s로 속도가 빨라집니다. 태양풍의 속도가 빨라지면 지구에 전달되는 에너지가 커지는데, 이때 오로라가 극 지역에서 적도 지역으로 이동하면서 아름다운 자태를 뽐내게 됩니다.

오로라는 지상에서 90~250km 상공에 거대한 커튼처럼 펼쳐지기 때문에 오로라 커튼이라고도 부릅니다. 가장 아래쪽이 색이 강하고 위로 갈수록 흐릿해 보이지만, 실제로는 커튼의 아래위 쪽의 밝기 차이가 거의 없습니다. 단지 빛이 광원과 관찰자의 거리에 반비례하게 어두워지기 때문에 그렇게 보일 뿐이지요. 오로라에는 우리 눈에 보이는 가시광선뿐 아니라 자외선, 적외선, 전파 같은 다양한 전자기파가 들어 있습니다.

마법 같은 플라스마 볼

다음 쪽 사진의 유리구는 국립과천과학관에 있는 플라스마 볼입니다. 플라

스마 볼에 손을 가져다 대면 굵은 플라스마 광선이 손끝에 모이는 것을 볼 수 있습니다.

플라스마 볼은 유리구 안에 비활성 기체인 헬륨, 네온, 크립톤, 크세논 등의 혼합기체를 0.01기압 이하의 낮은 압력으로

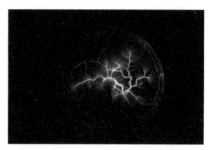

▲ 플라스마 볼

채워 넣고, 가운데의 전극에 높은 전압을 걸어 주어 순간적으로 방전 현상이 일어나게 하는 기구입니다.

방전 현상이란 기체처럼 전류가 흐르지 않는 물체에 강한 전기장을 걸어 주면 전류가 흐르는 현상을 말합니다. 이때 전압 차로 인해 순간적으로 전류가 흘러 스파크가 일어나게 되면 스파크 주위의 공기 온도가 올라가서 일시적으로 기체가 이온화하여 플라스마 상태가 됩니다. 전기에너지에 의해 분리되었던 전자와 이온은 원래의 상태로 돌아오려 하고 그 과정에서 전자는 흡수했던 에너지를 빛의 형태로 방출하게 되는데, 유리구 안의 기체 종류에 따라 다양한 색깔의 빛이 나타납니다. 플라스마 볼의 표면에 손이나 전기가 흐를 수 있는 물체를 대면 전자가 이동하면서 순간적으로 굵은 빛줄기가 만들어지는 현상을 관찰할 수 있습니다.

플라스마의 활용법은?

플라스마는 방전 현상을 이용하는 PDP(Plasma Display Panel) TV를 비롯해 우리 생활 곳곳에 사용되고 있습니다. 컴퓨터 중앙처리장치(CPU)의 칩을 만들고 비행기의 제트 터빈 날개, 철골 건물의 뼈대를 용접하는 데 플라스마 아크가 쓰입니다.

큰 에너지를 가진 플라스마 입자들이 공기 중의 오염 물질과 부딪치면 그것을 분해할 수 있습니다. 따라서 물이나 공기를 정화하는 데 활용할 수 있습니다.

높은 전압의 플라스마 방전이 일어나면 공기 중의 산소에 의해 악취 분해 능력이 탁월한 오존이 만들어지므로 공기청정기나 탈취제에 이용할 수 있으며, 쓰레기 소각장에서 나오는 다이옥신이나 클로로벤젠과 같은 여러 유해 물질도 플라스마 토치로 분해하여 환경문제를 해결할 수 있을 것으로 보입니다.

치아 미백, 임플란트 표면 개질, 기미 제거 등 이전에 레이저로 하던 시술을 최근에는 플라스마가 대신하고 있습니다. 피부의 기미는 수소와 탄소로 이루어져 있는데 여기에 플라스마를 쪼이면 플라스마 내부의 반응성이 큰 중성입자가 수소와 결합합니다. 남은 탄소는 공기 중의 산소와 결합해 이산화탄소 형태로 날아가 버리고 결과적으로 기미가 분해되지요.

물질이 플라스마 상태가 되면 원자들 중 일부가 양이온과 전자로 쪼개지고 일부는 중성입자가 됩니다. 이 중성입자들은 대개 반응성이 커서 섬유 표면의 원자들과 먼저 화학결합을 하여 섬유 원자가 다른 물 분자와 결합하지 못하게 막습니다. 이러한 방법으로 방수 처리가 가능하기 때문에 기능성 운동복이나 캠핑 용품 개발에도 활용할 수 있습니다.

049

무중력은 중력이 없는 것이 아니다?

뉴턴은 대학에서 공부하던 중에 페스트가 유행하여 학교가 휴교하자 잠시 고향으로 돌아와 대부분의 시간을 사색과 실험으로 보냈습니다. 그러다가 사과나무에서 사과가 떨어지는 것을 보고 만유인력*을 생각해 냈다는데, 과연 사과를 떨어뜨린 힘은 무엇일까요?

중력은 어떻게 생기는 것일까요?

사과를 떨어지게 하는 힘인 중력은 정확히 말하면 만유인력과 지구 자전으로 인한 원심력*의 합력입니다.

중력은 질량을 가지는 모든 물체가 '이미' 갖고 있습니다. 질량을 가진 물체 주위에서는 중력장에 의해 시공간이 휘어지게 됩니다. 이럴 경우, 에너지가 안정하면서 가장 짧은 거리는 곡선이 되고, 이 곡선을 따라서 움직이는 것이 마치 이 물체를 힘으로 끌어당기는 것처럼 보이게 되는 것입니다. 예를 들어 손수건을 팽팽히 편 상태를 가정해 봅시다. 이 손수건을 중력이 0인 값을 가지는 면이라고 생각해 봅시다. 여기에다가 골프공을 놓으면 어떻게 되죠? 손수건이 골프공을 따라 축 늘어지겠죠? 이제는 그 면이 중력이 0인 값이 되는 면이 되는 것입니다. 만약 이 손수건 위에 탁구공을 갖다 놓으면 탁구공은 이 골프공 쪽으로 떨어지게 될 것입니다.

중력의 크기와 방향

중력은 질량의 크기에 비례합니다. 질량은 우리가 흔히 이야기하는 물체라는 곳에 집중되어 있고, 부피에도 대략 비례합니다.(그렇지 않을 때도 있지만 대체로 그렇습니다. 그래서 우리는 덩치가 큰 것을 무겁다고 느낍니다.) 또한 중력은 상호작용하는 질량(중력을 발생시키는 원인)의 곱에 비례하고, 질량 사이의 거리의 제곱에 반비례합니다. 힘의 방향은 자기 쪽, 즉 당기는 방향이 됩니다.

무중력 상태란?

그렇다면 아주 질량이 작은 물체, 심지어 원자에도 다른 물체를 끌어당기는 힘이 존재할 텐데, '무중력 상태'라는 말은 어떻게 생겨난 것일까요?

먼저, 중력이란 천체가 어떤 물체를 잡아당기는 힘이므로, 주위에 천체가 없을 때에는 중력에 대해 말할 수 없겠지요. 또, 유인 인공위성에 탄 우주인이 하는 "중력이 없는 것 같다."라는 말도, 사실은 지구의 중력권 안에서 마치 중

만유인력 우주의 모든 물체 사이에 작용하는 서로 끌어당기는 힘. 세상의 모든 물체는 서로 끌어당기고 있어서 책상 위 연필과 지우개, 책과 컴퓨터, 핸드폰과 선풍기, 심지어 나와 먼 나라의 이름 모를 누군가 사이에도 인력이 작용하고 있다. 그러나 힘의 크기가 매우 작기 때문에 우리는 그것을 느낄 수 없다. 연필과 지우개 사이에도 당기는 힘이 존재하지만 그 크기가 다른 힘들에 견주어 무시해도 좋을 만큼 작기 때문에 서로 가까워지거나 붙어 버리지 않는다.

원심력 원운동을 하는 물체에 나타나는 관성력을 말한다. 구심력과 크기가 같고 방향은 반대이며, 원의 중심에서 멀어지려는 방향으로 작용한다. 운동 중인 물체 안의 관찰자는 힘이 작용한다고 느끼지만 실제로 존재하는 힘은 아니다.

력이 존재하지 않는 것처럼 느껴지는 상태를 만들어 주었다는 말입니다. 따라서 무중력 상태란 엄밀히 말하자면 중력이 존재하지만 느끼지는 못하는 상태라고 해야 옳겠지요.

▲ 무중력 공간에서 물방울이 떠 있는 모습

◁ 뜬금있는 질문 ▷

중력은 인간에게 어떤 영향을 줄까?

몇 년 전에 재미 동포 경락물리학자인 문인언 박사가 '중력 스트레스 이론'을 발표해 화제가 되었습니다. 그때 문 박사는 생리 구조와 기능이 사람과 비슷한 여러 포유동물들을 비교·연구해 본 바, 300년을 살아야 하는 인간이 100년을 살기 어려운 것은 하루의 3분의 2를 직립 생활함으로써 받는 중력 스트레스(Gravity Stress) 때문이라고 주장했습니다. 그와 더불어, 잠잘 때 다리 쪽을 8cm만 높여도 장수할 수 있으며 중력 스트레스가 많은 질병의 원인이라는 의견도 내놓았습니다. 또한 피부가 중력의 영향을 받아 늘어지기 때문에 하루에 30분씩 물구나무를 서면 피부 노화를 완화시킬 수 있다는 주장도 있었습니다. 하지만 중력이 인간에게 어떤 영향을 미치는지는 더 연구가 필요합니다.

050 패러데이도 몰랐던 자석의 세계!

자석으로 문지른 바늘은 다른 바늘을 끌어당깁니다. 왜 그럴까요? 자석은
금속을 끌어당깁니다. 그러나 동전이나 알루미늄 캔은 끌어당기지 않습니
다. 왜 그럴까요?

금속이라고 다 붙는 건 아니다

자석은 일상생활에서 많이 쓰이는 물질인데도 자석의 성질을 잘 모르거나
잘못 알고 있는 경우가 종종 있습니다. 그중 하나가 자석이 모든 금속을 끌
어당긴다는 생각입니다. 하지만 실제로 클립, 압정, 숟가락, 젓가락에 자석을
대어 보면, 클립과 압정은 잘 끌려오지만 젓가락과 숟가락은 끌려오지 않습
니다. 이는 클립이나 압정은 주로 자석에 강하게 끌리는 철로 만들어진 반면
에, 젓가락과 숟가락은 자석에 거의 반응하지 않는 스테인리스스틸이나 은으

로 만들어졌기 때문이지요. 이렇게 물질에는 자석에 끌리는 것도, 끌리지 않는 것도 있습니다.

또한 자석은 자기 곁에 있는 물질을 자석으로 만들기도 합니다. 물론 자석 곁에 있었다고 모두 다 자석이 되는 것은 아니지만, 자석에 붙어 있던 못이나 핀 따위가 자석에서 떨어진 뒤에 자석과 같은 성질을 보이는 것을 보면 '도대체 자석이 무엇이기에?'라는 궁금증은 더욱 커집니다.

자석의 속을 들여다보면…

이런 궁금증을 해결하려면 무엇보다 먼저 자석의 구조를 살펴보아야 합니다. 신기하게도, 자석을 이루는 원자들은 각각이 아주 작은 자석이나 마찬가지입니다. 그 점은 원자의 구조를 살펴보면 쉽게 이해할 수 있습니다. 원자는 원자핵과 전자로 이루어져 있습니다. [그림 1]의 (가)에서 보는 것처럼 원자핵 주위를 도는 최외각 전자가 있으면, 그 전자의 원운동으로 인해 전자의 움직임과 반대 방향의 전류 고리가 만들어집니다. 이러한 전류의 흐름은 그림에서 보는 것처럼 전자의 운동 면과 수직인 자기장을 생성합니다. 이런 원자들이 [그림 1]의 (나)처럼 한 방향으로 정렬되어 물질을 이루고 있다면, 그것이 바로 자석입니다. 각 원자가 만드는 아주 작은 자기장들이 모여서 자석의 자기장을

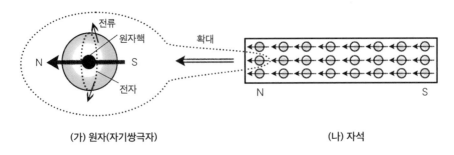

(가) 원자(자기쌍극자)　　　　　　(나) 자석

(가)에서 전자의 원운동은 반대 방향으로 전류가 흐르는 효과를 내어 자기장, 즉 자기쌍극자를 만들어 낸다.

▲ [그림 1] 자기쌍극자를 갖는 원자와 자석

만들어 내는 것이죠. 모든 원자가 자석의 성질을 띠는 것은 아니므로, 이런 성질을 가진 원자를 특별히 '자기쌍극자*를 가진 원자'라고 합니다. [그림 1]의 (가)에서 보듯이 자기쌍극자의 자기장 방향은 화살표로 나타낼 수 있고, 화살표 머리 쪽을 N극, 꼬리 쪽을 S극이라고 보면 됩니다. 이제부터는 이런 원자를 그냥 자기쌍극자라고 부르겠습니다.

자석에 끌리는 물질과 끌리지 않는 물질의 차이

자석에 끌리느냐 아니냐는 자석을 물질 가까이 가져갔을 때 물질을 이루는 원자들, 즉 자기쌍극자들이 자석이 만드는 외부 자기장의 방향으로 정렬되느냐 아니냐에 따라 결정됩니다. 물질마다 외부 자기장에 대해 자기쌍극자들이 정렬되는 정도나 방향이 다른데, 그 차이에 따라 물질을 강자성체*, 상자성체*, 반자성체*로 나눌 수 있습니다.(다음 쪽의 [그림 2] 참고)

강자성체와 상자성체는 외부 자기장과 같은 방향으로 자기쌍극자가 정렬되는 반면에, 반자성체는 외부 자기장에 반대 방향으로 자기쌍극자가 정렬됩니다. 외부 자기장에 의해 물질 안의 자기쌍극자들이 정렬되는 비율을 '자화율'이라고 합니다. 자화율이 클수록 외부 자기장에 더 세게 반응하므로, 자화율의 크기는 강자성체 〉 상자성체 〉 반자성체입니다. 따라서 강자성체는 자석

자기쌍극자 자석처럼 한쪽은 N극, 반대쪽은 S극을 가지는 물질을 말한다. 전기력을 일으키는 단위는 (-)전하와 (+)전하이다. 물질은 전기적으로 (-)극을 가진 것과 (+)극을 가진 것으로 나눌 수 있고, 둘 사이에는 전기력이 작용한다. 하지만 자기력을 가진 물질은 N극과 S극으로 양분될 수 없고 항상 한쪽은 N극, 다른 쪽은 S극을 띤 자기쌍극자 형태로 나타나게 된다.

강자성체 외부에서 강한 자기장을 걸어 주면 자기장과 같은 방향으로 강하게 자화된다. 외부 자기장이 사라져도 자성이 남아 있다.

상자성체 외부 자기장과 같은 방향으로 약하게 자화하고, 자기장이 제거되면 자성을 잃는다. 주위 자기장의 크기에 비례하여 자화되는 정도가 달라지는데, 그것을 '자화율'이라고 한다. 자화율은 온도에 반비례하는데 이를 퀴리의 법칙이라고 한다.

반자성체 외부 자기장과 반대 방향으로 자화되며, 외부 자기장이 사라지면 바로 자성을 잃는다. 금속과 산소를 제외한 기체, 물 등이 반자성체의 대표적인 예이다.

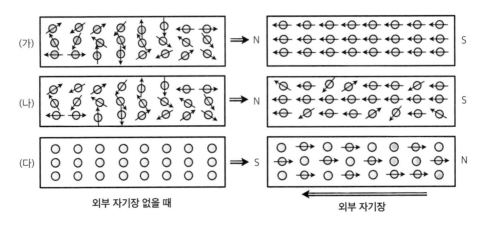

(가)는 강자성체, (나)는 상자성체, (다)는 반자성체이다.

▲ [그림 2] 외부 자기장이 있을 때 물질 내 변화

을 근처에 가져가기만 해도 아주 잘 달라붙습니다. 철, 니켈, 코발트 등이 그렇지요. 그리고 알루미늄, 주석과 같은 상자성체는 자석에 달라붙기는 하지만 붙는 세기는 상대적으로 약합니다.

한편, 반자성체는 자석을 가져다 대면 자기쌍극자들이 외부 자기장에 반대로 정렬하여 오히려 자석에 밀리는 힘을 받게 됩니다. 반자성체만 그런 성질을 가지는 것은, 강자성체나 상자성체와는 달리 평소에는 자기쌍극자를 가지고 있지 않던 반자성체의 원자에 외부 자기장의 영향으로 자기장 변화에 반대 방향으로 자기쌍극자가 유도되기 때문입니다. 즉, 자석의 성질을 띠지 않던 원자들이 전자기 유도에 의해 외부 자기장의 변화를 방해하는 방향으로 자석의 성질을 나타내는 것이지요. 하지만 이 원자들이 만드는 자기장은 대부분의 경우 매우 작아서, 자석에 밀리는 힘이 약하거나 아무 힘도 작용하지 않는 것처럼 보입니다. 반자성체의 예로는 구리나 은, 금 같은 금속을 들 수 있습니다.

영구자석이 될 수 있는 것과 없는 것

앞에서 설명한 세 가지 자성체 가운데 영구자석으로 만들 수 있는 물질은 강자성체뿐입니다. 영구자석이란 우리가 알고 있는 일반적인 자석입니다. 즉, 외부 자기장이 없는 상황에서도 스스로 자성을 띠는 물질을 말하는 것이지요. 강자성체는 외부의 강한 자기장에 의해 자기쌍극자들이 한 방향으로 정렬되고 나면 외부 자기장을 제거해도 원래 상태로 되돌아가지 않고 여전히 자성을 띤 상태로 남아 있게 됩니다. 영구자석으로 변하는 것이지요. 이때 외부에 걸어 준 자기장의 세기가 셀수록 자력이 더 센 영구자석이 만들어집니다.

그 반면에 상자성체는 외부에 자기장이 있을 때에만 자성을 띱니다. 즉, 근처에 자석이 없으면 원자의 자화 방향이 무질서하게 변하여, 각각의 원자가 만들어 내는 자기장이 서로 상쇄되어 버립니다. 또, 반자성체는 매 순간 외부 자기장의 변화가 없으면 자성을 띠지 않으므로, 이것 역시 영구자석은 될 수 없습니다.

초전도체는 매 순간 외부 자기장의 변화가 없더라도 강한 반자성을 나타내기도 합니다. 하지만 극저온으로 낮추어 주어야만 그런 현상이 나타나므로, 아직은 실용적인 영구자석이라고 할 수 없습니다.

◀ 뜬금있는 질문 ▶

마그네틱 카드(자기카드)란?
카드 모양으로 된 정보 매체. 신용카드처럼 플라스틱판 위에 자기 띠가 붙어 있는 것과, 전화 카드처럼 자기 기록층을 얇은 피막으로 형성한 것이 있다. 자기카드의 기억 용량은 수십 바이트로 그다지 크지 않지만, 재기록이 가능하고 값이 싸서 은행 카드, 신용카드, 전화 카드와 같은 선불카드로 많이 사용된다. 자기카드의 자기 띠에는 부호 번호와 암호 번호 등을 기록하여 카드 소유자를 식별한다. 현금카드나 신용카드에는  소유자의 속성 외에 발행자 부호가 포함되는데, 발행자 부호는 국제표준화기구(ISO)의 위촉에 따라 미국은행협회(ABA)가 국제적으로 관리하고 있다. 자기 띠가 붙은 자기 통장, 자기 원장 등은 자기카드를 응용한 것이다. 요금 선불 방식의 선불카드로는 전화 카드 외에 신용카드보다 얇은 철도 정기 승차권이나 보통 승차권 등이 있다.

2부

과학과
문명

051

극지방을 연구하는 이유는?

남극대륙은 사계절 내내 전체 면적의 98%가 두터운 빙하로 덮여 있는, 지구상에서 가장 추운 곳입니다. 남극의 연평균 기온은 내륙 중앙부에서 영하 55℃에 이르며, 강한 바람과 낮은 온도 등의 극한지 환경은 생물이 살아가기에는 매우 부적절해 보입니다. 그런데 이러한 남극에 전 세계 여러 나라에서 과학 연구 기지를 세웠고, 우리나라도 세종기지와 장보고기지를 운영하고 있습니다. 이렇게 추운 곳에 왜 연구 기지를 세웠고, 무엇을 연구하는 것일까요?

왜 이렇게 추운 곳에서 연구를 할까?

남극*에는 대한민국, 러시아, 미국, 브라질, 아르헨티나, 우루과이, 일본, 중국, 폴란드, 칠레 등 20개 나라에서 운영하는 47개의 연구소가 있습니다. 이 추운 곳에서 그 많은 나라의 연구자들은 무엇을 하고 있는 것일까요?

남극에 대한 과학적 연구가 미흡했기 때문에 남극 지역이 지구 기후와 환경에 어떤 영향을 주는지 정확히 알 수 없었습니다. 그래서 세계 각국은 서로 협력하여 남극 지역을 공동으로 연구하기로 약속하였습니다. 우리나라도 남극조약협의당사국(ATCP: Antarctic Treaty Consultative Party)으로서 국제남극과학 위원회(SCAR: Scientific Committee on Antarctic Research)에 가입하여 활동하고 있습니다. 극지방은 지구의 다른 지역에 비해 지구온난화*의 영향을 매우 크게 받기 때문에 지구의 기후변화를 조사하기에 알맞은 곳입니다. 예컨대, 지구온난화가 진행되면 극지방의 빙하가 녹습니다. 빙하가 다 녹으면 바닷물의 높이가 60m 정도 올라갈 것으로 예상되고 있습니다. 과학자들은 극지방을 지속적으로 연구함으로써 기후변화의 추이를 관찰합니다. 극지방 빙하는 오랜 세월 해마다 겹겹이 쌓여 형성된 것으로, 그 안에는 지구 환경 변화의 역사가 고스란히 간직되어 있어서 과거에 지구에서 일어났던 일들을 알려 줍니다. 빙하 퇴적물에 들어 있는 운석을 연구하면 원시 지구의 환경과 태양계 행성 탄생에 관한 비밀도 풀 수 있을 것으로 기대됩니다.

또한 남극대륙에는 막대한 양의 지하자원이 묻혀 있습니다. 아직 개발되지 않은 원유를 비롯해 정보기술(IT) 산업의 핵심 원료인 금속광물이 세계에서 가장 많이 매장되어 있습니다. 천연자원이 부족한 우리나라로서는 극지 자원 개발에

▲ 남극 세종기지를 실시간으로 볼 수 있는 극지연구소 홈페이지 (http://www.kopri.re.kr)

남극 지축의 남쪽 끝인 남위 90° 지점을 말한다. 그 지점을 중심으로 하는 지역을 뜻할 때도 많으므로 앞엣것을 남극점, 뒤엣것을 남극 지역이라고 구별한다. 남극 지역, 즉 남극대륙과 그 주변 섬들은 남위 66.5° 이남의 남극권에 거의 포함된다. 또 넓은 뜻의 남극 또는 남극 지역에는 남위 50~60°까지의 섬들과 남극해도 포함된다.

지구온난화 지구 표면의 평균온도가 상승하는 현상. 땅이나 물에 있는 생태계가 변화하거나 해수면이 올라가서 해안선이 달라지는 등 기온 상승에 따라 발생하는 문제를 포함하기도 한다. 현대 온난화의 원인은 온실가스의 증가에 있다고 보는 견해가 지배적이다. 석유나 석탄 같은 화석연료 사용과 개간으로 인한 삼림 파괴가 그에 영향을 준 것으로 생각되고 있다.

관한 연구가 필요합니다. 물론 자원 개발에 따른 이익만 추구할 것이 아니라, 극지 생태계의 균형을 유지하면서 지속 가능한 방법으로 이용해야 하겠지요.

남극에는 세종기지, 북극에는 다산기지

극지 연구에는 추위와 예기치 못한 사고의 위험성이 늘 따르는 데다, 훌륭한 연구 인력 확보와 경제적 뒷받침 등 어려운 점이 무척 많습니다. 그래서 극지연구소 운영은 선진국 중심으로 이루어지는데, 그 대열에 우리나라도 당당하게 포함되어 있습니다. 우리나라는 1988년 남극에 세종

▲ 남극 대륙 북쪽, 킹조지 섬에 있는 세종기지 전경

과학기지를 건설하였고, 남극대륙 중심부로 진출하기 위해 장보고과학기지 설립을 추진하여 2014년에 완공함으로써 세계에서 열 번째로 남극에 두 곳 이상의 연구 기지를 보유한 국가가 되었습니다.

▲ 아라온 쇄빙 연구선

북극에는 2002년 다산기지를 세웠습니다. 북극 지역에서는 우리나라를 비롯해 네덜란드, 노르웨이, 독일, 스웨덴, 영국, 이탈리아, 일본, 중국, 프랑스 등 10개국이 기지를 운영하고 있습니다. 북극이 지구 환경에 미치는 영향과 북극 지역의 생물, 환경, 자원에 대해서 연구하고 있지요.

또한 우리나라 최초의 쇄빙선*인 아라온호는 남북극 얼음바다에서 독자적인 극지 연구를 위해 다양한 활동을 하고 있습니다.

고귀한 희생 속에서 이루어진 극지 연구

2003년 12월 세종기지에서 너무나 안타까운 소식이 들려왔습니다. 한국으로 돌아가는 대원들을 비행기 이착륙이 가능한 칠레 기지로 배웅하고 돌아오던 대원들이 탄 고무보트가 남극 바다의 갑작스러운 높은 파도에 휩쓸려 대원들이 실종된 것입니다. 주변의 여러 나라 기지 연구원들의 도움으로 실종 대원들은 모두 구했지만, 구조하러 나섰던 전재규 대원이 조난 사고로 사망하고 말았습니다.

그로부터 1년 후, 남극의 미생물을 연구하던 연구 팀들이 새로운 세균을 발견하였는데, 전재규 대원의 이름을 그 이름 속에 영원히 새겨 넣었습니다. 국제미생물분류학회지에 정식으로 오른 세균 이름은 전재규 대원의 성인 전(jeon)을 종명으로 새긴 '세종기아 전니아이(Sejongia jeonii)'입니다. 이 세균은 아주 차가운 물에서도 활동할 수 있기 때문에 저온에

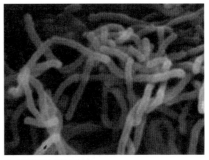

▲ 세종기아 전니아이
전재규 대원의 성(姓)을 종명에 넣어 추모했다.

서 작용하는 효소를 개발하는 데 큰 도움이 됩니다. 예컨대 수질 정화제, 저온 식품, 유가공품, 세제처럼 주로 저온에서 반응이 잘 일어나야 하는 산업용·식용 제품 연구개발에 크게 도움이 된다고 합니다.

경기도 안산의 한국해양과학기술원에 있는 추모 동판에 공지영 작가가 고 전재규 대원을 기리며 쓴 헌정시가 새겨져 있는데, 그중 일부를 소개합니다.

"자연을 탐구하는 것과 인간을 사랑하는 일이 하나임을 보여 준, 아름답고

쇄빙선 얼음으로 덮인 결빙 해역에서 얼음을 부수어 뱃길을 내기 위해 사용되는 배

젊은 과학자를 여기 기리고자 합니다."

이렇듯 척박한 환경에서도 열심히 극지 연구를 위해 노력하는 과학자들의 희생과 노력을 통해 새로운 생물이 발견되고 그것이 신약 개발로 이어져 의학과 여러 분야의 산업이 발전하고 있습니다. 또한 남극과 북극의 환경 변화를 예측하여 지구 환경의 변화에 미리 대처할 수 있게 함으로써 환경 재난과 환경오염으로부터 수많은 인명 피해와 재산 손실도 막을 수 있게 됩니다. 이러한 극지 연구가 잘 이루어질 수 있도록 지원하고 연구 결과를 올바르게 활용해야 극지 연구에 몸 바친 과학자들의 희생이 더욱 빛날 것입니다.

052

뜨거운 음식을 식힐 때와 차가운 손을
따뜻하게 할 때의 입 모양은 왜 다를까요?

뜨거운 음식을 식힐 때에는 입을 조그맣게 오므리고 "후~" 하고 입김을 붑니다. 그 반면에, 한겨울에 시린 손을 따뜻하게 할 때에는 입을 크게 벌려서 "하~" 하고 입김을 손에 불어 주지요. 이렇게 입 모양이 다른 까닭은 무엇일까요?

단열팽창하면 온도가 낮아져?

음식을 입으로 불어서 식힐 때에는 입을 조그맣게 오므리고 입김을 "후~" 불어 줍니다. 조그만 입을 통과하는 순간에 입에서 나간 공기들은 부피가 팽창하는데, 이때 공기의 부피 변화를 단열팽창으로 설명할 수 있습니다.

단열팽창이란 외부와 열교환 없이 물체의 부피가 늘어나는 현상입니다. 기체의 부피가 팽창하면 그 안에 있는 분자가 활동할 수 있는 공간이 넓어지게 됩니다. 따라서 기체 분자들이 더 많은 운동을 하게 되면서 가지고 있던 에너지를 운동에너지로 소비하게 됩니다. 이때 소비한 운동에너지만큼 기체 분자의 온도가 낮아지게 됩니다.

우리 주변에서도 이러한 현상은 쉽게 관찰할 수 있습니다. 더운 여름날 야외에서 휴대용 가스버너로 요리를 할 때를 생각해 보세요. 요리를 하는 동안, 가스통이 아주 시원하고 이슬이 송송 맺혀 있기까지 한 것을 본 적이 있지요? 액체 상태의 뷰테인(부탄) 가스가 기체 상태로 바뀌어 가스통 밖으로 나오는 순간, 엄청난 부피팽창이 일어나기 때문입니다. 단열팽창에 의해 가스 분출구는 몇 초 만에 온도가 영하로 떨어지고, 열전달이 잘되는 금속으로 된 가스통 전체의 온도도 금세 낮아지게 되지요.

단열팽창이 구름을 만든다?

구름이 만들어지는 과정에서도 단열팽창에 의한 냉각이 일어납니다. 아래 그림은 구름이 만들어지는 과정을 나타낸 것입니다.

수증기를 머금은 공기 덩어리가 상승하면 주변의 기압이 낮아져 단열팽창이 이루어집니다. 그러면 공기의 온도는 낮아집니다. 공기 덩어리가 상승할수록 온도가 계속 낮아지다가 마침내 이슬점(수증기가 물방울로 변하는 온도)에 도달하면 공기 덩어리 안에 이슬이 맺히게 됩니다. 이렇게 공기 속에 물방울이 맺히는 것을 구름이라 하고, 공기 덩어리가 상승하여 구름이 만들어지는 고도를 응결고도라고 합니다. 상승하는 공기 덩어리가 포함하는 수증기량이 적을수록 응결 고도는 높아집니다. 공기 중에 포함된 수증기가 아주 많으면 지표에서도 응결이 일어날 수 있는데, 그것을 안개라고 합니다.

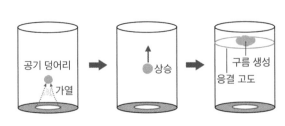

▲ 구름이 만들어지는 과정

공기가 단열압축되면?

반대로, 공기 덩어리의 부피를 줄여 단열압축하면 운동할 수 있는 공간이 줄어든 공기 분자들이 서로 더 많이 충돌하게 됩니다. 그리고 기체 분자들의 충돌로 운동에너지가 열에너지로 전환되기 때문에 기체의 내부 온도는 상승하게 됩니다. 주위보다 상대적으로 기압이 높은 고기압 지역에서는 기압이 그보다 낮은 주변으로 공기가 이동합니다. 그러면 그 빈자리를 채우기 위해 상층의 공기가 내려오는 하강기류가 발달하게 됩니다. 공기가 하강할수록 주변의 기압은 점점 높아져서, 하강하는 공기의 부피는 작아지고 단열압축에 의해 온도는 상승하게 됩니다. 만약 하강하는 공기에 구름이 있다면 기온이 이슬점보다 높아지는 순간부터 사라지게 됩니다. 그래서 고기압인 곳은 구름 없이 항상 날씨가 맑은 것입니다.

시린 손을 따뜻하게 할 때에는 최대한 입을 크게 벌리고 천천히 "하~" 하고 입김을 불어야 합니다. 그래야 체온과 거의 같은 입김이 나와 찬 손이 따뜻해집니다. 입을 작게 하고 입김을 불면 단열팽창으로 입김의 온도가 낮아질 테니까요. 입 모양을 바꾸어 가면서 한 번씩 불어 보세요. 둘의 차이를 바로 확인할 수 있을 겁니다.

북극에 있는 빙하와 남극에 있는 빙하는 무엇이 다른가요?

1912년 4월 14일 자정 무렵, 북극해를 지나던 호화 여객선 타이타닉 호가 가라앉기 시작합니다. 뾰족한 빙산의 튀어나온 가장자리에 배가 부딪혔기 때문입니다. 그 충격으로 배는 결국 침몰하였고 1,500명이 넘는 승객이 목숨을 잃었습니다. 커다란 호화 여객선도 한 번의 충돌로 침몰시킬 수 있는 북극해의 빙산은 위력적입니다. 하지만 남극에는 이러한 뾰족한 빙하가 없다고 하는데 남극과 북극의 빙하는 어떻게 다를까요?

북극과 남극의 차이

두 극지방은 거의 완전히 반대라고 할 수 있습니다. 방위가 남과 북으로 다른 것도 그렇거니와 성격도 완전히 다릅니다. 북극점은 바다 한가운데에 있습니다. 유라시아와 북아메리카 대륙으로 둘러싸인 얼음으로 덮인 바다, 즉 '북극해' 위에 있지요.

▲ 북극해

그 반면에, 남극점은 대륙 안에 있습니다. 남극대륙은 남극해의 중심부에 있는 거대한 땅덩어리인데, 다른 대륙과 동떨어진 채 바다로 둘러싸여 있습니다. 북극해의 크기는 남극해의 4분의 1 정도입니다.

남극대륙은 매우 특이하고 극단적인 곳입니다. 넓이가 오스트레일리아 대륙의 두 배 가까이 되는, 지구에서 다섯 번째로 큰 대륙입니다. 이 넓은 땅의 98%는 얼음으로 덮여 있는데, 평균 두께가 자그마치 2km나 됩니다. 남극해의 물은 지구상의 물 중에서 가장 밀도가 큰 무거운 물입니다. 바닷물이 남극 근처에서 얼 때, 소금은 얼지 않고

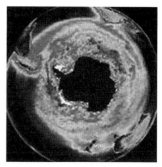

▲ 남극 주변의 위성 사진

남은 물속에 녹아들게 됩니다. 따라서 바닷물이 많이 얼수록 주변 해수의 염분*은 더욱 높아집니다. 염분이 높은 물은 밀도가 높기 때문에 서서히 가라앉습니다. 이렇게 가라앉은 남극 저층수*는 서서히 이동하여 해저를 가로질러 북반구까지도 퍼지게 됩니다.

북극해의 물도 남극해와 마찬가지로 얼지만, 여름 동안에 주변의 시베리아와 캐나다의 강들에서 담수가 들어오므로 평균 염분은 남극보다 낮아집니다. 즉, 북극해의 물은 남극해에 비해 상대적으로 가벼운 물이 됩니다.

염분 바닷물 1kg에 함유된 염류의 그램 수로, 단위는 ‰(퍼밀)이다. 비율은 보통 1/100인 퍼센트(%, percent)로 표시하지만, 바닷물 안의 염류의 양이 적어서 1/1000인 퍼밀(‰, permil)로 나타낸다. 세계 바다의 평균 염분 농도는 35‰이다.

저층수 전 세계 대양의 4,000m 이상 깊은 심해의 해저를 차지하는 수괴(바닷물의 모임)이다. 심층수는 해저 근처의 저층수와 위쪽의 중층수 사이에 있는 약 1,000~4,000m 부근의 수괴이다. 다시 말해 상층수·중층수·저층수를 제외한 대부분의 해저 수괴를 심층수라고 하는데, 사실상 남극 해저를 제외하고는 저층수와 심층수가 확실히 구별되는 것은 아니다. 심층수와 저층수는 남극 주변과 북대서양 북서부에서 형성된다.

타이타닉과 부딪친 뾰족한 빙산은 북극해 출신?

1912년 4월 14일 자정 무렵, 절대 가라앉지 않는다던 호화 여객선 타이타닉 호가 뾰족하게 튀어나온 빙산 가장자리에 부딪혔습니다. 그 충격으로 배는 결국 침몰하였고 1,500명이 넘는 승객이 목숨을 잃었습니다. 캐나다의 제임스 캐머런 감독은 이 침몰 사고를 각색해 영화로 만들기도 했지요.

이 유명하고도 슬픈 사건이 발생한 원인은 빙산인데, 그중에서도 뾰족한 모양의 빙산입니다. 이러한 빙산은 남극해에서는 만들어지지 않고, 보통은 서부 그린란드의 빙하로 시작하여 북극해에서 생을 마감합니다. 거대한 그린란드 빙판의 가장자리에서 만들어진 얼음은 계곡을 천천히 흐르면서 압축되어 바다에 이르게 됩니다. 단단하게 압축된 이 얼음은 밀도가 커서 대부분이 바다 밑에 가라앉고 바다 위로는 전체의 약 7분의 1밖에 드러나지 않습니다. 그러니 타이타닉 호가 빙산을 발견하였을 때에는 이미 수면 아래에 놓인 7분의 6 부분을 피할 수 없었을 겁니다.

남극의 빙산은 남극대륙 위에서 만들어져 거의 이동하지 않고 대륙 위에 남아 있습니다. 어쩌다 경사진 해안을 따라 바다로 이동하더라도 판 모양의 얼음은 편평한 탁자 모양의 빙산을 만들어 냅니다. 그 크기도 북극의 빙산과 비교되지 않을 만큼 어마어마해서, 1927년에는 면적이 26,000km²나 되는 얼음 덩어리가 남극 해안에서 아르헨티나로 이동하기도 했습니다. 그 빙산 위에는 아무것도 모르는 아델리펭귄 떼가 타고 있었지요. 남아메리카 서해안의 해류는 귀여운 펭귄 승객을 태우고 열대지방까지 이동시킨 적이 있습니다. 따라서 현재 갈라파고스에 사는 펭귄의 조상도 적도 부근까지 이런 경로를 따라 이동한 것이 거의 확실하다고 과학자들은 이야기합니다.

양극 지방은 거의 사람이 살지 않고 우리에게는

▲ 남극의 아델리펭귄

자전축의 꼭짓점 정도로 인식되고 있는 것이 보통이지만, 그보다는 훨씬 더 중요한 역할과 주목할 만한 연구 과제를 안고 있는 곳입니다. 보여 주는 대로만 보려고 하지 말고 한번쯤 지구본을 뒤집는 발상의 전환을 해 보면 머리가 맑고 시원해질 것입니다. 과학의 발전은 항상 아주 사소한 것으로부터 시작되니까요.

◁ 뜬금있는 질문 ▷

남극에 펭귄마을이?

남극 세종기지에서 남동쪽으로 약 2km 떨어진 곳에 있는, 일명 '펭귄마을(Narebski Point)'이 2009년 남극 특별보호구역으로 지정되었다. 미국 볼티모어에서 열린 제32차 남극조약협의당사국회의에서 펭귄마을 특별보호구역 지정 신청이 최종 승인된 것이다. 이로써 우리나라는 세계에서 열다섯 번째로 특별보호구역을 관리하는 나라가 되었다. 펭귄마을에 대한 출입 관리와 생태 보존·관리 책임을 지게 된 것이다. 펭귄마을에는 턱끈펭귄과 젠투펭귄을 비롯한 14종의 조류가 서식하고 있다.

▲ 젠투펭귄(Gentoo Penguin)의 무리

054 세계에서 가장 큰 망원경은?

망원경으로 처음 천체를 관측한 사람은 갈릴레오 갈릴레이였습니다. 갈릴레이의 망원경은 구경이 4cm, 초점거리가 1m 조금 넘는, 배율이 32배인 작은 망원경이었습니다. 그래도 이 망원경으로 금성의 모양 변화와 목성의 위성을 관찰하여 천동설을 부정할 수 있는 증거를 찾아낼 수 있었습니다. 그럼 망원경의 역사를 따라가면서 오늘날 세계에서 가장 큰 망원경은 무엇인지 알아볼까요?

뉴턴, 반사망원경을 만들다

갈릴레이의 망원경은 볼록렌즈와 오목렌즈로 만든 굴절망원경*이었습니다. 이후 뉴턴은 유리로 된 렌즈가 초점이 잘 맞지 않는 것을 발견하고 렌즈 대신 거울을 사용한 반사망원경*을 만들었습니다. 1771년에 뉴턴이 제작한 구경 5cm, 배율 32배의

▲ 갈릴레이의 망원경

▲ 뉴턴의 망원경

망원경은 현재 영국왕립협회에 보존되어 있습니다.

좋은 망원경이란?

망원경은 구경이 클수록 좋습니다. 구경이 클수록 더 많은 빛을 모을 수 있고, 그래서 더 어두운 천체까지 관측할 수 있기 때문입니다. 그리고 해상도가 향상되어 더 작은 천체까지 선명하게 관측할 수 있습니다. 어두운 천체를 더 밝고 또렷하게 보려면 대형 망원경이 필요한 것이지요.

▲ 여키스 천문대의 굴절망원경

하지만 굴절망원경은 구경을 크게 만드는 데에 한계가 있습니다. 독일 천문학자 요하네스 케플러가 상이 더 선명히 맺히도록 굴절망원경의 단점을 보완했지만, 그래도 굴절망원경을 마음껏 크게 만들 수는 없었습니다. 크고 좋은 망원경을 만들려면 렌즈가 커져야 하는데, 유리로 된 렌즈는 너무 무거워서 큰 망원경을 만들기가 어렵습니다. 또, 렌즈를 정밀하게 제작한다 하더라도 유리로 만든 렌즈는 시간이 지나면 변형되기 때문에, 1892년에 설립된 미국 여키스 천문대의 102cm 망원경을 끝으로 대형 굴절망원경을 더는 제작하지 않게 되었습니다. 대신 그 뒤로는 프랑스의 시외르 귀욤 카스그랭(카스그레인)이 뉴턴식 반사망원경의 단점을 보완하여 만든 망원경이 대형 망원경의 표준으로 제작되기 시작합니다.

굴절망원경 렌즈를 사용하여 만든 망원경. 두 개의 볼록렌즈인 대물렌즈와 접안렌즈로 완전히 밀폐되어 있어 경통 내부에 공기의 흐름이 발생하지 않아 안정된 상을 얻을 수 있다. 그러나 대물렌즈에서 모든 빛이 정확하게 한 점으로 모이지 않아서 서로 색이 다른 빛들이 상 주변에서 약간씩 퍼지는 색수차 현상이 발생한다는 단점이 있다.

반사망원경 오목거울을 사용하여 만든 망원경. 물체에서 오는 빛을 반사경으로 모으고, 맺힌 상을 접안경으로 확대하여 관찰한다. 굴절망원경의 색수차 문제를 극복하기 위해 17세기 중반에 뉴턴이 오목거울을 이용하는 반사망원경을 고안하였다. 뉴턴식, 카세그레인식, 카세-뉴턴식, 리치-크레티앙식, 나스미쓰식, 쿠데식 등이 있다.

대형 반사망원경의 시대

1934년에 미국 캘리포니아 주의 팔로마 산에 천문대가 세워지고 그 안에 주경(주거울)의 지름이 5m에 무게가 1,000톤이나 되는, 당시로서는 세계에서 가장 큰 반사망원경이 세워졌습니다. 이 망원경은 여키스 천문대의 천문대장을 역임하고 팔로마 산 천문대 건설에 가장 큰 공헌을 한 천문학자 헤일의 이름을 따서 헤일 망원경이라 부르게 되었습니다.

헤일 망원경이 수십 년 동안 세계 최고를 자랑하다가 1990년대 들어 미국 하와이의 마우나케아 산 위에 그보다 큰 망원경들이 제작되기 시작합니다. 하나는 미국의 캘리포니아 대학에서 관리하는 켁 천문대로, 여기 있는 망원경은 지름 1.8m짜리 반사거울 36개를 조합하여 구경 10m의 효과를 내도록 한 거대한 거울을 주경으로 사용하고, 같은 구조물을 2개 만들어 성능을 두 배로 끌어올렸습니다.

▲ 팔로마 산 천문대의 헤일 망원경

▲ 하와이의 켁 천문대

또 다른 대형 망원경은 세계 여러 나라가 같이 참여하여 역시 하와이 마우나케아 산에 제작한 제미니 천문대 망원경입니다. 주거울의 직경이 8.1m에 구조물 전체 무게가 600톤으로, 제작비 1억 8,400만 달러가 들어간 초대형 망원경입니다. 이 망원경의 특징은 남반구의 칠레에도 똑같은 망원경이 건설되어 있다는 것입니다. 그래서 이름이 제미니(쌍둥이자리)이지요. 마우나케아 산 위에는 천문대가 하나 더 있습니다. 일본에서 제작한 스바루 천문대입니다. 주경이 8.2m인 스

▲ 제미니 천문대

▲ 스바루 천문대

바루 천문대 망원경은 1999년부터 작동을 시작했으며, 261대의 컴퓨터로 자동 제어되고 있습니다.

현재 가동 중인 망원경 가운데 세계에서 가장 큰 것은 유럽남방천문대에서 칠레에 건설한 VLT 입니다. VLT란 Very Large Telescope의 약자인

▲ 칠레의 VLT

데, 말 그대로 '아주 큰 망원경'을 뜻합니다. 이름처럼 8.2m 반사망원경을 무려 4개나 연동시켜 놓은 엄청나게 큰 망원경입니다.

최근에는 한국천문연구원과 미국 하버드대 천문대, 호주천문재단 등 11개 연구 기관이 참여해 칠레의 라스 캄파나스 산에 거대 마젤란 망원경(GMT, Giant Magellan Telescope)을 건설하고 있습니다. GMT는 지름 8.4m인 반사거울 7개를 모아 구경 25.4m의 반사경과 같은 관측 효과를 내도록 설계되었습니다. 2015년 11월에 공사를 시작했는데, 예정대로 2021년에 완공된다면 세계 최대의 반사망원경이 될 것입니다. 이 망원경이 완공되면 제작에 참여한 우리나라도 해마다 한 달간의 독점 사용권을 갖게 되어 천문학 분야에 많은 발전을 가져올 것으로 기대하고 있습니다.

그러나 아무리 크고 좋은 망원경들도 근본적인 단점을 가지고 있습니다. 바로 대기입니다. 별빛은 공기를 통과할 때 굴절과 산란을 하게 되므로 아무리 좋은 망원경이라고 하더라도 지상에서는 정밀한 상을 얻어 내기가 어렵습니다. 그래서 망원경을 대기권 밖에 올려놓게 되는데, 그것이 바로 유명한 허블 우주 망원경입니다. 1990년에 발사된 허블 우주 망원경은 구경이 2.4m인

주거울에 분광기, 측광기, 천체 관측용 사진기 등을 부착하여 지구에서는 볼 수 없는 아주 어두운 천체까지 관측하고 있습니다. 이러한 허블 우주 망원경의 뒤를 이을 망원경으로는 현재 개발 중인 미국항공우주국(NASA)의 제임스 웹 우주 망원

▲ 허블 우주 망원경의 주경

경, 미국대학천문연맹(AURA)의 고화질 우주 망원경(HDST, High-Definition Space Telescope)이 있습니다. 이들을 통해 인류는 우주의 기원에 한 걸음 더 다가갈 수 있을 것입니다.

우리나라에서 가장 큰 망원경은 경상북도 영천시의 보현산 천문대에 있습니다. 주경이 1.8m인 이 망원경은 천문대의 3·4 층에 설치되어 있고 1층에서 컴퓨터를 통하여 관측하게 됩니다. 비록 세계의 유명한 천문대의 큰 망원경에 비하면 구경이 작지만 국내에서 항성, 성단, 성운과 은하 등의 생성과 진화를 연구하는 데 큰 역할을 하고 있습니다.

▲ 보현산 천문대

◀ 뜬금있는 질문 ▶

굴절망원경의 종류는?

굴절망원경은 구조에 따라 갈릴레이식과 케플러식으로 분류한다.

갈릴레이식은 대물렌즈로는 볼록렌즈, 접안렌즈로는 오목렌즈를 사용한다. 가장 오래전부터 사용되어 온 망원경으로, 갈릴레오 갈릴레이가 천체용 망원경으로 사용하였다. 그러나 현재는 시야가 좁아서 소형 지상용 망원경으로만 사용된다. 관측 물체의 모습과 상하좌우가 같은 상을 만든다.

케플러식 굴절망원경은 천문학자 케플러가 발명하였다. 대물렌즈와 접안렌즈 모두 볼록렌즈를 사용한다. 갈릴레이식과는 달리 상하좌우가 뒤집힌 모습으로 보이지만(실제는 바로 선 상인데 우리 눈 때문에 뒤집혀 보인다), 시야가 넓고 상이 안정되어 있다. 또한 접안렌즈에 눈금을 넣을 수 있기 때문에 정밀한 측정을 할 수 있다.

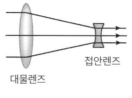

대물렌즈　　　접안렌즈

▲ 갈릴레이식

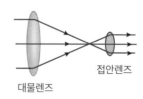

대물렌즈　　　접안렌즈

▲ 케플러식

055

금색으로 반짝인다고 모두 금일까?

All is not gold that glitters! 반짝인다고 모두 금은 아니다! 영어 시간에 배우는 속담 가운데 하나이지요. 겉모양만 보고 가치를 판단하지 말라는 말 정도로 해석할 수 있습니다. 과학 이야기에 웬 영어 문장이냐고요? 조금만 더 생각해 보면 과학적으로도 의미 있는 속담이라고 할 수 있습니다. 정말로 반짝이는 '금색'을 가졌다고 모두 금일까요?

바보들의 금

다음 쪽의 사진을 보세요. 아주 반짝거리는 금 덩어리로 보이지만 섣불리 금이라고 했다가는 "바보!" 소리를 들을지도 모릅니다. 이것은 '바보들의 금'으로 알려진 황철석*이라는 광물이기 때문입니다.

황철석 다이아몬드와 같은 결정 구조를 가지는 등축정계에 속하는 광물로, 색깔은 옅은 놋쇠황색을 띤다. 주로 황, 황산, 황산암모늄 등의 제조에 사용되며 고무공업이나 비료 생산에서도 중요하다. 조흔색은 회흑색으로 무르다.

광물의 색(color)은 매우 특징적이어서, 우리는 노란색을 금을 구분하는 특성이라고 생각하기 쉽습니다. 그렇지만 앞에서 보았다시피 색은 광물 감정에서 신뢰할 만한 특성은 아닙니다. 광물의 색은 몇 가지 요소에 의해서 결정되는데, 주로 화학 성분이 중요한 역할을 합니다. 예컨대, 강옥은

▲ 황철석

보통 흰색이나 회색을 띠는데, 소량의 크롬이나 알루미늄이 들어가면 적색을 띠는 루비가 됩니다. 철이나 티타늄을 함유할 때에는 짙은 청색을 띠는 사파이어가 되지요.

색으로 광물을 구별하기 어려운 이유 중 하나는 풍화*입니다. 지표와 대기에 있는 물과 산소가 여러 가지 광물의 표면에서 반응을 일으켜 원래의 광물과는 다른 색을 띠는 변질된 표면을 형성하게 되기 때문입니다.

좋은 색? 조흔색!

색을 판별할 때 실수를 줄이는 방법으로는 무엇이 있을까요? 초벌구이 한 도자기 판에 광물을 긁어 보면 눈에 보이는 것과는 다른 색이 나타나는 것을 알 수 있습니다. 하얀 도자기 판에 광물을 긁으면 원래의 색깔과 비슷하거나 아주 다른 색깔이 나타납니다. 이때 도자기 판에 난 줄 모양의 광물 가루 흔적을 '조흔'이라고 하고, 그 색깔을 '조흔색'이라고 합니다. 조흔색은 광물의 겉보기 색과 달리 광물을 구별하는 특성이 될 수 있습니다. 예컨대 금, 황철석, 황동석 등의 겉보기 색깔은 노란색이지만, 흰 도자기 판(조흔판)에 긁어 보면 뚜렷하게 다른 조흔색이 나타납니다. 금은 조흔색이 황색이지만, 황철석은 흑

풍화 암석이 물리적 또는 화학적인 작용으로 인해 부서져 토양이 되는 변화 과정

색, 황동석은 녹흑색입니다.

어째서 광물의 색과 조흔색이 다를까요? 광물의 겉보기 색은 형태나 광택의 영향을 받지만, 분말은 빛을 일정하게 분산시켜 고유한 색깔을 나타내기 때문입니다. 만일 어디선가 금 덩어리를 발견했는데 진짜 금인지 아닌지 의심스럽다면 조흔판에 살짝 긁어 보세요. 조흔판에 긁어 보아도 황색이 나타나면 진짜 금입니다. 하지만 만약 조흔색이 녹흑색이나 흑색이면 그건 금이 아니라 황동석이나 황철석입니다.

모스 굳기계란?

모스 굳기계는 상대적인 단단함을 나타내는 수치이다. 가장 무른 것을 1로 하고 가장 단단한 것을 10으로 하여, 10가지 광물에 굳기 순서대로 번호를 붙여 놓았다.

활석으로 석고를 긁으면 석고에 흠집이 나지 않지만 석고로 활석을 긁으면 흠집이 생긴다. 손톱으로 석고를 긁으면 흠집이 나지만 방해석을 긁으면 흠집이 나지 않는다. 따라서 손톱은 굳기 2도의 석고와 굳기 3도의 방해석 사이의 단단함을 가지므로 굳기 2.5도로 표시한다. 단, 상대적인 굳기를 나타낼 뿐이므로, 4도인 형석이 3도인 방해석보다 정확히 몇 배가 단단한 것은 아니다.

굳기	1	2	3	4	5	6	7	8	9	10
광물	활석	석고	방해석	형석	인회석	정장석	석영	황옥	강옥	금강석

056 안개는 어디에서 어떻게 만들어지나요?

2015년 2월 11일 오전 9시 45분경, 인천 영종대교에서 100중 추돌사고가 일어났습니다. 1차로를 달리던 리무진 버스가 앞서 가던 차를 들이받자 버스를 뒤따라오던 차들이 잇따라 충돌했습니다. 이 사고로 2명이 죽고 60여 명이 다쳤습니다. 경찰과 사고를 목격한 사람들은 짙은 안개 때문에 10m 앞도 잘 안 보인 것이 사고의 원인이라고 말했습니다. 이런 끔찍한 사고를 유발하는 안개는 어떻게 만들어지고, 또 어떤 곳에서 자주 발생할까요?

안개와 구름의 차이는?

비구름이 낮게 내려앉은 날 산 중턱을 바라본 적이 있나요? 안개는 대기 중에 물방울이 떠 있는 상태를 말합니다. 물론 구름도 대기 안에 물방울이 떠 있는 상태를 가리킵니다. 정의상 안개와 구름은 차이가 없습니다. 산 중턱을 바라보는 사람에

▲ 안개

게는 구름이지만, 산 중턱에 서 있는 사람에게는 안개일 따름입니다. 즉, 관측자의 위치에 따라 안개와 구름을 나누는 것일 뿐, 안개든 구름이든 대기 중의 물방울이라는 점에는 차이가 없습니다.

액체인 물방울은 대기 속에 있던 수증기가 응결*하여 만들어집니다. 수증기가 응결하는 원인에는 두 가지가 있습니다. 기온이 내려가 공기 중에 있던 수증기가 포화 상태가 되거나, 기온은 일정한데 공기 속에 수증기가 추가로 공급되어 포화 상태가 되는 것입니다.

안개의 종류는?

공기 냉각 때문에 생기는 안개를 복사안개*라고 합니다. 바람이 없고 일교차가 크고 날씨가 맑은 날에 낮 동안 대기 안의 수증기량이 증가하였다가 밤이 되어 기온이 떨어지면 수증기의 응결이 시작됩니다. 이러한 복사안개는 하루 중 온도가 가장 낮은, 해가 떠오르기 직전에 가장 진하게 나타납니다. 따라서 복사안개는 출근 시간에 교통 혼잡의 원인이 되곤 합니다. 태양의 고도가 높아질수록 지면의 온도가 높아져 안개는 서서히 걷히고, 점심때가 되면 언제 그랬냐는 듯 맑은 하늘이 나타납니다.

안개가 발생하기 전에 대기 속의 수증기량이 많을수록 복사안개는 더 짙어집니다. 그래서 주변에 강이나 호수, 바다가 있는 곳에서 복사안개가 더 진하게 자주 발생합니다. 앞에서 말한 영종대교도 평소에 바다 안개가 자주 끼어 교통사고가 나기 쉬운 곳이었습니다.

여름철 아이스크림 표면에서 김이 모락모락 나는 것도 복사안개와 비슷한

응결 공기가 이슬점 이하로 냉각되어서 포화 상태가 되어 기체인 수증기가 액체인 물방울로 맺히는 현상. 주된 원인은 공기의 냉각이다.
복사안개 밤에 복사냉각이 일어나 지면 근처에 있는 공기가 이슬점 이하로 냉각되어 발생하는 안개이다. 무거운 찬 공기가 밑에, 가벼운 따뜻한 공기가 위에 있어 안정된 상태에 있을 때 잘 발생한다.

원리입니다. 이것도 차가운 아이스크림 때문에 주위의 공기가 냉각되어 일어나는 응결 현상이지요.

이번에는 수증기 공급에 의해 생기는 안개에 대해 알아볼까요? 이런 안개는 낚시터나 저수지 같은 곳에서 잘 발생합니다. 저수지나 낚시터는 수증기를 공급하는 물탱크와 같다고 할 수 있습니다. 물은 비열이 커서 공기보다 천천히 식으므로, 밤에는 저수지의 온도가 땅보다 높습니다. 차가운 땅 위에 있던 공기가 그보다 온도가 높은 물 위를 지난다고 합시다. 상대적으로 온도가 높은 수면에서는 증발 현상이 활발히 일어나는데 그 위를 찬 공기가 지나면 찬 공기가 많은 양의 수증기를 공급받게 됩니다. 이렇게 수증기 공급이 증가하면 응결이 일어나서 안개가 발생하는 것입니다.

이 밖에 수증기 공급으로 발생하는 안개에는 찬 바다 위를 따뜻하고 습한 공기가 지날 때 발생하는 이류안개, 공기가 산비탈을 따라 흐를 때 발생하는 활승안개, 그리고 차가운 공기와 따뜻한 공기가 만나는 전선면을 따라서 형성되는 전선안개가 있습니다.

위험한 안개 스모그

안개는 지형이나 기후 때문에 생기는 자연현상이지만, 산업혁명 이후에는 대기 안에 먼지가 늘어나면서 도시 지역에서 안개 발생이 잦아졌습니다. 작은 물방울들이 모여서 안개가 만들어지려면 응결핵*이 필요합니다. 응결핵은 공기 속의 먼지 같은 것이 수증기가 모일 중심 노릇을 하는 것인데, 특히 공장 지대에는 이런 먼지가 풍부히 존재합니다. 그래서 보통은 습도가 100%가

응결핵 대기 안을 떠다니면서 수증기가 응결할 때 중심 노릇을 하는 작은 고체 또는 액체 입자. 해염 입자, 연기 입자, 토양의 미세 입자들로 이루어져 있다.
스모그 도시 대기 속의 매연 등의 오염 물질이 안개 모양의 기체가 된 것. 영어 'smoke'(연기)와 'fog'(안개)의 합성어이다.

되었을 때 안개가 생겨나지만, 먼지가 많은 공장 지대에서는 습도 80% 정도에서도 안개가 발생할 수 있습니다. 안개는 바람이 불지 않는 날 생기기 때문에 안개 속의 오염 물질은 제자리에 계속 머무르면서 인체에 심각한 해악을 끼치는 스모그*를 형성합니다. 1950년대에 영국의 런던에서 많은 사람의 목숨을 앗아간 사상 최악의 스모그가 그 예입니다.

▲ 산업혁명기의 런던

　안개는 우리에게 극적인 풍경을 보여 줍니다. 아름다운 안개를 영상에 담기 위해 지금도 어딘가에서 안개를 기다리는 사람들도 있습니다. 그러나 안개는 교통을 방해하고 특히나 스모그는 질병을 일으키는 등 사람에게 직접 해를 입히기도 합니다. 도로에서 발생한 안개를 제거하는 방법을 알아내고 스모그가 불러일으키는 문제를 근본적으로 해결하지 못한다면, 우윳빛 부드러운 안개는 생명을 위협하는 무서운 존재가 될 것입니다.

◀ 뜬금있는 질문 ▶

스모그도 지역주의?

런던형 스모그: 공장, 발전소, 난방용 기기 등에 사용하는 석탄이나 중유가 연소할 때 생기는 배기가스로 인해 발생하는 스모그를 말한다. 세계 각 도시에서 공통으로 발생하는 전형적인 스모그로, 주요 오염 물질은 황산화물과 일산화탄소이다. 겨울철에 많이 발생하며, 호흡기를 심하게 자극하여 폐 질환을 일으킨다. 영국 런던에서는 1952년 12월 폐 질환에 걸린 시민 4,000명 이상이 사망하였고, 1962년에는 340명이 사망하였다. 최근에는 공업화가 급속히 진행되는 중국의 도시들에서 이 유형의 스모그가 심각한 문제로 떠오르고 있다.

LA형 스모그: '광화학 스모그'라고도 한다. 석유 연료가 연소된 이후에 빛을 받아 화학반응을 일으키는 과정을 통해 생물체에 유해

▲ 런던의 스모그

한 화합물이 생성되어 발생하는 스모그이다. 환경오염을 일으키기 때문에 자동차 배기가스를 줄이는 등의 방법을 통해 예방해야 한다. 미국 로스앤젤레스에서 처음 발생이 확인되었기 때문에, 과거의 스모그를 '런던형 스모그', 광화학 스모그를 '로스엔젤레스형 스모그'라고 부르기도 한다.

057

중국의 강력한 외교 무기 중 하나가 희토류라는데, 희토류가 뭔가요?

2010년 9월, 중국과 일본이 영유권 다툼을 벌이고 있는 동중국해 지역에서 일본의 해상보안청 순시선과 중국 어선이 충돌하는 사건이 발생했습니다. 이 사건에서 일본은 중국 어선을 나포하고 선장을 구금하였습니다. 이에 반발한 중국은 일본에 대한 희토류 수출 금지 조치를 발표하였고, 그에 놀란 일본은 체포했던 중국 선장을 곧바로 석방했습니다. 이처럼 일본을 기죽게 만든 희토류란 대체 무엇일까요?

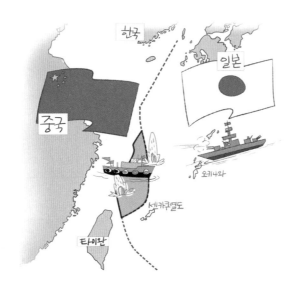

이름이 왜 희토류일까?

희토류(稀土類, Rare Earth Elements) 원소란 원소기호 57번부터 71번까지의 란탄계 원소 15개와 21번 스칸듐, 39번 이트륨 등 총 17개의 원소를 가리키는 말입니다. '자연계에 매우 희귀한 금속 원소'라는 뜻에서 희토류라는 이름이 붙었지만, 일부 원

▲ 희토류 광물

소를 빼고는 실제로는 지구에 풍부하게 매장되어 있습니다. 하지만 경제성이 있을 만큼 농축된 상태로 산출되지 않는 데다 추출하기도 어려워서 다량으로 생산되지 않으니, '희토류'는 꽤 잘 지은 이름 같기도 합니다.

희토류는 어디에 쓰일까?

희토류 금속은 특이한 전자기적 성질을 가지고 있고 가시광선 범위에서 빛을 흡수하거나 발광하는 특성이 있어서 영구자석 제작에 활용되기도 하고, LCD(액정 표시 장치)·LED(발광 다이오드)·스마트폰 같은 IT산업 관련 제품, 카메라·컴퓨터 등의 전자 제품이나 CRT(음극선관)·형광 램프 같은 형광체와 광섬유 등에 널리 사용되고 있습니다. 다양한 산업 분야에서 꼭 필요한 원소로 활용되고 있지요.

희토류를 세계에서 가장 많이 가진 나라는?

현재 희토류 금속을 가장 많이 보유한 나라는 중국인 것으로 알려져 있습니다. 세계 희토류 원소 공급의 대부분을 차지하는 나라 역시 중국입니다. 이것이 바로 앞에서 본 영유권 분쟁 사례에서 중국이 희토류를 외교 무기로 사용할 수 있었던 이유입니다.

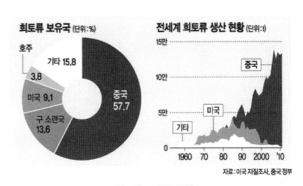

▲ 희토류 보유국 현황

희토류 대체 물질을 찾아라

희토류 금속은 매장된 상태의 특성상 충분히 농축된 상태로 산출되지 않으므로 많은 양의 물과 화학물질, 에너지를 사용해 광석에서 분리하고 농축해야 합니다. 또한 이러한 선별 과정에서 환경오염 문제가 발생합니다. 그 때문에 중국에서는 희토류 금속의 생산량을 제한하게 되었고, 그로 인해 희토류의 가격이 상승하자 세계 각국에서는 희토류 금속의 안정적인 공급원이나 희토류 금속을 대체할 만한 새로운 물질을 열심히 찾고 있습니다.

　과학기술이 발달하면서 자원 소비가 환경오염으로 이어지는 사례가 늘어나고 있습니다. 생산된 자원을 아껴 쓰고 재활용하는 것이 우리가 할 수 있는 작은 의미의 환경 보호라면, 희토류 금속의 사례에서 보듯이 더 이상의 환경오염을 막고 대체 가능한 새로운 물질을 찾는 것도 미래의 환경을 위해 우리가 해야 할 일이겠지요.

우주복을 입지 않고 우주에 나가면 사람의 몸은 어떻게 될까요?

1990년에 개봉된 <토탈리콜>은 화성 여행이라는 가상 프로그램을 인간의 뇌에 이식하여 화성에서의 가상적인 모습을 보여 주는 공상과학 영화입니다. 이 영화에서는 화성의 대기에 노출된 사람의 얼굴에 핏발이 서고 눈알이 곧 튀어나올 것 같은 장면을 실감 나게 보여 줍니다. 정말로, 우주복을 입지 않고 우주 공간으로 나가면 그런 일이 일어날까요?

몸속의 피가 끓어?

인간의 몸 안은 1기압을 유지하고 있습니다. 지구의 대기압이 몸을 1기압으로 누르기 때문에 몸 안에서 같은 힘으로 밀어내고 있는 것이지요. 1기압은 $1cm^2$를 약 1kg의 무게로 누르는 힘과 같습니다.

대략 20%의 산소와 80%의 질소로 구성된 지구의 대기는 약 5.5km의 해발고도에서 공기 밀도가 지상에 비해 절반 정도로 낮아지며, 고도 12km에서는 공기가 매우 희박해져서 주변 공기의 압력이 매우 작아집니다. 그래서 고도가 낮은 곳에서 2,500~3,000m 이상의 높은 곳으로 옮겨 가면 두통과 피로감, 호흡 곤란, 구토, 식욕부진과 같은 증상을 보이는 고산병이 나타납니다. 인간은 고도 9km만 올라가도 생명의 위협을 받으며, 기압이 지상보다 훨씬 낮은 20km 정도의 고도에서는 세포에 기포가 생기고 혈액이 끓어오르는 것처럼 보이는 현상이 일어납니다.

그와 비슷한 예로, 스쿠버 다이버들이 깊은 물속에 잠수할 경우 수압 변화 때문에 겪는 잠수병*을 들 수 있습니다. 물속 깊이 들어가면 수압이 급격히 커져서 호흡할 때마다 높은 압력 때문에 혈액 속으로 더 많은 공기가 녹아 들어갑니다. 그러다가 갑자기 물 밖으로 올라오면 혈액 속에 녹아들었던 공기가 급격하게 기포로 변합니다. 그로 인해 모세혈관이 터지는데, 뇌혈관이 터지면 뇌출혈로 사망할 수도 있습니다. 따라서 물 밖으로 나올 때에는 압력의 변화를 줄이기 위해 천천히 올라와야 합니다. 이처럼 우리가 평소에는 잘 느끼지 못하지만, 우리 주위의 압력은 우리 몸의 상태에 크나큰 영향을 끼칩니다. 압력이 높아지는 깊은 물속이나 압력이 낮아지는 높은 산이 우리에게 큰 시련이 될 수 있는 것이지요.

우주는 진공청소기

슈퍼맨처럼 날아서 한없이 위로 올라갈 수 있다면 어떨까요? 구름을 뚫고 우주를 향해 날아가다 보면 고도 100km 지점에서 대기권이 끝나고 지구를 벗어나게 됩니다. 슈퍼맨의 망토만 있다면 우리는 무사히 우주여행을 할 수 있을까요?

대기압은 고도가 높아질수록 낮아져서, 우주 공간에서는 대기압이 0에 가

잠수병 깊은 바닷속은 수압이 매우 높기 때문에 호흡을 통해 몸속으로 들어간 질소 기체가 체외로 잘 빠져나가지 못하고 혈액 속에 녹게 된다. 그러다가 수면 위로 빠르게 올라오면 몸 안에 녹아 있던 질소 기체가 갑작스럽게 기포를 만들면서 혈액 속을 돌아다니게 되어 통증을 유발하게 되는데, 그러한 증상을 잠수병이라고 한다.

까운 진공 상태가 됩니다. 그러면 어떤 일이 벌어질까요? 진공청소기가 주변의 먼지를 강력하게 빨아들이는 모습을 한번 떠올려 보세요. 가정에서 사용하는 진공청소기의 원리는 내부 압력을 낮추어 주변 공기와 압력 차이를 만들어 내서 먼지를 빨아들이는 것입니다. 이때 진공청소기 내부 압력은 지구 대기압의 3분의 2 정도라고 합니다. 그러나 우주 공간은 대기압이 거의 0인 상태이므로 우주 공간으로 갑자기 나간다는 것은 초강력 진공청소기에 온몸을 내맡기는 것과 같다고 할 수 있습니다. 그 뒤에 전개될 상황은 여러분의 상상에 맡기겠습니다.

다른 문제도 있습니다. 지구에는 오존층과 대기가 있어서 자외선과 같은 인체에 해로운 빛을 차단해 줍니다. 만약 우주 공간에 맨몸으로 나간다면 강력한 자외선에 의해 우주여행의 기쁨을 느껴 볼 새도 없이 다시는 돌아오지 못할 몸이 되어 버릴 것입니다.

그렇다면 이처럼 혹독한 환경의 우주를 여행하는 우주 비행사는 어떻게 우주 공간에 나갈 수 있을까요? 우주를 떠다니며 우주정거장*을 수리하는 우주 비행사는 언제나 어항 같은 헬멧을 쓰고 두껍고 큰 흰 옷을 입고 있습니다. 우주 비행사를 보호해 주는 우주복이지요. 우주복은 옷이라기보다 작은 우주선이라고 보면 됩니다. 우주복 내부는 약 0.3기압 정도의 압력이 유지됩니다. 그리고 지구의 대기와는 달리 우주복 속에는 100% 산소가 들어 있습니다. 그러므로 우주왕복선이 출발하기 몇 시간 전부터 우주인들은 순수한 산소로 숨쉬는 방법에 적응해야 합니다. 그러면 몸속에 녹아 있던 질소 기체가 점차로 배출되어서, 우주에서 압력이 감소할 때 혈액 내에 기포가 생기는 것을 예방

우주정거장 지구 궤도에 건설되는 대형 우주 구조물로서, 사람이 오랜 기간 일상적으로 생활하면서 우주 실험이나 우주 관측을 하는 기지이다. 지구부터 우주정거장까지 사람이나 기자재를 우주왕복선으로 옮긴 뒤 이곳에서 다시 정비하여 본격적인 우주 항행을 하게 되므로, 우주정거장은 우주 진출의 전초기지가 된다.

할 수 있습니다.

우주복의 또 다른 기능은 우주 공간의 극단적인 온도 변화로부터 우주인을 보호하는 것입니다. 우주 공간에서는 태양빛이 닿는 곳과 닿지 않는 곳의 온도 차이가 지구에서의 낮과 밤의 온도 차보다 훨씬 크기 때문에 우주복이 없다면 견딜 수 없을 것입니다. 그 밖에도 우주복은 유해한 자외선과 방사선으로부터 인체를 보호하는 등 다양한 역할을 합니다. 우주복은 우주선 안에서 입고 생활하는 간단한 실내복부터 우주 공간에서 우주유영*을 할 때 입는 것까지 그 기능과 종류가 다양합니다. 우주여행이 더 이상 신기하지 않을 미래에는 여러 가지 디자인과 브랜드, 아름다운 색감의 우주복을 볼 수 있지 않을까요? 계절마다 유행하는 디자인의 우주복을 입고 우주유영을 하는 사람들의 모습이 제법 유쾌하고 재미있을 것 같다는 상상을 해 봅니다.

▲ 우주유영 훈련 기계

우주유영 인간이 우주 공간에서 적극적인 역할을 수행하는 데 전제가 된다. 위성선이나 우주선 밖에 나가 작업 능력을 시험하고 인식하는 활동의 첫걸음이라고도 할 수 있다.

◀ 뜬금있는 질문 ▶

지구에서 국제우주정거장(ISS)이 보인다고요?

국제우주정거장(ISS)은 하루에도 몇 번씩 우리나라 상공을 지나가기 때문에 쉽게 볼 수 있습니다. 국제우주정거장은 지상 330~360km 상공을 초속 7.5km의 속도로 비행합니다. 관측 가능한 시간표와 관련 정보는 아래의 두 인터넷 사이트 등을 통해 얻을 수 있습니다.

- http://heavens-above.com
- https://spotthestation.nasa.gov/sightings/

▲ 우주정거장 미르

059

지질시대의 이름은 어떻게 정한 걸까요?

지구의 나이는 46억 년쯤 됩니다. 우리 인류가 지구상에 나타나기 전에 다양한 생물들이 지구에 나타났다가 사라지곤 하였습니다. 고생물학자나 지질학자들은 지질학적 사건을 근거로 지질시대를 구분합니다. 자, 그럼 지질시대의 이름은 어떻게 정해지는지 알아볼까요?

지구 역사 나누기

지질시대는 지구 탄생 초기부터 역사시대 이전까지를 말합니다. 지질시대를 연구하는 학자들은 기나긴 지질시대를 화석*과 지질학적 사건을 근거로 여러 시기로 나누고 각각 이름을 붙였습니다. 가장 유명한 지질시대 이름은 아마 영화 〈쥐라기 공원(Jurassic park)〉의 쥐라기*일 듯합니다. 또, 티라노사우루스를 아는 사람이라면 '백악기'도 들어 본 적이 있을 테고요. 이쯤 되면 이제 '-기(-紀)'가 지질시대를 나누는 단위 가운데 하나인 것은 눈치챘겠지요?

지질시대는 이언(eon), 대(代, era), 기(紀, period), 세(世, epoch), 절(節, age) 등의 시간 단위로 구분합니다. 이언*을 가장 큰 단위로 해서 그 아래 단위들로 차츰 더 잘게 나누지요. 대(era) 에는 잘 알려진 선캄브리아대*와 고생대, 중생대, 신생대가 있습니다. 대는 다시 기(period)로 세분됩니다. 정확히 무엇을 기준으로 어떻게 지질시대를 나누는지, 또 조금은 희한한 지질시대의 이름은 누가 정한 것인지 알아봅시다.

지질시대 이름은 어떻게 지었나?

우리나라의 역사는 한반도와 만주를 지배했던 왕조를 기준으로 고조선, 삼국시대, 고려시대, 조선시대 등으로 나눕니다. 그와 비슷하게, 지구의 역사는 지구에 번성했던 생물의 급격한 변화를 기준으로 다양한 지질시대로 나누게 됩니다.

19세기에 유럽 지질학자들은 화석을 생존 순서대로 배열하면서, 어떤 시대의 대표적인 화석을 가진 지층이 발견될 수 있는 모식지(type areas)를 지정했습니다. 그리고 모식지가 있는 지역의 이름을 따서 각 지질시대의 이름을 정했습니다. 고생대의 가장 오래된 지층은 영국의 웨일스 지역에서 처음으로 발견되었기 때문에, 웨일스의 옛 이름인 '캄브리아'를 따서 캄브리아기라고 하였습니다. 실루리아기는 영국 웨일스에 살았던 고대 켈트족의 이름인 '실루어스'

화석 지질시대의 퇴적암 안에 퇴적물과 함께 퇴적된 동식물의 일부 또는 전체나 그 흔적을 말한다. 동식물의 모양이 나타난 것을 체화석이라 하고, 발자국 같은 생활 모습이 나타난 것을 흔적화석이라고 한다. 또한 지층이 만들어진 환경을 알려 주는 화석을 시상화석, 지층의 생성 시대를 알려 주는 화석을 표준화석이라고 한다.

쥐라기 지질시대에서 중생대를 셋으로 나눌 때 두 번째 시기. 이 시기에는 육상에 거대한 파충류가, 바다에는 암모나이트가 살았다. 식물로는 겉씨식물이 번성했으며, 조류와 속씨식물이 이 시기에 출현하였다.

이언(Eon) 지질시대를 구분하는 가장 큰 단위. 지구에 생물이 나타나는 시점을 기준으로 그 이전을 은생이언, 그 이후를 현생이언이라고 한다. 잘 알려진 선캄브리아대가 바로 은생이언이다.

선캄브리아대 지질시대 중 고생대 최초의 시대인 캄브리아기에 앞선 시대를 통틀어 부르는 이름. 지구가 탄생한 약 45억 6천만 년 전부터 캄브리아기, 즉 5억 4천만 년 전까지로, 지구 역사 전체의 86%를 차지하는 가장 긴 시기이다.

에서 따왔다고 합니다. 공룡들의 전성기이자 공룡들이 멸종했던 백악기는 중생대의 가장 마지막 시기인데, 이 또한 대표적인 지층이 있는 곳의 이름을 따서 붙인 이름입니다. 프랑스의 아름다운 에뜨르따 해안의 '백악(chalk)' 절벽은 공룡이 뛰어다니던 시기에 바다에서 죽은 유공충이 쌓여서 만들어진 것입니다. 백악은 바로 유공충 껍질과 조개껍질 파편으로 된 백색의 석회질 암석을 말합니다. 공룡이 이 시대를 지배하였지만 지질시대의 이름을 붙일 때에는 유공충이 승리하였습니다.

이처럼 지질학자들은 지층을 기준으로 시간의 단위를 나누고 이름을 붙였습니다. 물론 시간이 흐르고 지질학이 발전하면서 이러한 분류는 더욱 세분되고 수정되었습니다. 각 나라의 지층은 대체로 영국 학자들이 정한 생소한 이름으로 구분됩니다. 우리나라의 고생대 후기 지층인 삼척 탄전 같은 곳은 페름기에 만들어진 층이고, 강원도 태백의 삼엽충 화석은 고생대 오르도비스기에 만들어졌습니다.

▲ 프랑스 에뜨르따 해안의 백악 절벽

‹ 뜬금있는 질문 ›

지질시대는 어떤 기준으로 나눌까?

지질시대는 지층 속의 표준화석의 급격한 변화와 부정합 같은 큰 지각변동을 기준으로 구분한다. 지질시대의 연령은 방사성원소의 붕괴를 이용하는 절대연령 측정을 통해 알아낸다. 고생대, 중생대, 신생대의 기(紀, period) 이름은 그 시대를 대표하는 암석이 주로 나타나는 지역의 이름에서 유래한다. 예컨대, 중생대의 쥐라기는 스위스와 프랑스에 있는 쥐라산맥에서 이름을 따왔다.

060 태풍의 이름은 어떻게 결정되나요?

2003년 9월 12일 '매미'가 한반도에 상륙하여 경상도를 중심으로 막대한 피해를 입혔습니다. '매미'란 2003년에 발생한 제14호 태풍 이름입니다. 매미는 아주 강력한 태풍으로서 많은 인명과 재산 피해를 우리나라에 안겨 주었습니다. 그런데 '매미'와 같은 태풍 이름은 어떻게 정해지는 것일까요?

태풍의 엄청난 에너지

일반적인 태풍*이 가진 에너지는 일본 나가사키에 떨어졌던 원자폭탄의 약 1만 배라고 합니다. 그렇다면 태풍이 지나간 곳은 원자폭탄 1만 개가 폭발한

태풍 중심부의 최대 풍속이 초속 17m 이상이고 폭풍우를 동반하는 열대저기압을 가리킨다. 동아시아와 동남아시아, 그리고 미크로네시아 일부에 영향을 준다. 1959년부터 2005년까지의 태풍 발생 통계에 따르면, 7월부터 10월까지 발생하는 태풍이 평균 21.5건으로 전체 31.6건의 68%를 차지한다.

것 같은 피해를 입을까요? 그렇지는 않습니다.

태풍의 에너지는 주로 태풍 자신의 몸체를 유지하는 데 사용됩니다. 지상에서의 피해는 태풍 바닥이 지표와 마찰을 일으켜 발생합니다. 즉, 태풍 에너지의 극히 일부만이 지표에 전해지기 때문에 원자폭탄 1만 개가 폭발한 것 같은 피해는 발생하지 않습니다. 그러나 지표 마찰로 소비되는 에너지가 전체 에너지에 비해 아무리 적더라도 우리가 접하는 피해는 상상하기 힘들 정도입니다.

우리나라에 상륙했던 태풍들 가운데 가장 강력한 태풍은 무엇이었을까요? 인명 피해, 재산 피해, 바람의 강도, 기압치, 강수량 등 태풍의 강도를 판별하는 요소는 많습니다. 가장 큰 인명 피해를 남긴 태풍은 '사라'로, 8백여 명의 사망자와 2천5백여 명의 부상자를 냈습니다. 가장 많은 강수량과 함께 가장 큰 재산 피해를 낸 태풍은 2002년의 태풍 '루사'입니다. 강릉 지역에서 일일 최다 강수량인 871mm를 기록했고, 2백여 명의 인명 피해와 더불어 약 5조 150억 원에 이르는 막대한 재산 피해를 가져왔지요. 바람이 가장 강했던 태풍은 2003년의 '매미'인데, 중심기압 965hPa, 최대 풍속이 초속 60m로 역대 태풍 중 가장 강력했습니다. 그때 2.5m의 해일과 17m의 파도가 경상남도 남해안 곳곳을 덮치면서 피해액만 약 4조 2천억 원을 기록했습니다.

▲ 위성에서 촬영한 태풍의 모습

태풍의 에너지는 어디에서 오나?

그렇다면 이렇게 막대한 태풍의 에너지는 어디서 오는 걸까요?

물은 증발할 때 주변의 열을 빼앗아 가고, 다시 물로 바뀔 때에는 열을 주변에 냅니다. 더운 여름철에 마당에 물을 뿌리면 시원해지는 것, 사람이 땀을 흘려 체온을 조절하는 것도 물이 증발할 때 열을 빼앗아 가기 때문입니다. 반대로, 수증기가 물로 응결할 때에는 빼앗아 갔던 열을 다시 주변에 방출합니다. 수증기가 상승하여 차가워지면 물방울로 응결하여 구름이 됩니다. 수증기가 응결할 때 열을 내기 때문에, 구름의 온도는 주변 공기의 온도보다 높아집니다.

열대 지역의 바다 표면에서는 증발량이 많기 때문에 더 많은 수증기가 공기 중에 공급되어 더 큰 구름이 형성되고 더 많은 열을 방출합니다. 그래서 구름의 온도가 주변 공기의 온도보다 훨씬 높아집니다. 온도가 높아진 공기는 주변 공기보다 분자 운동이 활발하기 때문에 빠르게 상승합니다. 바다 표면의 공기가 빠르게 상승하면 그 빈자리를 채우기 위해 주변 공기들이 모여듭니다. 즉, 상승기류가 강할수록 바다 표면의 바람도 더 강해집니다. 그리고 이 바람의 풍속이 초속 17m가 넘을 때 우리는 그것을 태풍이라고 합니다.

따라서 태풍은 수증기의 공급이 잘 이루어지는 곳에서 더욱 강해집니다. 열대 해상에서 만들어진 태풍이 북상하다가 따뜻한 해류인 쿠로시오 해류 위를 지날 때 더 강해지는 것은 그 때문입니다. 그러다가 계속 북상하여 한류가 흐르는 곳에 도착하면 태풍은 소멸합니다. 수증기 공급이 줄어들면서 세력이 약해지는 것이지요. 육지에 상륙하면 수증기 공급이 줄어드는 것은 물론이고 지표 마찰로 에너지를 잃기 때문에 더 빨리 약해집니다. 우리나라에 상륙해 막대한 피해를 입힌 태풍들이 동해로 빠져나갈 때에는 세력이 약해져 온대저기압으로 바뀌는 것은 그 때문입니다.

태풍의 이름은 어떻게 정할까?

1953년 호주의 예보관들이 태풍에 처음으로 이름을 붙였습니다. 당시에 호주 예보관들은 자신들이 싫어하는 정치인 이름을 따서 태풍 예보를 하였다고 합니다.

1999년까지 태풍 이름은 괌에 있는 미국태풍합동경보센터에서 정한 이름을 사용했습니다. 그러다가 2000년부터는 아시아 각국 국민들의 태풍에 대한 관심을 높이고 경계를 강화하기 위해 아시아 지역 14개국에서 정한 고유한 이름을 사용하고 있습니다. 각 나라에서 10개씩 제출한 총 140개를 한 조에 28개씩 5개조로 나누어 묶은 뒤, 1조부터 5조까지 차례로 사용합니다. 140개의 태풍 이름을 전부 사용하는 데 대략 4~5년이 걸리는데, 다 쓰면 다시 1번부터 시작합니다. 그러나 '루사'나 '매미'처럼 유난히 큰 피해를 입혔던 태풍의 이름은 각국이 협의해 다시 쓰지 않고 다른 이름으로 바꾸고 있습니다. 북한에서 제출해 사용했던 '매미'의 이름이 '무지개'로 바뀐 것도 우리나라에 큰 피해를 입혔기 때문입니다. '무지개'는 다시 '수리개'로 변경되었습니다.

다음 표는 현재 사용되고 있는 태풍 이름들입니다. 우리말로 된 태풍 이름이 다른 나라 말로 된 이름보다 더 많은 것은 북한도 우리처럼 한글로 된 태풍 이름을 제출했기 때문입니다.

국가명	1조	2조	3조	4조	5조
캄보디아	담레이	콩레이	나크리	크로반	트라세
중국	하이쿠이	위투	펑선	두쥐안	무란
북한	기러기	도라지	갈매기	수리개	메아리
홍콩	윈윙	마니	풍윙	초이완	망온
일본	고이누	우사기	간무리	고구마	도카게
라오스	볼라벤	파북	판폰	참피	힌남노
마카오	산바	우딥	봉퐁	인파	무이파
말레이시아	즐라왓	스팟	누리	츰파카	므르복
미크로네시아	에위니아	문	실라코	네파탁	난마돌
필리핀	말릭시	다나스	하구핏	루핏	탈라스
한국	개미	나리	장미	미리내	노루
태국	쁘라삐룬	위파	메칼라	니다	꿀랍
미국	마리아	프란시스코	히고스	오마이스	로키
베트남	손띤	레끼마	바비	꼰선	선까

국가명	1조	2조	3조	4조	5조
캄보디아	암필	크로사	마이삭	찬투	네삿
중국	우쿵	바이루	하이선	덴무	하이탕
북한	종다리	버들	노을	민들레	날개
홍콩	산산	링링	돌핀	라이언록	바냔
일본	야기	가지키	구지라	곤파스	야마네코
라오스	리피	파사이	찬홈	남테운	파카르
마카오	버빙카	페이파	린파	말로	상우
말레이시아	룸비아	타파	낭카	냐토	마와르
미크로네시아	솔릭	미탁	사우델	라이	구촐
필리핀	시마론	하기비스	몰라베	말라카스	탈림
한국	제비	너구리	고니	메기	독수리
태국	망쿳	부알로이	앗사니	차바	카눈
미국	바리자트	마트모	아타우	에어리	란
베트남	짜미	할롱	밤꼬	송다	사올라

▲ 2019.3.20. 현재, 출처: 기상청 날씨누리(http://www.weather.go.kr)

061

석유는 어디에서 얻나요?

우리는 일상생활에서 에너지를 이용해 살아가고 있습니다. 음식을 만들고, 난방과 자동차 운행을 하고, 발전소에서 전기도 생산해서 이용합니다. 이처럼 에너지 자원은 일상생활에서 매우 중요합니다. 그중에서도 석유와 가스는 우리나라뿐 아니라 다른 많은 나라들에서도 사용하는 주요 에너지원입니다. 우리나라는 그 원유와 가스를 수입에 크게 의존하고 있지요. 석유는 어디에서 어떻게 얻을까요?

석유는 어떻게 만들어질까?

석유가 어떻게 생성되는지는 확실히 밝혀지지 않았지만, 현재로서는 생물 기원설이 유력한 설명으로 받아들여지고 있습니다. 지질시대 동식물의 유해가 퇴적되면서 석유의 근원암이 되고, 그것이 적당한 압력과 지열을 받아 서서히 화학변화를 일으켜서 석유가 생성되었다는 것이지요. 그렇게 만들어진 석유는 지각변동에 의해 모이기 쉬운 지층 구조로 이동하게 되는데, 석유나 가스가 모일 수 있는 위로 볼록한 지층 모양을 배사구조라고 합니다. 배사구조의 위아래에 석유나 가스가 빠져나가지 못하게 덮개암이 존재하면 석유 시추가 가능한 지층 구조가 되는데, 석유는 그러한 지층을 이루는 암석의 빈틈에 스며들어 있습니다. 이렇게 석유나 가스를 담고 있는 빈틈, 즉 '공극'이 많은 암석을 저류암이라고 합니다.

땅속 석유 뽑아내기

원유나 천연가스는 지하 500m 내외의 깊이에 있는 자원을 수직으로 시추해서 얻습니다. 땅속에 있는 원유나 가스를 뽑아내는 것을 시추라고 합니다. 보통의 원유는 유기물을 포함한 퇴적암이 변한 뒤 지하의 입자가 큰 암석 등을 통과해 지표면 부근까지 이동한 것입니다. 지상에서 가까운 덮개암을 사이에 두고 한곳에 모여 있기 때문에 수직으로 시추해 원유를 뽑아내며, 생산 비용은 배럴당 5~30달러입니다.

셰일오일은 보통의 원유와 달리 원유가 생성되는 근원암인 셰일층에서 뽑아내는 원유입니다. 셰일오일은 원유가 생성된 뒤 지표면 부근으로 이동하지 못하고 셰일층 안에 갇혀 있기 때문에, 수직으로 땅을 파 내려간 뒤 다시 수평으로 시추하는 고도의 기술 작업을 필요합니다.

그런데 1990년대 이후, 수압을 이용한 수평 굴착 기술의 발전으로 셰일층에 있는 원유나 천연가스를 뽑아내는 것이 가능해졌습니다. 그중에서도 수평 시추-수압 파쇄법은 셰일층에 수평으로 삽입한 시추관을 통해 물과 모래, 화학약품을 고압으로 분사해 암석을 깨고 석유와 천연가스를 빼내는 방법인데, 이를 활용해 셰일오일과 셰일가스를 생산하게 되었지요. 하

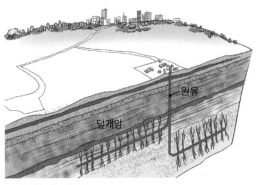

▲ 땅속에 있는 석유

지만 셰일층이 2~4km 정도의 깊은 곳에 있고 그것을 파고드는 수평관의 길이가 기술적으로 1.5km를 넘기 힘든 데다, 한 지역의 자원을 모두 개발하려면 10여 개 이상의 시추관을 뚫어야 하기 때문에 시추 비용이 배럴당 50~80달러나 든다는 단점이 있습니다. 특히 셰일오일은 불순물을 거르는 비용이 추가로 드는 데다, 시추 과정에서 대량으로 사용되는 물과 화학약품이 환경을 오염시킬 우려마저 있습니다.

우리나라도 석유 생산국?

우리나라는 세계에서 95번째 산유국입니다. 한국석유공사에 따르면, 울산 동남쪽 58km 동해상에 '동해-1 가스전'이 있는데, 2004년부터 천연가스 90%, 원유 10%의 비율로 원유를 생산하고 있습니다. 2005년 초에는 가스전 남쪽 2.5km 지점에서 약 508억 입방피트의 매장량을 가진 새로운 가스전(B5층)이 발견되었으며, 2008년 11월 개발이 완료되어 현재 기존 동해-1 생산 시설과 연계하여 천연가스 및 원유를 생산하고 있으며 약 2억 5천만 불의 수입 대체 효과가 있는 것으로 추정되고 있습니다. 동해-1 가스전의 하루 평균 생산량은 천연가스가 4,600만 입방피트, 원유는 890배럴로, 천연가스는 하루 31만 가구, 원유는 하루 1만 8천 대의 자동차에 공급할 수 있는 양입니다. 동해-1 가스전에서 생산되는 천연가스는 별도의 처리 공정 없이 그대로 사용할 수 있을 정도의 높은 열량을 가진 양질의 천연가스입니다. 천연가스와 함께 생산되는 원유는 초경질 원유로, 다른 유종에 비해 고가이며 무색투명하고 대기오염 물질 배출이 거의 없는 청정 연료입니다.

석유는 언제 고갈될까요?

석유는 한정된 자원입니다. 그런데 셰일오일처럼 기술 발달에 힘입어 채굴할 수 있는 석유의 양은 늘어날 수 있습니다. 또, 북극해와 같은 미개척지에서 경제성 있는 유전이 추가로 발견되기도 합니다. 현재 원유 매장량은 연평균 원유 생산량 300억 배럴의 약 70배인 2조 1,000억 배럴 정도인 것으로 추정되고 있습니다. 따라서 예상 고갈 시점은 약 70년 후라고 할 수 있습니다.

석유 값이 자주 바뀌는 이유

길거리의 주유소에서는 휘발유와 등유의 가격을 간판에 적어 놓습니다. 그것을 잘 살펴보면 기름 값이 수시로 바뀌는 것을 알 수 있는데, 그 이유는 무엇일까요? 어떤 상품의 가격은 기본적으로 생산량과 소비량의 관계에 따라 정해지는데, 여러 가지 정치 · 경제적 원인이 복합적으로 작용해서 원유를 생산하는 나라의 생산량과 원유를 소비하는 나라의 소비량이 수시로 바뀌기 때문입니다.

▲ 주유소의 가격 표시

062

돛단배와 잠수함은
어떤 해류의 영향을 받게 될까요?

아무런 동력도 없이 바다 위를 표류하는 배가 무사히 뭍에 닿았다면 어떤 힘
이 작용한 것일까요? 아마도 대부분의 사람들이 해류라고 자신 있게 대답하
겠지요. 그러나 그런 사람들도 해류가 정확하게 무엇이고 왜 생기는지 잘 모
를 때가 많습니다. 해류는 어떻게 발생하고, 얼마나 빠를까요?

해류란?

지구의 70%는 바다입니다. 그러나 우리는 지구의 30%에 해당하는 대륙에
대해서는 많이 알아도 해양에 대해서는 잘 알지 못합니다.

바다는 여러 가지 원인에 의해서 끊임없이 움직이고 있습니다. 바닷물(해수)
의 수평적인 운동은 방향과 속도가 거의 일정한데, 이러한 해수의 흐름을 해
류*라고 합니다. 표류하던 배가 구조되었다면, 아마 육지 쪽으로 흐르는 해류
에 실렸기 때문이겠지요.

해류는 어떻게 생겨날까

바다 표면의 물은 태양의 온기와 바람에 의해 움직입니다. 태양열이 바닷물을 팽창시키기 때문에, 따뜻한 적도 지방의 해수면은 온대 지방의 해수면보다 약 8cm 높습니다. 이 작지만 명백한 차이가 미세한 경사를 만들어 내서, 해수면이 높은 쪽(적도 지방)의 물이 중력에 의해 낮은 쪽(극지방)으로 흐르게 됩니다. 물론 지구가 자전하기 때문에 똑바로 남극이나 북극으로 흘러가지 못하고 서쪽으로 휘는 것처럼 흐르게 됩니다.

태양열보다 더 뚜렷한 효과를 내는 것은 바람의 힘입니다. 같은 방향으로 지속적으로 부는 바람의 힘은 바다 표면의 물을 바람 방향으로 움직이게 만듭니다. 물론 바닷물 쪽이 바람보다 속도는 훨씬 느립니다. 바람에 의해 한쪽으로 쌓인 바닷물은 다른 곳보다 해수면이 높아지고, 그러면 쌓인 곳의 수압이 커져서 경사를 따라 왔던 방향으로 되돌아 흘러내리게 될 것입니다. 이때에도 어김없이 전향력*에 의해 해류는 휘어지게 되고, 결국 다음 쪽 지도에서 보는 것과 같은 전 지구적인 해류의 흐름이 생겨납니다.

깊은 바닷속에서도 바닷물의 흐름이 같을까

더위를 피하려고 여름 바다에 뛰어들었다가 별로 깊이 들어가지도 않았는데 표면의 수온과 발에 닿는 해수의 온도가 달라서 당황한 적이 있지요? 바다가 생각과 다른 점은 그뿐이 아닙니다. 사람들은 흔히 바다 밑바닥이 아름다

해류 바다는 서로 다른 흐름을 가지는 여러 개의 큰 덩어리로 나뉘는데, 일정한 흐름을 가진 큰 덩어리 하나를 해류라고 한다. 해류는 표층수의 움직임과 심층수의 움직임으로 크게 나눌 수 있는데, 표층수는 바람과의 마찰력으로 인해 움직이고 심층수는 온도와 염분의 차이로 인해 움직인다. 이러한 움직임은 바닷물의 염분과 열을 순환시키는 역할을 한다.

전향력 지구처럼 회전하는 좌표계에서 물체가 운동할 때 운동 방향을 바꾸는 것처럼 작용하는 겉보기 힘. 처음으로 그에 관한 이론을 세운 사람의 이름을 따서 '코리올리 힘(Corioli's force)'이라고도 부른다. 물체의 운동 방향에 수직으로 작용하는데, 지구가 서쪽에서 동쪽으로 자전하므로 우리가 사는 북반구에서는 오른쪽으로, 남반구에서는 반대 방향인 왼쪽으로 힘이 작용한 것과 같은 효과를 내게 된다.

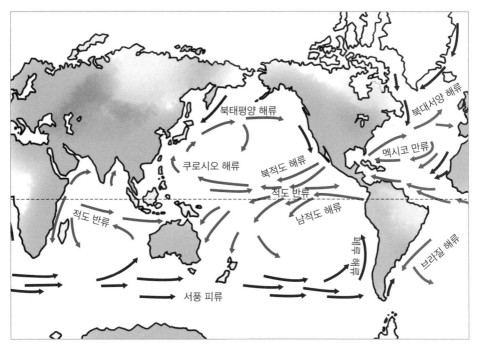

북태평양 해류

북대서양 해류

쿠로시오 해류

북적도 해류

적도 반류

멕시코 만류

적도 반류

남적도 해류

페루 해류

브라질 해류

서풍 피류

▲ 세계의 표층 해류

운 푸른색을 띤 평화로운 곳이리라고 기대하지만, 햇빛은 표층의 수십m에서만 머물기 때문에 그보다 깊은 바닷속은 칠흑 같은 어둠뿐입니다. 초급 스쿠버 다이버들 중에는 처음 바닷속에 들어갔다가 아무것도 보이지 않아 쇼크 상태에 빠지는 사람도 더러 있다고 합니다.

표면과 바닷속 수온이 다른 것은 표층의 바닷물과 심해의 바닷물이 같은 상태로 이동하지 않기 때문입니다. 표층의 해수는 바람과 태양열의 영향을 받지만, 깊은 바다의 해수는 바닷물의 밀도 같은 다른 요인에 의해 움직이지요.

최강 독일 잠수함의 비결

세계대전 당시의 독일 잠수함들의 활약상은 깊은 바다의 움직임에 관한 좋은 예입니다. 연합군에게는 안타깝게도 독일군의 잠수함은 최강을 자랑하였는데,

특히 지브롤터 해협에서의 전투가 늘 연합군의 발목을 잡았습니다. 독일군은 지중해와 대서양을 자유자재로 오가며 연합군을 공격하였는데, 그 비결은 깊은 바다의 해류를 잘 이용하는 것이었습니다.

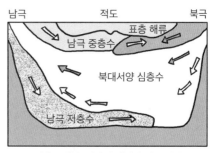

▲ 심층 순환을 나타낸 대서양 남북 단면도

해수는 차갑거나 염분을 많이 함유하면 밀도가 커집니다. 즉 무거워져서 가라앉게 되는 것이지요. 그래서 남극이나 북극의 해수는 바다 바닥으로 가라앉아 심층수를 형성합니다. 하지만 지브롤터는 따뜻한 지중해에서 대서양으로 나가는 길목이기 때문에 차가운 물의 흐름으로는 설명이 되지 않습니다. 그보다는 지중해의 표층에서 강수량보다 증발량이 많기 때문에 염분이 많은 짠물이 만들어진다는 점에 주목할 필요가 있습니다. 지중해 표층에서 만들어진 짠물은 지중해 바닥으로 가라앉게 되고, 그 빈자리를 채우기 위해서 대서양의 가벼운 물이 지중해로 들어오게 됩니다. 즉, 지중해의 표층에서는 대서양에서 지중해로 흘러드는 해류가 만들어지고, 심층에서는 가라앉은 무거운 해수가 바닥을 따라 대서양으로 흘러 나가게 됩니다. 독일의 잠수함들은 이 무거운 해류를 따라서 시동을 끈 채로 마치 돛단배가 바람에 몸을 맡기듯 대서양으로 흘러 나간 것입니다. 시동을 켜지 않은 독일 잠수함들이 잘 발견되지 않고 신출귀몰한 것은 당연한 일이었겠지요. 이렇게 해수의 밀도에 의해 만들어지는 해류를 '밀도류'라고 합니다.

지구는 우주에서는 작디작은 행성이지만 인간에게는 엄청나게 큰

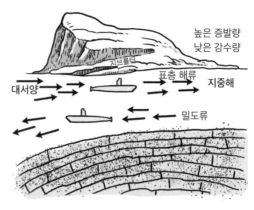

▲ 지중해의 밀도류를 이용한 독일 잠수정

세상입니다. 따라서 키가 2m도 채 되지 않는 인류가 대단치 않은 감각기관들로 이 행성을 송두리째 이해하기란 매우 힘든 일입니다. 눈에 보이는 바다와 대륙이 전부가 아니고, 조금만 깊이 들어가면 전혀 다른 세계가 펼쳐지기 때문입니다. 다만 새로 관찰되는 현상들을 그냥 넘기지 않고 끊임없이 연구해 가고 있으니, 앞으로도 이 행성에 대해 아는 것이 조금씩 더 늘어나겠지요.

태평양에 플라스틱 섬이?

바람과 해류는 바람직하지 않은 부산물을 바다에 남기기도 한다. 태평양에는 원이나 타원 꼴로 도는 거대한 순환 해류가 존재하는데, 바다 쓰레기들이 그것을 타고 떠다니다가 안쪽의 무풍지대로 흘러들면 그 자리에 머물게 된다. 시간이 흐를수록 유입되는 쓰레기의 양이 늘어나서 마치 섬처럼 보이기도 하는데, 태평양에는 거대한 쓰레기 섬이 두 곳 있다(오른쪽 사진의 옅은색 부분). 쓰레기의 대부분이 플라스틱이라 이것을 '플라스틱 섬'이라고 부르기도 한다. 쓰레기 섬은 바다를 오염시키고 바다 생태계를 크게 어지럽히기 때문에, 쓰레기가 더 흘러드는 것을 막고 이미 있는 쓰레기를 없애기 위한 활동이 국제적으로 벌어지고 있다.

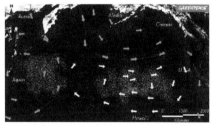

▲ 태평양의 쓰레기 섬들[출처: 그린피스 홈페이지 (http://www.greenpeace.org)]

063

대기오염이 경제에 큰 영향을 줄 수 있다고요?

화력발전소나 자동차 등이 늘어나면서 우리나라의 대기오염은 날이 갈수록 심해지는 것 같습니다. 더구나 중국 대륙으로부터 날아오는 미세먼지 때문에 마음 놓고 외출할 수 있는 날도 점점 줄어들고 있습니다. 2016년 6월 경제협력개발기구(OECD)가 발표한 '대기오염으로 인한 경제적 결과' 보고서에 따르면 한국이 대기오염에 제대로 대처하지 않을 경우 앞으로 40년 뒤에 경제적 피해가 클 것이라고 했다는데 그게 사실인가요?

대기오염 물질이란?

대기오염이란 사람이 만들었거나 자연에서 생겨난 물질이 대기 중에 배출되어 인간 활동과 동식물 등에 나쁜 영향을 미치는 것을 말합니다. 대기오염 물질은 기체 상태의 오염 물질과 입자 상태의 오염 물질로 나뉩니다. 기체 상태의 오염 물질에는 일산화탄소(CO), 질소산화물(NO_x), 황산화물(SO_x), 탄화수소 등이 있습니다. 입자 상태의 오염 물질에는 먼지, 에어로졸 등이 있습니다. 대기오염도를 판단하는 데에는 미세먼지, 오존(O_3), 일산화탄소, 질소산화물, 황산화물, 휘발성 유기화합물(VOCs) 등의 물질이 이용됩니다. 이들의 양을 측정하여 대기오염도를 발표하고 있지요. 이 물질들에 대해 하나씩 알아보겠습니다.

인체에 거름망이 없는 미세먼지

미세먼지란 입자의 지름이 10마이크로미터(μm) 이하인 먼지를 말합니다. 환경 법령에서는 이를 입자의 직경이 10μm보다 작고 2.5μm보다 큰 미세먼지(PM_{10})와, 직경 2.5μm 이하인 초미세먼지($PM_{2.5}$)로 다시 구분합니다. 미세먼지는 산업 생산 공정에서의 연소나 자동차 연료 연소 같은 특정 배출원으로부터 인위적으로 배출되거나, 자연에 존재하는 광물 입자(예: 황사), 소금 입자, 꽃가루 등으로 발생할 수 있습니다.

미세먼지는 입자가 아주 작아서 코 점막에서 걸러지지 않고 바로 폐까지 들어가 폐 기능 저하나 천식과 같은 호흡기 질환을 일으킬 수 있고, 피부와 안구 질환을 일으킬 수도 있어서 매우 위험한 물질입니다. 그중에서도 초미세먼지($PM_{2.5}$)는 폐포를 통해 혈관으로 들어가 혈관 질환을 일으키기까지 합니다. 최근에는 계절과 관계없이 심각한 미세먼지가 발생하여 여러 가지 피해를 주고 있습니다. 이는 산업화 및 인구 증가와 더불어 자동차, 공장, 가정 등에서 사용하는 화석 연료의 연소로 발생하는 인위적 오염 물질의 양이 크게 늘어났기 때문입니다.

▲ 공장 굴뚝에서 배출되는 대기오염 물질

두 얼굴의 오존

오존(O_3)은 산소 원자 세 개로 이루어진 자극성 있는 기체로, 살균 작용이

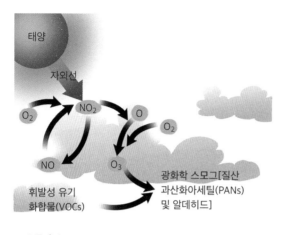

▲ 오존과 스모그

뛰어나 공기정화기나 소독 장치 등에 이용됩니다. 성층권에 존재하는 오존은 자외선을 흡수하여 지상의 생명체를 보호해 주는 보호막 역할을 하지만, 지표면 근처에 존재하는 오존은 그 양이 많아지면 호흡기나 눈을 자극하고 심할 경우 폐 기능을 약화시킬 수 있습니다. 또 식물의 성장을 저해해 농작물의 수확량 감소를 가져오기도 합니다.

혹시 일기예보에서 오존주의보가 발령되었으니 외출을 자제하라는 말을 들어 본 적이 있나요? 예보에서 말하는 오존이 바로 지표면 근처의 오존인데, 주로 자동차 배기가스에서 발생하는 질소산화물과 휘발성 유기화합물 등이 자외선과 반응하여 생성됩니다. 지표면 근처의 오존은 햇빛이 강할 때 많이 발생합니다. 우리가 오존주의보 소식을 주로 봄여름철 일기예보에서 듣게 되는 것도 그 때문입니다.

연탄가스 중독 사건의 주범, 일산화탄소

일산화탄소(CO)는 연료가 불완전연소할 때 발생하는 색도 냄새도 없는 기체로, 다량의 일산화탄소에 인체가 노출되면 혈액의 산소 운반 기능이 저하되어 치명적인 해를 입을 수 있습니다. 주된 배출원은 자동차 배기가스와 주택 난방인데, 주로 연탄으로 난방을 하던 지난날에 연탄가스 중독 사고의 원인 물질이 바로 일산화탄소였습니다.

연료의 연소로 발생하는 질소산화물과 황산화물

질소산화물(NO_x)은 자동차나 발전소 등에서 연료를 고온으로 태울 때 발생하는 물질로, 일산화질소(NO)와 이산화질소(NO_2)가 대부분을 차지합니다. 그중에서 이산화질소가 인체에 더 큰 피해를 준다고 알려져 있는데, 많은 양의 질소산화물에 인체가 노출되면 기관지염, 폐렴, 폐수종 등에 걸릴 수 있습니다. 또한 질소산화물은 대기 속의 수증기와 결합해 산성비를 만들어 내는 원인 물질이 되기도 합니다.

황산화물(SO_x)은 연료에 포함된 황 성분이 연소 때 공기 속으로 배출되어 발생하는 물질인데, 특히 이산화황(SO_2)은 인체의 점막을 자극하여 호흡 곤란을 초래할 수 있습니다. 발전소·난방장치의 연소 과정이나 제련 공장·정유 공장 등의 생산 공정에서 주로 발생합니다. 질소산화물과 마찬가지로 산성비의 주요 원인 물질로서 토양과 하천의 산성화를 초래하고, 식물에 피해를 주기도 합니다. 황 성분이 적은 연료를 사용하거나 공장의 굴뚝에 황 성분을 없애는 장치를 설치하면 황산화물의 발생을 줄일 수 있습니다.

새집증후군의 원인 물질, 휘발성 유기화합물

휘발성 유기화합물(VOCs, Volatile Organic Compounds)에는 휘발유와 같은 석유제품을 사용할 때 발생하는 휘발성 물질과 포름알데하이드, 벤젠 등의 탄화수소류가 포함됩니다. 대개 자극적이고 냄새가 심하며, 발암 물질인 것도 일부 있습니다. 대기 중의 휘발성 유기화합물은 질소산화물이 자외선에 의해 광분해되어 오존이 생성되는 반응에서 촉매 역할을 하며 가시거리를 나쁘게 하거나 호흡기 장애, 식물 손상을 초래합니다. 또 페인트나 바닥재, 벽지, 접착제 등의 건축자재에 사용되어 실내 공기 오염을 일으키기도 합니다.

누구나 한 번쯤은 새집증후군이라는 말을 들어 본 적이 있을 것입니다. 새집증후군이란 새로 지은 건축물에 사용된 페인트나 바닥재 등에서 발생하는 휘발성 유기화합물이 원인 물질로 작용하여 아토피성 피부염, 비염, 천식 등으로 거주자의 건강에 문제를 일으키거나 불쾌감을 주는 것을 가리키는 말입니다.

대기오염을 줄이려고 노력해야

지금까지 살펴보았듯이, 대표적인 대기오염 물질들은 대부분 연료의 연소 과정에서 발생합니다. 이들은 인체에 해를 끼치고 식물의 성장을 방해합니다. 우리가 적극적으로 대처하지 않는다면, 앞의 OECD 보고서에서 말한 것처럼 대기오염으로 인한 문제를 해결하는 데 많은 비용이 들고, 심할 경우 사망률이 높아질 수도 있습니다. 이러한 대기오염 물질을 줄이기 위해서 우리가 할 수 있는 일들을 생각해 보고 실천한다면 대기오염을 조금이라도 줄일 수 있을 것 입니다. 가까운 거리는 걷거나 자전거 또는 대중교통을 이용하는 것도 한 가지 방법이 될 수 있겠지요. 비록 작더라도 모두가 대기오염 물질을 줄일 수 있는 방법을 생각해 내 실천한다면 파랗고 맑은 하늘을 항상 볼 수 있지 않을까요?

◀ 뜬금있는 질문 ▶

성층권의 오존 구멍이 작아진 까닭은?

환경오염을 줄이려는 개인적 노력이 작은 실천이라면 국가 정책, 나아가 국제 협력을 통해 우리가 직면한 환경오염 문제를 더 효과적으로 해결할 수 있을 것이다. 2016년 6월 《사이언스》지에 남극 상공 오존 구멍의 넓이가 최근 줄어들었다는 연구 결과가 실렸다. 그에 따르면, 오존 구멍이 2000년과 비교해 인도 면적에 해당하는 400만㎢ 정도 감소했다고 한다. 이는 오랫동안 전 세계가 오존 파괴 물질의 사용을 줄이려고 노력한 결과인 것으로 보인다. 1987년 '몬트리올 의정서'를 채택한 세계 각국에서는 프레온가스 같은 오존층 파괴 물질의 감축에 나섰다. 우리나라도 1992년에 회원국으로 가입하고 관련 법률을 제정해 1999년부터 단계적 감축을 시작하였다. 법률 제정과 정부의 기금 조성 등으로 1998년 1만 3천t이었던 국내 오존층 파괴 물질 사용량을 2008년 1천8백t으로 줄이는 성과를 거두었고, 특히 프레온가스는 같은 기간에 5만 6천t 정도를 줄여 4.5억t의 이산화탄소 배출량 감축 효과를 냈다. 이는 국제 협력이 지구 환경문제를 해결하는 유력한 방법이 될 수 있음을 보여 주는 좋은 사례라 하겠다.

064

자동차의 내비게이션은
어떻게 위치를 알아낼까요?

자동차나 택시에 달려 있는 내비게이션을 본 적이 있지요? 자동차의 내비게이션은 신기하게도 음성과 움직이는 지도를 통해 자세하고 정확하게 길 안내를 해 줍니다. 이러한 내비게이션은 운전자가 어디에 있는지 어떻게 알고 길 안내를 하는 것일까요?

지피에스(GPS)란?

내비게이션의 길 안내는 바로 지피에스(GPS, Global Positioning System)라는 기술 덕분에 가능한 것입니다. GPS는 이름 그대로 '지구 위치측정 체계'라는 우리말로 번역될 수 있습니다. 즉, 지구상의 어느 한 점의 위도, 경도, 고도를 정확한 수치로 표현해 주는 시스템이라고 생각하면 됩니다. GPS는 미국 해군에서 군사 목적으로 1964년부터 가동되기 시작하였고, 1969년에 일반인에게 공개되었습니다. 1983년 소련이 우리나라의 대한항공 항공기 KAL007을 격추시

킨 사건 이후 미국의 레이건 대통령에 의해
민간인도 GPS를 사용하게 되었습니다.

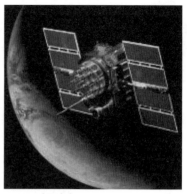
▲ GPS 인공위성

GPS는 세 개의 부문으로 구성되어 있습니다. 먼저, 우주 부문은 31개의 인공위성*으로 구성됩니다. 한번 쏘아 올린 인공위성은 궤도 수정을 위한 연료가 바닥나면 수명이 끝나기 때문에 약 7년을 주기로 교체해 주어야 합니다. 한 개의 무게가 900kg 정도이고 길이가 5m에 이르는, 인공위성 중에서 상당히 큰 편에 속하는 인공위성입니다. 고도 22,000km 상공에 자리 잡고 있으며, 6개의 궤도에서 12시간을 주기로 지구 주위를 공전하고 있습니다.

GPS를 구성하는 다음 부문은 GPS 인공위성을 통제해 주는 관제 부문입니다. 관제 부문은 세계에 총 다섯 곳이 있는데, 주 관제소

▲ GPS 인공위성 궤도

는 미국 콜로라도 주의 펠콘 공군기지에 있습니다. 이 관제소에서는 GPS 위성의 신호를 추적하여, GPS 위성의 궤도와 위성 안에 들어 있는 원자시계*의 오차를 수정해 주는 일을 합니다.

나머지 한 부문이 바로 사용자 부문인데, 사용자는 GPS 수신기를 이용하여

인공위성 행성의 둘레를 공전하는 인공적인 물체이다. 비행하는 궤도의 고도에 따라 정지위성과 이동위성으로 나눈다. 정지위성은 공전주기가 지구의 자전주기와 같아 마치 한 점에 고정된 것처럼 보인다.
원자시계 원자가 복사 또는 흡수하는 전자기에너지의 주기가 일정한 것을 이용해서, 그 주기를 검출하거나 그것과 주기가 일치하도록 제작된 정밀한 시계이다. 시간의 단위인 초는 바닥상태에 있는 세슘 원자가 2개의 초미세 구조 사이에서 전이할 때 복사 또는 흡수하는 전자기에너지 주기의 91억 9,263만 1,770배라고 정의되어 있다. 이것을 실현하는 장치가 세슘 원자시계로, 국제원자시 설정의 기준이 된다.

▲ GPS 위성 관제국

자신의 경도, 위도, 고도, 속도, 시간을 확인할 수 있습니다.

GPS의 원리

GPS의 원리는 다음과 같습니다. GPS 위성 안에는 십만 년에 1초의 오차를 갖는 아주 정밀한 세슘 원자시계가 들어 있습니다. GPS 위성은 이 시계의 정확한 시각과 위성의 정확한 위치를 전파로 지상의 수신기로 보내 줍니다. 지상의 수신기까지 오는 데 시간이 걸리므로 지상의 수신기의 시각과 위성에서 보내는 시각 사이에 차이게 생기게 됩니다. 이 두 시각의 차이에 빛의 속도를 곱해 주면 지상의 수신기에서 인공위성까지의 거리를 구할 수 있습니다. 이와 같은 작업을 네 대의 인공위성으로 동시에 해 주면 공간상의 한 점을 찾을 수 있게 됩니다. 그래서 GPS 수신기에서 최소 4개의 인공위성이 보여야 수신기는 정확한 위치를 찾을 수 있는 것입니다. 차량용 내비게이션이 하늘이 가려지는 고가도로 밑이나 지하차도를 지날 때 작동하지 않는 것은 바로 그 때문입니다.

재미있게도, GPS 수신기 안에는 인공위성과 달리 원자시계가 아니라 흔

히 사용하는 전자시계가 들어 있습니다. 그런
데도 수신기가 정확한 위치를 찾을 수 있는 것
은 GPS 수신기 안에 간단한 소프트웨어가 들
어 있기 때문입니다. 이 소프트웨어가 하는 일
은 간단합니다. GPS 수신기의 시계가 인공위
성의 시계와 서로 다르다면 그만큼 거리 오차
가 생길 것입니다. 거리 오차가 생기면 지상에

▲ 내비게이션

서의 위치가 한 점으로 맺히지 않기 때문에 늘어나거나 줄어든 만큼의 거리를
보정해 주어야 합니다. GPS 수신기 안에 들어 있는 프로그램은 4개의 인공위
성까지의 거리를 같은 비율로 줄이거나 늘려서 위치가 한 점으로 결정되도록
하는 역할을 합니다. GPS 수신기를 켜고 몇 분 기다려야 정보가 수신되는 것
도 한 점을 찾는 데 시간이 걸리기 때문입니다.

GPS의 오차

GPS로 수신된 위치가 완벽하게 정확한 것은 아닙니다. 인공위성의 시간과
위치가 100% 정확한 것은 아니기 때문에 인공위성에 의한 오차가 약 5m까지
발생합니다. 그리고 지구의 대기권은 전파를 굴절시키기 때문에 대기권에 의
해 약 30m까지 오차가 발생할 수 있습니다. 또 수신기 상태에 따라 10m까지
오차가 발생할 수 있고, 주변 건물이 전파를 반사시키기 때문에 주변 건물에
의해 1m 정도까지 오차가 발생할 수 있습니다.

그러나 군사용 GPS 수신기에는 이러한 오차들을 전부 수정할 수 있는 기술
이 내장되어 있기 때문에 오차 범위를 1cm까지 줄일 수 있습니다. 이라크 전
쟁 당시에 미군이 사용한 미사일의 GPS는 수백km 떨어진 곳의 볼펜 뚜껑에
미사일 탄두(끝)를 끼워 넣을 수 있을 정도로 정확했다고 합니다. 그러나 일반
수신기는 이러한 정밀한 기술이 내장되어 있지 않기 때문에 크게는 10m 이상

오차가 발생할 수 있습니다. 그러나 10m 정도의 오차는 사람이 직접 눈으로 확인 가능한 범위이기 때문에 일반 사용자에게는 전혀 문제가 되지 않습니다.

이러한 GPS 기술은 현재 교통관제, 차량용 내비게이션, 여행자 안내, 선박 항해, 항공기 운항, 유도미사일, 기상 및 지각운동 연구 등에 아주 광범하게 활용되고 있고 앞으로도 GPS 이용 분야는 더 확대될 것입니다. 그리고 대기에 의한 전자기파의 굴절을 보정하는 기술은 천체망원경에 적용되어, 지상에서도 우주에서 천체를 관측하는 것과 맞먹는 고해상도의 천체 영상을 얻을 수 있게 되었습니다.

인공위성의 종류는?

인공위성은 궤도에 따라 극궤도 위성과 정지궤도 위성으로 구분됩니다. 극궤도 위성은 고도 600~1,000km에서 북극과 남극 상공을 하루에 약 14회 지나면서, 지구 전 지역을 관측할 수 있습니다. 정지궤도 위성은 고도 약 36,000km의 적도 상공에서 지표 면적의 4분의 1 정도를 관측합니다.

065 토네이도는 우리나라에 없을까요?

영화 <트위스터>에서 주인공 조는 토네이도에 아버지가 날아가는 것을 목격한 후 토네이도 내부의 풍속과 기온, 압력 등을 알아내는 연구를 시작합니다. 이를 바탕으로 토네이도의 형성 과정과 실체를 밝혀 지금보다 더 정확한 예보로 인명을 구하기 위해서입니다. 주인공은 토네이도 계측기 '도로시'를 토네이도 중심에 밀어 넣고 그 속으로 들어가서 온몸으로 강풍을 견뎌 내며 쇠 파이프를 꼭 잡고 몸을 묶어 의지한 채 강도 5급 토네이도의 중심에서 목숨을 건지게 됩니다. 그런데 과연 이런 일이 실제로 가능할까요? 그리고 강력한 회오리바람인 토네이도는 어떻게 만들어지는 것일까요?

토네이도란?

토네이도*와 용오름이 같은 것이라고 생각하는 사람이 많지만, 엄밀하게 말하면 토네이도는 용오름 중에서 육지에서 발생하는 것을 가리킵니다. 용오름은 '격렬한 회오리바람을 동반하는 기둥 또는 깔때기 모양의 구름이 적란운 밑에

토네이도 바다나 넓은 평지에서 발생하는 매우 강하게 돌아가는 깔때기 모양의 회오리바람. 수평 방향의 규모보다 수직 방향의 규모가 크고, 중심부 풍속이 초속 100~200m에 이르기도 하며, 지상의 물체를 맹렬하게 감아올린다.

서 지면 또는 해면까지 닿아 있는 현상'으로, "용이 하늘로 승천하는 모습과 같다."고 하여 전래된 우리나라 고유의 용어입니다.

기상학에서는 육지에서 발생하는 용오름을 랜드스파우트(landspout), 해상에서 발생하는 용오름을 워터스파우트(waterspout)로 구분합니다. 토네이도는 미국 중부 대평원에서 발생하는 랜드스파우트(landspout)를 부르는 용어입니다.

▲ 토네이도

하지만 미국 중부 대평원뿐 아니라 중국이나 동남아시아, 인도, 이탈리아 같은 곳에서도 토네이도가 발생한 것으로 보고되고 있습니다. 가까운 일본에서도 육지 용오름이 가끔 발생하고 있으며, 우리나라에서도 바다 용오름이 심심치 않게 관측되는 데다 육지에서도 용오름으로 추정되는 현상이 가끔 보고됩니다. 우리나라 동해안에서 발생한 용오름으로 인해 바닷가의 민가에 물고기들이 하늘에서 떨어진 적이 있습니다. 용오름은 조건만 갖추어진다면 지구상 어디에서도 발생할 수 있는 기상 현상입니다.

일반적으로 용오름은 적란운이 발달하는 과정에서 관측되지만, 태풍이 상륙할 때에도 발생합니다. 또 지형이 복잡한 해안 근처에서도 자주 발생합니다. 확실한 것은, 미국 중부 대평원에서 발달하는 대규모의 강력한 토네이도에 비하면 바다에서 발생하는 용오름은 규모나 강도 면에서 훨씬 약하다는 점입니다. 이것은 미국 중부 대평원이 강력한 토네이도의 발생이 가능한 기상학적 조건을 갖추고 있기 때문입니다.

용오름은 어떻게 생길까?

그렇다면 용오름은 어떻게 발생하는 것일까요? 용오름을 발생시키는 모체는 급격히 발달하는 적란운*입니다. 적란운이 급격히 발달하려면 대기가 극히 불안정해서 대류가 활발해져야 합니다. 이러한 조건은 지면이나 해수면의 온도가 대기 온도보다도 훨씬 높고, 대기 하층이 습하고 대기 상층이 차고 건조할 때 일어나기 쉽습니다. 예컨대 동해의 해수 온도가 높고 상층에 차고 건조한 바람이 불 때, 또는 여름 낮 동안의 열대 해상이 이러한 조건을 갖추고 있다고 할 수 있습니다.

거대 적란운은 넓이가 수십km 정도나 되고 높이는 10km 이상으로 발달합니다. 적란운 속에서는 강한 상승기류에 의해 수증기가 응결할 때 나오는 열이 구름 속의 공기를 데워 주므로 공기의 상승 속도가 더욱 빨라지게 됩니다. 거대 적란운 내부의 공기는 상승하면서 회전하고, 회전하는 공기는 거대 적란운으로 빨려 들어가게 됩니다. 공기가 계속 상승하면서 더 많은 수증기가 응결하고 그때 발생하는 열 때문에 상승은 가속되고 회전은 급격하게

▲ 용오름

빨라져 적란운 하층에 지름이 몇km나 되는 용오름 회전 모체가 형성됩니다.

미국 중부 대평원은 캐나다 극 지역에서 형성된 차고 건조한 대륙성 한대 기단과 멕시코 만에서 생성된 덥고 습한 열대 해양성 기단이 만나는 곳입니다. 두 기단이 만나면 밀도가 큰 차고 건조한 대륙성 한대 기단이 덥고 습한

적란운 모양은 뭉게구름(적운)과 비슷하지만, 수직으로 현저히 발달한 구름덩이가 산이나 탑 모양을 이룬다. 구름의 상부는 얼음 결정으로 이루어져 있으며, 하부는 검은 회색의 두꺼운 비구름인 난층운과 비슷하다. 구름 속에 전하가 집적되어 있어 벼락이 치기도 하고 심한 소나기나 우박이 내리기도 하므로, 천둥 번개를 몰고 오는 '뇌운'이라고도 한다. 여름철에 잘 발달하지만 겨울철에도 전선을 따라서 생성된다.

해양성 기단 밑으로 급하게 파고들어 강한 상승기류를 만들어 냅니다. 습도가 높은 해양성 기단이 상승하는 동안 빠른 속도로 적란운이 형성되고 이 적란운이 발달하면서 더욱 강력한 상승기류를 형성하게 됩니다. 이러한 상승기류가 발달하는 곳의 지표 부근 기압은 100hpa로 주변의 약 10분의 1에 불과해 초강력 진공청소기와 같은 상태가 됩니다. 이것이 영화 〈트위스터〉에 나오는 토네이도의 생성 과정입니다. 이러한 토네이도의 중심은 초속 100m가 넘는 속도로 지상의 모든 것을 감아올리기 때문에 그 속에서 안전 장비 없이 사람이 살아남기란 매우 어려울 것입니다. 먼저 사람의 피부가 그만 한 압력을 견디지 못할뿐더러, 초속 100m가 넘는 속도로 날아다니는 주변의 물체들을 피하기란 불가능하기 때문입니다.

우리나라에 용오름이 자주 일어나지 않는 까닭은?

거대 적란운의 존재만으로 용오름이 발달하기는 어렵습니다. 용오름을 일으킬 만한 소용돌이의 씨앗이 있어야 합니다. 동해 연안이나 울릉도의 경우, 태백산맥 또는 섬을 넘으며 복잡한 지형의 영향으로 눈에 보이지 않는 소용돌이가 발생하거나 공기 흐름이 흐트러져서 용오름의 발달을 돕는 것입니다. 넓은 바다 한가운데에서는 기류가 흐트러지는 일이 적어서 용오름이 잘 발달하지 않습니다. 우리나라에서 용오름이 비교적 자주 발생하지 않는 것은 한반도 상공의 대기가 대체로 안정되어 있기 때문입니다.

토네이도에 대해서는 아직도 밝혀지지 않은 것이 많이 있습니다. 토네이도를 정확히 예보하기 위해서는 토네이도 내부뿐 아니라 토네이도 발생 전후의 대기 상태까지 정밀하게 관측한 자료를 바탕으로 더 많은 연구가 이루어져야 할 것입니다.

066

파도 높이가 10m 이상인 해일은
어떻게 만들어질까요?

2011년 3월 11일, 일본 미야기 현 센다이 시 동쪽 179km 해역에서 규모 9.0
의 초대형 지진이 일어났습니다. 규모 7.9 이상의 지진이 발생하면 광범한
지역에 큰 피해를 끼치는 지진해일이 발생할 수 있습니다. 수많은 인명과 재
산 피해를 입힌 이 동일본 대지진 때 발생한 지진해일의 최고 파도 높이는
10m가 훨씬 넘었습니다. 이처럼 무시무시한 해일은 어떻게 만들어지는 것
일까요?

지진해일과 폭풍해일

해일은 해수면이 갑자기 크게 높아져 많은 양의 해수가 해안으로 밀려 들
어오는 현상으로, 발생 원인에 따라 지진해일과 폭풍해일로 구분합니다. 과거
에는 대체로 폭풍해일만을 해일이라고 불렀는데, 1983년 5월 동해안에 밀어
닥친 지진해일로 엄청난 피해를 입은 뒤로 지진해일과 폭풍해일을 명확히 구
분하게 되었습니다.

지진해일은 해저에서 지진, 화산활동, 단층 같은 지각변동에 의해 해수면

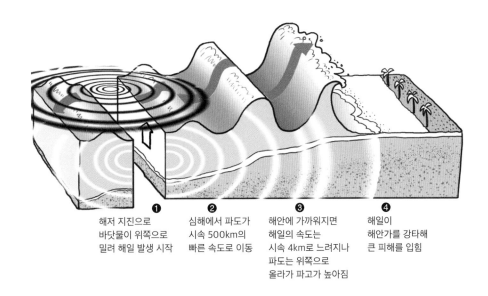

① 해저 지진으로
바닷물이 위쪽으로
밀려 해일 발생 시작

② 심해에서 파도가
시속 500km의
빠른 속도로 이동

③ 해안에 가까워지면
해일의 속도는
시속 4km로 느려지나
파도는 위쪽으로
올라가 파고가 높아짐

④ 해일이
해안가를 강타해
큰 피해를 입힘

▲ 지진해일의 발생 원인과 진행 과정

의 높이가 변하면서 발생합니다. 지진해일의 파고가 10m 이상 높아지는 것은 지진해일이 천해파*의 특징을 가지기 때문입니다. 해저 지형의 파도는 파장과 수심의 관계에 따라 심해파*와 천해파로 분류합니다. 심해파는 수심이 파장의 2분의 1보다 깊은 바다에서 생기는 파도로 해저 지형의 영향을 받지 않습니다. 그 반면에, 천해파는 수심이 파장의 20분의 1보다 얕은 바다에서 생기는 파도로 해저 지형의 영향을 받으며 수심이 깊을수록 속도가 빨라집니다.

파장이 100~200km 정도로 매우 긴 지진해일은 대양에서는 파고가 눈에 잘

천해파 수심이 파장의 20분의 1보다 얕은 곳에서 이는 파도. 파장이 수심에 비해 2배 이상 긴 파도라서 '장파'라고도 한다.

심해파 수심이 파장의 1/2보다 깊은 바다에서의 파랑을 말한다. 해면을 따라 전달되므로 표면파라고 부르기도 한다. 물 입자는 해면에서 파고를 지름으로 원운동을 하며, 수심이 깊어질수록 점차 운동하는 원의 크기가 급격히 작아진다. 수심이 파장의 1/2인 곳에서는 물 입자의 원운동 반지름이 표면의 약 1/23이 되고, 수심이 파장만큼 깊은 곳에서는 물 입자의 원운동 반지름은 표면의 약 1/530이 된다. 즉, 물의 표면에서만 물 입자가 원운동을 하고 깊은 곳에서는 정지된 상태를 유지하므로 바닷속 생태계에 별다른 영향을 주지 않는다.

띄지 않고 전파 속도가 빠릅니다. 그러다가 해안에 가까워질수록 수심이 얕아지므로 전파 속도가 느려지게 됩니다. 파도의 속도가 느려지면 뒤따라오던 파도의 마루 부분이 앞쪽 마루에 겹치듯이 쌓이면서 파도의 높이가 높아집니다. 따라서 파장은 몇km로 짧아지고 파고는 몇m에서 수십m까지 높아지게 됩니다. 그렇게 높아진 파도의 마루 부분이 해안에 다가오면 해수면이 급격히 상승하게 되는 것입니다.

지진해일은 지각변동이 활발한 태평양 연안에서 많이 발생하며, 발생 지역에서 수천km 떨어진 지역까지 전파되므로 해안 지역에 큰 피해를 줍니다. 1960년에는 페루 해역에서 발생한 지진해일이 하루도 지나지 않아 페루에서 14,500km 떨어진 일본에 도착하여 큰 피해를 준 적이 있고, 1993년에는 일본

▲ 2011년 동일본 대지진 당시의 지진해일로 인한 피해

홋카이도 부근에서 발생한 지진해일이 약 100분 만에 우리나라 동해안에 도달하여 큰 피해를 입혔습니다. 2004년 12월에 발생한 수마트라 섬 지진해일은 인도양을 건너 아프리카와 마다가스카르까지 피해를 주었습니다.

폭풍해일이란 열대저기압(태풍)과 같은 강력한 저기압이 바다 위에 발생하였을 때 동반되는 해일입니다. 저기압의 중심부에서는 기압이 낮기 때문에 해수면이 상승하게 됩니다. 이 상승한 해수면이 폭풍우와 함께 해안선에 피해를 입히는 것을 폭풍해일이라 합니다. 폭풍해일의 전파 시점이 밀물 때와 일치하게 되면 파동이 중첩되어 더 큰 해일이 만들어져 해안선에 막대한 피해를 입히기도 합니다.

우리는 파도나 해일이 해안을 덮쳐 인명 피해가 발생했다는 뉴스를 종종 접하게 됩니다. 파도란 바다 위에서 파동이 끊임없이 중첩되고 분해되는 과정입니다. 지진해일은 말할 것도 없고, 여러 가지 원인으로 인 파도가 한곳에 중첩되면 파도는 순식간에 높아질 수 있습니다. 특히 해안선의 파도는 그 안에 휩쓸린 물질을 바다로 끌고 나가는 성질이 있기 때문에 인명 피해를 발생시키기 쉽습니다.

'쓰나미'란?

쓰나미는 일본어 '쓰(津: 나루, 항구)'와 '나미(波: 물결)'로 이루어진 말이다. 직역하면 '항구의 파도'이다. 일본에서는 2016년까지 195건의 쓰나미가 발생한 것으로 알려져 있다. 쓰나미를 한때 '거대한 해일'이라고 부르기도 했는데, 쓰나미와 조류가 모두 내륙으로 밀어닥치는 파도를 만들어 내지만 쓰나미 쪽이 규모가 훨씬 크고 오래 지속되며 거대한 밀물의 특징을 보여 준다. 쓰나미의 영향력이 항구에만 국한되는 것이 아니므로, 지금은 지진해일을 가리키는 일반 용어로 쓰인다.

▲ 쓰나미를 표현한 가츠시카 호쿠사이의 목판화

067 파란 하늘과 흰 구름이 생기는 이유는?

천고마비(天高馬肥)의 계절, 가을. 유달리 높고 파란 하늘에 둥실 떠다니는
흰 구름을 보고 있노라면 역시 가을은 하늘을 자랑할 만한 계절임을 느끼게
됩니다. 그리고 한편으로는 이런 의문이 들기도 합니다. '하늘은 왜 파랗고,
구름은 왜 하얄까?'

빛의 반사

태양에서 나오는 빛이 한 매질에서 다른 매질로 전파해 가다가 둘의 경계
면에서 일부가 방향을 바꾸어 원래의 매질로 되돌아오는 현상을 반사라고 합
니다. 반사에는 법칙이 있습니다. 빛이 들어오는 각도(입사각)와 반사되어 나아
가는 각(반사각)이 같다는 것이지요. 일반적으로 매끈한 면에서 일어나는 반사
를 정반사라 하고, 울퉁불퉁한 면에서 일어나는 반사를 난반사*라고 합니다.

'산란'은 이 중에서 난반사를 가리키는 말입니다. 잔잔한 호수에 비친 산의 모습은 마치 평면거울에 비춘 것처럼 멋진 풍경을 이룹니다. 매끈한 평면과 비슷한 잔잔한 수면에서 정반사가 일어나

▲ 정반사를 일으키는 호수

기 때문이지요. 그러다 바람이 불어 물결이 일면 아름답던 풍경화는 이내 사라지고, 호수는 온통 보석처럼 반짝이게 됩니다. 울퉁불퉁한 호수 면에서 난반사가 일어나는 것이지요.

빛의 파장

태양에서 지구로 전달되는 빛에서 가장 많은 부분을 차지하는 것은 우리 눈으로 볼 수 있는 가시광선입니다. 가시광선의 파장 영역은 대략 450~710나노미터(nm)인데, 파장이 다르면 다른 색을 나타내게 되어 우리는 빛을 보통 색으로 인식하게 됩니다. 파장이 짧은 쪽 빛은 보라색 계열, 긴 쪽 빛은 붉은색 계열로 보이지요. 그리고 빨강(적색)보다 파장이 더 길어서 우리 눈에 보이지 않는 부분을 적외선이라 하고, 보라(자색)보다 파장이 더 짧아서 역시 우리 눈에 보이지 않는 부분을 자외선이라고 합니다. 파장이 짧다는 것은 1초 동안에 진동하는 횟수가 많다는 것을 뜻합니다. 결국, 빨강보다 파랑 쪽이 같은 시간에 더 많이 진동한다는 말이지요.

난반사 표면이 고르지 않은 물체에 비친 빛들이 저마다 다른 방향으로 반사되어 나아가는 것. 우리가 물체를 볼 수 있는 것은 난반사 때문이다.

하늘이 파란 이유

앞에서 말했듯이, 같은 거리를 이동할 때 붉은색보다 파란색 계열이 더 많이 진동합니다. 다시 말해, 더 많은 움직임을 보입니다. 햇빛이 진공 상태인 우주 공간으로부터 지구 대기권으로 진입해 대기층 등의 장애물을 지날 때에는 움직임이 많을수록 방해를 더 많이 받게 되므로 빛이 흩어지는 산란이 더 잘 일어납니다.

그렇다면 가시광선 가운데 파랑보다 보라 쪽 빛이 파장이 더 짧으니까 하늘이 보라색일 법도 하지만, 보라 영역은 파랑 쪽보다 가진 에너지가 매우 적습니다. 따라서 보라 부분의 빛은 두꺼운 대기층을 통과하기 전에 에너지를 다 써 버려 우리 눈까지 도달하지 못합니다. 고도가 높아질수록 하늘이 보라에 가까운 색을 띠게 되는 것은 그 때문입니다.

가을 하늘은 왜 더 높고 파랄까

우리나라는 가을에 양쯔강 기단*의 영향을 받은 이동성 고기압*의 영향권에 들게 됩니다. 고기압은 하강기류를 발생시켜 대기 안의 먼지를 없애는 역할을 합니다. 그리고 맑은 날씨가 열흘 이상 지속될 때 공기가 건조해지는 것도 붉은색의 산란을 막아 파란색이 더 돋보이게 하는 역할을 합니다. 그래서 가을 하늘이 더 높고 파랗게 보이게 되는 것입니다.

구름이 흰 이유

구름은 대부분이 수증기가 응결한 물방울들로 이루어져 있습니다. 그런 구

양쯔강 기단 대륙성 열대 기단으로 따뜻하고 건조하며, 주로 봄과 가을에 이동성 고기압의 형태로 양쯔강 방면에서 온다.
이동성 고기압 중심 위치가 고정되어 있지 않고 움직이며 비교적 규모가 작은 고기압이다. 주로 봄과 가을에 잘 나타나며, 시베리아 고기압의 일부 또는 양쯔강 기단이 이동성 고기압의 형태로 우리나라 부근을 통과한다.

름이 흰색으로 보이는 것은 수많은 물방울에 의해 가시광선 영역의 모든 파장의 빛이 산란한 후 하나로 합쳐진 상태로 우리 눈에 들어오기 때문입니다. 그렇게 가시광선 영역의 모든 색이 합쳐진 것을 우리 눈은 흰색으로 인

▲ 얼음덩이와 얼음 가루

식합니다. 투명한 얼음덩이를 깨서 가루로 만들면 흰색으로 보이는 것과 같은 원리이지요.

조금 어렵지만 참고로 덧붙이자면, 공기 분자 크기 정도의 매우 작은 입자들에 비친 빛(가시광선)이 서로 다른 색으로 나타나는 현상을 '레일리 산란(Rayleigh scattering)'이라 하고, 구름이나 눈을 이루는 물방울처럼 투명하고 상대적으로 큰 입자들에 비친 빛이 흰색으로 보이는 현상은 '미 산란(Mie scattering)'이라고 합니다.

아침저녁 하늘은 왜 붉을까

하늘이 빛의 산란으로 파랗게 보인다는데, 햇빛이 더 많은 대기층을 뚫고 들어오는 아침저녁 하늘은 붉은색 노을로 물들어 있습니다. 분명 모순된다는 생각이 들지 않나요?

그러나 파란 하늘과 노을의 원리는 같습니다. 해가 뜨고 지는 아침과 저녁에는 대기층을 투과해 오는 빛의 경로가 낮보다 훨씬 길어지게 됩니다. 따라서 도중에 산란이 더 잘 되는 파란색 계열의 빛이 관찰자에게 도달하기 전에 주로 흩어져서, 관찰자가 붉은 노을을 보게 되는 것이지요.

무심히 보아 온 하늘의 변화에 이토록 다양한 빛의 파동 현상이 숨어 있다니, 세상은 참으로 흥미롭기만 합니다. 이처럼 현상 뒤에 숨은 원리를 찾아내는 재미야말로 과학을 하는 또 다른 이유가 아닐까 합니다.

상층운과 하층운의 차이점은?

상층은 온도가 낮고 풍속이 강해서, 얼음이 넓게 퍼진 상태로 관측될 때가 많다. 하층은 상대적으로 온도가 높고 풍속이 약해서, 물방울이 좁은 영역에 모인 상태로 관측될 때가 많다. 중층운에는 얼음 입자와 물방울이 섞여서 존재한다.

068 남극의 오존홀이 가장 큰 까닭은?

프레온 가스가 오존층을 파괴한다는 사실은 모두 알고 있을 것입니다. 그렇다면 프레온 가스는 어떠한 과정으로 오존을 파괴하는 것일까요? 그리고 프레온 가스를 사용하는 나라의 대부분이 북반구에 있는데, 왜 사람도 거의 살지 않는 남극의 상공에 오존홀이 가장 크게 나타날까요?

오존을 파괴하는 프레온 가스

오존층을 파괴하는 것은 잘 알다시피 프레온 가스라는 물질입니다. 프레온 가스의 본디 이름은 '염화불화탄소'이고, 영어 이름의 머리글자를 따서 CFC(Chloro Fluoro Carbons)라고 표기합니다. 프레온 가스는 화학적으로 안정된 상태이기 때문에 대기권으로 방출된 후에도 거의 분해되지 않고 쉽게 성층권*까지 올라갑니다. 성층권에 올라간 CFC는 자외선에 의해 분해되어 염소 원자를 방출합니다. 이때 생긴 염소 원자가 오존*의 생성·소멸 과정에서 발생하는 산소 원자들을 산소 분자로 합성해 버리기 때문에 성층권의 오존은 점차 산소 분자로 바뀌게 됩니다.

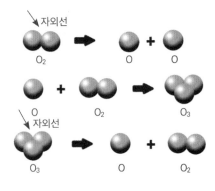

▲ 오존의 생성과 소멸

왜 오존홀은 남극에?

프레온 가스는 스프레이 같은 발포 분사제, 냉장고의 냉각제, 반도체의 세척제로 이용됩니다. 따라서 사용량이 많은 북반구에서 오존홀이 커야 할 것 같은데, 남극 대륙의 상공에서 오존홀이 가장 크게 나타납니다. 왜 그럴까요?

이것은 '영하 80°C에 육박하는 낮은 기온과 공기의 대류 현상' 때문입니다. 다른 지역은 기온이 높아서 CFC 같은 오염 물질이 오존층이 있는 성층권에 도달하기 전에 화학반응을 일으켜 변질되어 버리지만, 기온이 낮은 남극에서는 날아온 CFC가 변질되지 않은 채로 성층권까지 도달해 오존층을 파괴하는 것입니다. 또한 남극 성층권의 겨울철 대기는 남극을 중심으로 거의 원형을 이루면서 매우 빠른 속도로 회전하고 있습니다. 마치 남극 주위에 원형 에어 커튼이 쳐진 꼴이지요. 이러한 대기 순환 때문에 저위도 지방의 따뜻한 공기와 그 안에 포함된 오존이 남극으로 공급되지 못하고, 따라서 남극은 겨울 동안 극도로 냉각됩니다. 이렇게 분리된 남극 성층권의 대기에서는 태양에너지가 거의 없는 겨울 동안 오존의 생성이 중단됩니다. 하지만 우연히 남극 성층

성층권 대류권과의 경계면인 고도 약 10km부터 고도 약 50km까지의 대기층. 하층에서는 높이에 상관없이 기온이 일정하지만, 약 20~30km 지점에서 오존들이 자외선을 흡수하는 오존층부터는 높이에 따라 기온이 올라간다.

오존 산소 원자 3개로 이루어진 산소의 동소체로서, 산소보다 훨씬 불안정하다. 특유한 냄새 때문에 '냄새를 맡다'를 뜻하는 그리스어 ozein을 따서 명명되었으며, 공기 속에 0.0002부피퍼센트만 존재해도 냄새를 감지할 수 있다.

촉매 반응속도를 빠르게 하거나 늦추어 주는 물질이다. 반응이 끝난 후에도 원래의 상태로 존재한다.

권의 대기로 유입된 염소는 촉매* 반응을 통해 오존을 지속적으로 파괴합니다. 지금까지 연구된 바에 따르면, 한 개의 염소 원자가 약 10만 개의 오존 분자를 파괴한다고 합니다. 이런 식으로 한번 공기 중으로 방출된 CFC가 수십 년간 남아 있으면서 계속해서 오존층을 파괴하는 것입니다. CFC가 성층권에 도착하려면 20~30년이 걸리고, 성층권에 도착한

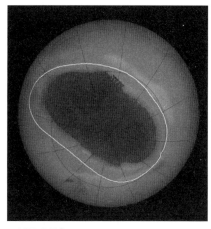

▲ 남극 오존홀

후에는 300년 동안이나 머무를 수 있다고 합니다. 이것이 남극 성층권의 오존 농도가 낮은 이유입니다.

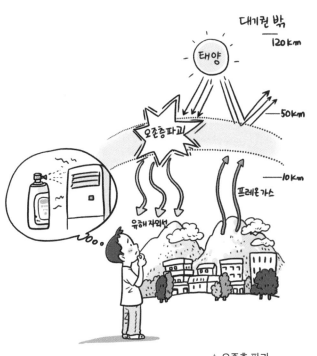

▲ 오존층 파괴

그렇다면 북반구에서는 왜 남극 상공만큼 큰 오존홀이 발생하지 않을까요? 남극의 겨울철 성층권 대기 순환이 단순한 원형인 것과 달리, 북반구에서는 주변의 대륙 때문에 매우 복잡한 형태를 띱니다. 그리고 이처럼 복잡한 대기 순환으로 인해 북극의 공기가 중위도의 공기와 섞이면서 오존을 공급받기 때문에 북반구에서는 남극에서 보는 것과 같은 심각한 오존 감소가 발생하지 않는 것입니다.

두 얼굴을 가진 오존!

오존층은 태양으로부터 오는 자외선을 차단하여 지상의 생물체를 보호해 주는 유익한 역할을 합니다. 그런데 일기예보에서는 자외선이 강한 날에 오존 주의보를 발령하여 외출을 삼가라고 권하기도 합니다. 왜 그럴까요? 이는 일기예보에서 말하는 오존이 앞에서 살펴본 성층권의 오존과 성분은 같아도 전혀 다른 작용을 하기 때문입니다. 피부암, 백내장 등으로부터 우리를 지켜 주는 성층권 오존과는 달리, 대도시에서 여름철에 발령되는 오존주의보에서 말하는 오존은 자동차의 배기가스에서 배출되는 이산화질소(NO_2)가 자외선에 의해 분해되어 생기는 2차 오염 물질로서, 광화학스모그를 유발하고 호흡기를 자극하며 식물의 생장을 억제합니다. 이것을 대류권 오존이라고 합니다. 따라서 햇빛이 강한 날에는 되도록 자동차 운행을 줄이는 것이 대류권 오존으로 인한 피해를 줄이는 지름길이겠지요.

◁ 뜬금있는 질문 ▷

오존주의보는 언제 발령하나요?

3단계로 이루어진 오존경보 제도 가운데 한 가지로, 가장 낮은 단계가 오존주의보이다. 대기 중 오존 농도가 1시간 평균 0.12ppm 이상일 때 발령된다. 대류권의 오존은 광화학반응에 의하여 발생하기 때문에 일조량이 많은 여름철에 농도가 가장 높게 나타나고, 하루 중에는 오후 2~5시에 가장 높게 나타난다. 특히 자동차 통행량이 많은 도시 지역과 휘발성 유기화합물을 많이 사용하는 지역에서 더 높게 나타나는데, 연간 평균 오염도의 변화보다는 단기간의 고농도 상태가 인체에 나쁜 영향을 미친다. 한국은 1995년부터 대기

오염의 심각성을 일깨우기 위하여 오존경보 제도를 도입하였다. 오존주의보가 발령되면 과격한 실외 운동을 자제하고, 호흡기 환자나 노약자·어린이는 실외 활동을 삼가며, 되도록 대중교통을 이용하는 것이 좋다. 오존주의보의 기준을 넘어 1시간 평균 오존 농도가 0.3ppm 이상일 때에는 오존경보, 0.5ppm 이상일 때에는 오존중대경보가 발령된다.

드라이아이스는 얼음처럼 생겼는데 왜 만지면 화상을 입나요?

069

냉장고의 냉동고는 낮은 온도를 유지하기 때문에 아이스크림이나 냉동식품 등을 오랜 시간 보존할 수 있습니다. 하지만 음식물을 보관하기 위해 전기냉장고를 들고 다닐 수는 없는 일입니다. 그럴 때 드라이아이스를 사용하면 편리합니다. 아이스크림 가게에서 손님들이 목적지까지 가는 동안 아이스크림이 녹지 않도록 포장 안에 드라이아이스를 넣어 주는 것이 그 예입니다. 그런데 참 이상합니다. 드라이아이스를 보면 꼭 얼음처럼 생겼는데, 만지면 화상을 입는다고 합니다. 왜 그럴까요?

상온에서 액체 이산화탄소를 볼 수 없는 이유

물을 비롯한 여러 물질들은 일반적으로 대기압*에서 온도에 따라 기체, 액체, 고체의 세 가지 상태를 관찰할 수 있습니다. 그러나 어떤 물질은 대기압 하

대기압 공기 무게에 의해 생기는 대기의 압력. 76cm의 수은 기둥이 누르는 압력과 같은데, 이것은 약 1,000km 높이의 공기 기둥이 누르는 압력에 해당한다. 수은 대신에 물을 사용한다면, 수은이 물보다 13.6배 무거우므로, 물기둥의 높이가 76cm×13.6=1,033.6cm, 즉 10.33m 정도가 될 것이다. 진공펌프를 이용할 때 물을 수면에서 10m 이상 끌어올릴 수 없다는 것을 이로부터 알 수 있다.

에서 액체라는 중간 상태를 거치지 않고 고체에서 직접 기체로 변하는데 이를 승화라고 합니다. 예를 들면, 이산화탄소는 대기 압력이 1기압일 때 기체 상태로만 존재합니다. 즉, 정상적인 대기압에서 이산화탄소는 어떤 온도에서도 액체로 존재하지 않습니다. 고체 이산화탄소를 대기 중에 놓아두면 승화하여 바로 기체가 되기 때문입니다. 드라이아이스라는 이름은 그래서 붙었습니다.

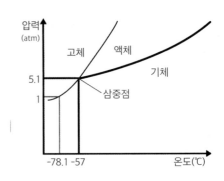

▲ 이산화탄소의 상평형 그래프*
삼중점은 대기압보다 훨씬 더 높은 압력에 있으므로 평상시에는 액체 이산화탄소가 존재하지 않는다.

소화기에서 나오는 흰 안개는 이산화탄소일까요?

이산화탄소는 종종 소화기에도 사용되는데, 소화기 속의 이산화탄소는 고압 하에서 25°C의 액체 상태로 존재합니다. 소화기에서 방출된 이산화탄소는 1기압에서 기체로 변합니다. 이 기체 이산화탄소는 공기보다 무겁기 때문에 바닥으로 가라앉아 불꽃으로부터 산소를 차단시킴으로써 불을 끌 수 있습니다. 또한 액체에서 기체로 바뀌는 변화(이를 '기화'라고 합니다)는 주위로부터 열을 빼앗는 반응이므로 냉각 효과가 나타나 이 또한 불을 끄는 데 큰 도움이 됩니다.

한편, 이산화탄소 소화기를 분사할 때 생기는 '안개'는 고체 이산화탄소가 아닙니다. 이산화탄소의 냉각 작용으로 공기 중의 수증기가 응결되어 작은 얼음 알갱이가 보이는 것이지요.

상평형 그래프 물질의 몇 가지 상태 사이의 평형상태를 나타낸 도표. 주로 온도와 압력을 이용하여 나타낸다. 순수한 물질인 경우에는 평면에 그릴 수 있지만, 여러 성분이 섞인 계인 경우에는 독립적으로 변화하는 상태량이 많으므로 입체적으로 그리기도 한다.

화상이 아니라 동상!

드라이아이스는 -78.1℃에서 승화하는 물질로, 0℃인 얼음과 달리 매우 온도가 낮은 물질이기 때문에 직접 손이나 몸에 닿으면 바로 동상에 걸리기 쉽습니다. 그러므로 장갑을 끼고 다루어야 합니다. 직접 손에 닿으면 피부 주위의 열을 빼앗기 때문에 온도가 급속히 내려가 조직 장애가 일어나서 동상에 걸리게 됩니다. 조직 장애로 인해 화상을 입었을 때와 비슷한 느낌이 들지만, 실제로는 급격한 온도 하락에 의해 동상에 걸린 것입니다.

▲ 고체 이산화탄소(드라이아이스)의 승화
흰색 구름은 고체 표면 근처의 온도가 낮아져 공기 중의 수증기가 응결된 것이다.

◁ 뜬금있는 질문 ▷

동상에 걸렸을 때에는 어떻게?

대표적인 겨울철 피부 질환인 동상은 영하 2℃ 이하의 심한 추위에 오랫동안 노출될 때 연한 조직을 포함한 피부가 얼어서 그 부위에 혈액 공급이 안 되어 걸리게 된다. 귀나 코 같은 신체 말단 부위나 뺨, 손가락, 발가락 등에 주로 발생하며 언 부위가 차고 창백하게 변하면서 감각이 떨어진다. 동상에 걸리면 우선 37~40℃의 따뜻한 물에 30~60분 담근 뒤 최대한 따뜻하게 해 주어야 한다. 심한 동상은 통증이 심하고 이차적인 세균 감염의 위험이 있으므로 반드시 병원을 찾는 것이 좋다. 동상과 비슷한 피부 질환으로 '동창'이 있다. 동상이 강한 추위로 피부가 어는 것이라면 동창은 약한 추위에도 생길 수 있으며, 주로 손가락, 발가락 끝부분이 따끔거리는 느낌과 함께 붉어지면서 붓고, 심하면 물집도 생길 수 있다.

070

산소가 물에 녹지 않아서 수상치환으로 모은다면서 보통 물속에는 어떻게 산소가 들어 있나요?

실험실에서 기체를 모을 때 산소는 수상치환으로 모읍니다. 수상치환은 물에 녹지 않는 기체를 모을 때 사용하는 방법이니 산소는 물에 잘 녹지 않는 기체이겠죠. 하지만 물고기는 물속에 녹아 있는 산소로 숨을 쉽니다. 물에 잘 녹지 않는 산소가 어떻게 녹아 있는 것일까요?

기체를 모으는 방법

기체를 포집하는 데에는, 다시 말해서 어떤 물질에 들어 있는 작은 양의 기체 성분을 분리해서 한데 모으는 데에는 다음과 같은 방법들이 있습니다.

- 하방치환: 공기보다 무거운 기체일 때
- 상방치환: 공기보다 가벼운 기체일 때
- 수상치환: 물에 녹지 않는 기체일 때

산소는 수상치환으로 포집하는 대표적인 기체입니다. 산소를 다른 방법으로 모으지 않는 이유는 무엇일까요? 한 가지 이유는 산소와 공기의 밀도(또는 기체 분자

하방치환   상방치환   수상치환

▲ 기체 포집 방법

량) 차이가 크지 않다는 것입니다. 공기의 평균 분자량은 28.8, 산소의 분자량은 32로 둘의 밀도 차가 크지 않기 때문에 상방치환이나 하방치환으로 모으기가 어렵습니다.

또 다른 이유는 다음과 같은 산소의 특성에서 찾을 수 있습니다.

산소(O_2)는 물에 녹기 매우 어려운 기체로, 1L인 물에 0°C에서 0.0491g, 20°C에서 0.0311g밖에 녹지 않는다.

즉, 산소는 물에 아주 조금밖에 녹지 않습니다. 염화수소(HCl)가 1L인 물에 20°C에서 770g 녹는 것과 비교해 보면 산소가 물에 얼마나 잘 안 녹는지 알 수 있습니다.

산소의 수상치환과 관련하여 우리는 '녹지 않는다'의 말뜻과 '산소 포집의 목적'에 대하여 다시 생각해 볼 필요가 있습니다.

첫째, '녹지 않는다'란? 이것은 물질이 물에 전혀 녹지 않는다는 말이라기보다는 아주 조금밖에 녹지 않는다는 뜻으로 하는 말입니다. 예컨대, 일반적으로 물에 녹지 않는다는 질소(N_2), 염화은(AgCl), 브롬 가스(Br_2) 등도 정확히 말하면 '전혀' 녹지 않는 건 아니고, '극히 적은 양'만 물에 녹습니다.

둘째, '산소 포집의 목적'은? 중·고등학교 수준에서 산소를 포집하는 목적은 산소를 확인하고 이용하는 데 있지 생성량이 중요한 것은 아닙니다. 따라서 극히 소량이 물에 녹는다 하더라도 크게 문제 되지 않습니다.

산소를 수상치환으로 모으는 이유

산소는 색깔과 냄새가 없어서 공기 중에서는 얼마나 모였는지 알 수 없고 공기와 밀도 차이가 크지 않아서 상방치환이나 하방치환으로 모으기 힘든 데다가 물에 극히 소량밖에 녹지 않기 때문에, 눈으로 확인하기 쉽고 순수한 기체를 모을 수 있는 수상치환으로 포집하는 것입니다. 하지만 '전혀' 안 녹는 것이 아니라 '소량'은 녹기 때문에, 물속에는 당연히 산소가 들어 있습니다. 이렇듯 물에 조금 녹아 있는 산소 덕분에 수중 생물들이 살아갈 수 있는 것입니다. 물론 물에 녹아 있는 산소의 양은 아주 적지요. 대신 물속 식물이 물속에 산소를 공급해 줍니다. 물고기를 기를 때 어항이나 수족관에 식물을 함께 기르거나 기포 발생 장치를 넣어 주는 것도 물고기가 호흡을 하는 데 필요한 산소를 보충해 주기 위해서입니다. 그래도 산소가 부족할 경우 물고기가 수면 위로 올라와 입을 자주 벌리게 되는 것이랍니다.

산소가 물에 잘 안 녹는 이유

산소가 물에 잘 안 녹는 것은 물 분자의 극성 때문입니다. 극성이란 분자가 부분적으로 양전하*와 음전하를 띠는 것을 말하는데, 산소는 두 개의 산소 원자가 무극성 공유결합을 통해 만든 무극성 분자입니다. 그와는 달리 물은 극성 분자이기 때문에 무극성 분자인 산소가 물에 잘 녹지 않는 것입니다.

양전하 물체가 띠고 있는 양의 전기적 성질을 뜻하며, 음전기보다 양전기를 더 많이 가지고 있는 상태 또는 양의 전기적 성질을 가지는 전하를 말한다. 양전하를 가지는 대표적인 예로 양성자가 있다.

용존 산소량(DO)

물속에 녹아 있는 산소의 양을 용존 산소량(DO)이라고 합니다. 단위는 ppm 입니다. 용존 산소는 대체로 공기 속의 산소가 녹아든 것인데, 그 녹는 양은 온도와 기압에 따라 달라집니다. 물 1kg에 산소 1mg이 녹아 있는 것을 1ppm이라고 했을 때, 대기압 하에서는 20°C의 순수한 물의 DO는 약 9ppm이고 온도가 낮아짐에 따라 증가하여 4°C에서 약 13ppm이 됩니다. 생물의 호흡이나 용해 물질의 산화 등에 의해 소모되기 때문에 더러운 물일수록 DO는 감소합니다. 그 반면에, 조류(藻類) 등이 번식하면 광합성 작용으로 DO가 증가하여 과포화* 상태에 이를 때도 있습니다.

과포화 용액이 어떤 온도에서 용해도에 해당하는 양보다 더 많은 용질을 포함하고 있는 상태를 말한다. 어떤 온도에서 증기압이 그 온도에서의 포화 증기압보다 더 커진 상태를 나타내는 말로도 쓰인다. 일정한 온도와 압력에서 보통의 용액은 일정량의 용질만을 녹일 수 있는데, 이러한 한계에 도달한 용액을 포화용액이라 한다.

이산화탄소는 물에 잘 녹을까?

이산화탄소는 물에 약간 녹아 탄산이 되어 약한 산성용액을 만든다. 기체의 용해도는 압력을 높이고 온도를 낮출수록 증가하기 때문에 탄산음료를 만들 때 온도를 낮추고 압력을 높여서 이산화탄소를 녹인다. 탄산음료를 마실 때 따가운 느낌이 드는 것은, 마개를 따는 순간 압력이 낮아지고 온도가 올라가 음료 속에 탄산 형태로 녹아 있던 이산화탄소의 용해도가 낮아져 기화해 날아가면서 입안을 자극하기 때문이다.

탄산음료 속 이산화탄소 ▶

071 연필심이랑 다이아몬드는 같은 물질인가요?

연필심과 다이아몬드는 모두 탄소(C)로 이루어진 물질이라는데, 색깔이나 모양부터 성질까지 너무나 다릅니다. 똑같이 탄소로 이루어진 물질인데 왜 이렇게 다른가요?

재료는 같지만 구조가 달라

우리 주변의 모든 물질은 다양한 원소들로 이루어져 있습니다. 물질 가운데 한 가지 원소로만 이루어진 것을 홑원소 물질, 두 가지 이상의 원소들이 일정한 비율로 결합한 것을 화합물이라고 합니다. 원소의 가장 작은 기본 입자 단위인 원자나 이온들이 결합(이온결합, 공유결합, 금속결합 등)함으로써 다양한 물질이 만들어집니다. 이때 어떤 원소의 원자들이 결합했는가에 따라 다른 물질이 됩니다. 그뿐 아니라, 같은 원소로 이루어졌더라도 결합 방식과 구조에 따라 전혀 다른 성질을 띠는 다른 물질이 될 수도 있습니다. 흑연과 다이아몬드가 바로 그렇습니다. 흑연과 다이아몬드는 모두 탄소(C) 원자들이 공유결합하여 만들어진 물질입니다. 이처럼 같은 원소로 이루어진 물질을 동소체라고 하는데, 같은 탄소로 이루어진 흑연과 다이아몬드를 탄소 동소체라고 부릅니다. 하지만 연필심의 주성분인 흑연은 무르고 연한 검은색 고체인 반면에, 다이아몬드는 매우 단단하고 반짝반짝 빛나는 고체라 성질이 전혀 다릅니다. 왜 그럴까요?

이는 결합 구조가 서로 다르기 때문입니다. 흑연과 다이아몬드를 이루는 탄소는 주기율표 14족의 비금속원소로서 원자가전자 4개를 이용해 다른 원자와 공유결합을 형성할 수 있습니다. 흑연은 탄소 원자 한 개가 이웃한 세 개의 다른 탄소 원자와 공유결합을 형성하여 정육각형 모양이 연결된 평면 판을 만들고, 그 판이 층층이 쌓여 약하게 연결된 층상 구조입니다. 그 반면에, 다이아몬드는 탄소 원자 한 개가 이웃한 네 개의 다른 탄소 원자와 공유결합을 형성하여 입체도형인 정사면체 모양으로 단단한 구조를 이루고 있습니다.

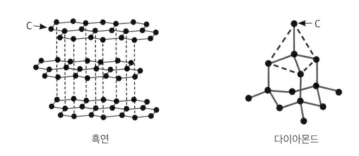

흑연   다이아몬드

▲ 흑연과 다이아몬드의 분자구조

쓸모 많은 다양한 탄소 동소체들

탄소 동소체에는 흑연과 다이아몬드 말고도 그래핀, 풀러렌, 탄소 나노 튜브 등이 있는데 새로운 소재로서 유용하게 사용되고 있습니다.

그래핀은 흑연에서 우연히 분리한, 한 층의 평면 구조 물질입니다. 탄소 원자들이 정육각형 모양으로 연결되어 연속적으로 나열된 모양을 하고 있지요. 두께가 원자 한 개의 두께인 0.2나노미터(nm)로 굉장히 얇으면서도 강도가 강철의 200배 이상이나 되고, 전자의 이동 속도가 실리콘보다 100배 이상 빠르며, 구리보다 100배 이상 전기가 잘 통합니다. 그래서 그래핀을 '꿈의 나노 물질'이라고 부릅니다. 그래핀의 이런 성질을 이용하면 반도체와 전지의 성능을 획기적으로 개선할 수 있습니다. 또, 뛰어난 탄성을 활용하여 투명하고 휘어지는 디스플레이(flexible display)를 만들 수도 있습니다.

탄소 나노 튜브는 탄소들이 벌집처럼 연결되어 관처럼 길게 배열된, 마치 죽부인과 비슷한 모양을 하고 있습니다. 탄소 나노 튜브 또한 우수한 강도와 전기적 성질, 가볍고 부식에 강한 성질을 띠고 있어서 테니스 라켓과 골프채, 스키 장비, 반도체, 전지, 디스플레이, 우주 항공 소재 등 다양한 분야에 활용됩니다.

풀러렌(C_{60})은 탄소 원자들이 공유결합을 통해 12개의 정오각형과 20개의 정육각형 꼴을 포함하는 축구공 모양을 하고 있습니다.

이렇게 다양한 탄소 동소체들은 각각의 구조적 특성에 따라 다양한 성질을 가지며, 그 특성을 활용하기 위해 다양한 분야에서 많은 연구가 이루어지고 있습니다.

그래핀

탄소 나노 튜브

풀러렌

▲ 여러가지 탄소 동소체

대칭성이 아름다운 다양한 분자구조

앞에서 본 풀러렌(C_{60}) 분자가 보기 좋은 축구공 모양을 하고 있는 것처럼, 자연에서 발견되거나 인간이 만들어 낸 분자들 중에는 신기하고 아름다운 대칭 구조를 가진 것이 많습니다. 예컨대 메테인(CH_4)은 정사면체, 이산화탄소 (CO_2)는 직선, 벤젠(C_6H_6)은 육각 고리 형태를 하고 있습니다. 자연물과 인공물을 막론하고 분자구조를 눈으로 직접 볼 수는 없지만, 아래와 같은 분자모형을 통해 미시 세계의 아름다움을 엿볼 수는 있습니다.

사람의 모습과 성격이 저마다 다른 것처럼 분자들도 다양한 구조로 인해 성질이 저마다 달라질 수 있다는 점을 기억하고, 분자구조의 대칭성에 깃든 아름다움을 느껴 보시기 바랍니다.

메테인(CH_4)　　　　이산화탄소(CO_2)　　　　벤젠(C_6H_6)

▲ 대칭성을 지닌 분자구조

072 눈 내린 도로에 염화칼슘을 뿌리는 이유는?

겨울철 눈 내린 도로에 흰색 고체 알갱이가 뿌려진 것을 본 적이 있을 겁니다. 이 흰색 알갱이는 염화칼슘($CaCl_2$)입니다. 눈이 얼어 빙판길이 되면 차나 사람이 미끄러져 사고가 발생할 수 있기 때문에 이를 막기 위해 염화칼슘을 뿌리지요. 그런데 염화칼슘을 뿌리는 것만으로 어떻게 빙판길이 되는 것을 막을 수 있을까요?

발열반응과 흡열반응

어떤 물질이 가진 고유한 성질은 변하지 않으면서 상태나 모양이 변하는 것을 물리적 변화라 하고, 성질이 전혀 다른 새로운 물질로 변하는 것을 화학적 변화라고 합니다. 이런 물질의 반응 전후에는 온도의 차이가 있습니다. 우리 주변에서 자주 볼 수 있는 화학반응 역시 에너지 출입이 있습니다. 에너지가 들고 나는 것은 반응물과 생성물이 가진 에너지의 크기가 서로 다르기 때문입니다. 반응물과 생성물의 에너지 크기 차이만큼을 열에너지 형태로 방출하거나 흡수하게 되는 것이지요.

우선, 발열반응이란 반응물의 전체 에너지가 생성물의 에너지보다 커서 주위에 열을 내는 반응을 말합니다. 이때 발생하는 열을 반응열이라고 하는데, 그 때

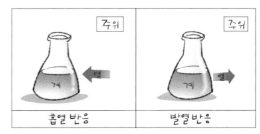

▲ 화학반응에서 열의 출입

문에 주위의 온도는 올라갑니다. 그 반면에, 흡열반응은 생성물의 전체 에너지가 반응물의 에너지보다 커서 주위로부터 열을 흡수하는 반응이기 때문에, 열을 빼앗겨 주위 온도가 내려갑니다.

염화칼슘이 물에 녹는 용해 현상은 열을 방출하는 발열반응입니다. 따라서 이때 발생한 반응열이 도로의 눈을 녹이게 됩니다.

용해 현상

염화칼슘의 용해 과정은 발열반응이지만, 냉각 팩에 사용되는 질산암모늄(NH_4NO_3)의 용해 과정은 흡열반응입니다. 똑같이 고체(용질)가 물(용매)에 녹는 반응처럼 보이는데 왜 이런 차이가 생길까요? 염화칼슘과 질산암모늄의 용해 현상은 서로 어떻게 다른 걸까요? 힌트는 입자들 사이의 상호작용(인력)의 크기에 있습니다.

용매에 용질이 녹는 용해 현상은 용매나 용질을 이루는 입자들 사이에 작용하는 힘(상호작용)과 관련이 있습니다. 용매와 용질 입자가 섞이기 전을 살펴볼까요? 이때는 용매 입자는 용매 입자끼리, 용질 입자는 용질 입자끼리 따로 존재하고 있습니다. 그런데 용매와 용질이 섞여 용액이 만들어지면 입자들 사이의 상호작용이 새롭게 변합니다.

용해 현상이 일어나려면 용매 입자와 입자 사이의 상호작용, 용질 입자와 입자 사이의 상호작용을 끊기 위한 에너지가 필요합니다. 또한 용매 입자가

용질 입자를 둘러싸면서 용매 입자와 용질 입자 사이에 새로운 상호작용이 형성(용매화)되면서 안정화하는 만큼 에너지를 방출합니다. 상호작용을 끊는 데 에너지가 필요해서 흡수했으니, 상호작용이 새롭게 형성되면 에너지를 방출해야겠지요? 이렇게 입자들 사이의 상호작용을 끊거나 새로 만드는 과정에서 에너지를 흡수하거나 방출하게 됩니다.

이때 흡수하는 에너지(용매 입자 간 인력, 용질 입자 간 인력)보다 방출하는 에너지(용매-용질 입자 간 인력)가 크면 전체적으로 에너지의 방출이 일어나고, 따라서 용해 반응은 발열 과정이 됩니다. 반대로, 용매 입자 간 인력, 용질 입자 간 인력보다 용매-용질 입자 간 인력이 작으면 흡열 과정이 되겠지요? 염화칼슘을 제외한 대부분의 이온 결정성 고체가 물에 용해되는 과정은 흡열반응으로 알려져 있습니다.

하지만 한 가지 기억해 둘 점이 있습니다. 용해 과정에서 열의 출입은 실은 이렇게 단순한 것이 아니라 용질 입자(이온)의 크기, 전하, 고체의 결정구조 등의 요인에 의해 복합적인 영향을 받는다는 것입니다.

묽은 용액의 특성, 어는점 내림

눈이 내린 도로에 염화칼슘을 뿌리는 것은 염화칼슘의 용해 과정이 발열반응이기 때문이라는 점을 앞에서 살펴봤습니다. 하지만 또 다른 이유가 한 가지 더 있습니다. 염화칼슘이 녹아서 염화칼슘 수용액이 만들어지면 순수한 물이 어는 온도보다 더 낮은 온도에서 언다는 것입니다. 순수한 물의 어는점은 0℃인데, 염화칼슘 수용액은 그 안의 칼슘이온(Ca^{2+})과 염화이온(Cl^-)이라는 용질 입자 때문에 어는점이 물보다 낮아지게 됩니다. 이때 물에 녹은 염화칼슘의 양이 많을수록 어는점은 더욱 낮아집니다. 영하의 온도에서도 바닷물이 쉽게 얼지 않는 것도 그 때문입니다.

073

세상에서 가장 단단한 다이아몬드도 탈 수 있을까요?

우리는 일상생활에서 탈 수 있는 물질과 탈 수 없는 물질을 경험에 의해 자연스럽게 구분합니다. 예컨대 종이, 나무, 초, 기름은 잘 타는 물질이라고 알고 있습니다. 반면에 철, 구리와 같은 금속이나 돌멩이 같은 암석, 다이아몬드는 불에 탈 수 없는 물질이라고 생각합니다. 생활 속의 경험을 통해 얻은 이런 생각이 맞을까요?

탈 수 있는 물질과 없는 물질이 있다?

옛날 사람들은 생활 경험을 바탕으로 탈 수 있는 물질과 탈 수 없는 물질이 있다고 생각했습니다. 예컨대 17세기 유럽에서는 물질을 세 종류의 흙 성분, 즉 수은성 흙과 유리질 흙과 기름성 흙으로 나누고, 불에 탈 수 있는 물질은 기름성 흙이라고 생각했지요. 그리고 탈 수 있는 물질 속에는 플로지스톤(phlogiston)*이라는 것이 있어서 그것이 빠져나가면서 재만 남아 무게가 가벼워진다고 생각했습니다. 이를 플로지스톤설이라 합니다. 이 이론은 종교적인 교의와도 아주 잘 맞아떨어져서, 사람이 죽으면 플로지스톤이라는 혼이 빠져 나가서 재만 남게 되는 것이라는 설명이 오랫동안 사실로 굳게 믿어졌습니다.

모든 물질은 탈 수 있다

플로지스톤설이 옳지 않다는 것을 증명한 사람은 프랑스의 화학자 라부아 지에(1743~1794)였습니다. 라부아지에는 1772년에 집채만큼 큰 렌즈로 빛을 모 아서 다이아몬드를 태웠습니다.(다이아몬드라는 이름은 '더 이상 단단한 것은 없다'를 뜻하는 그리스어 adamas에서 유래했다고 합니다.) 그때까지 탈 수 없는 물질로 생각 되었던 다이아몬드가 한데 모인 빛에 의해 이산화탄소로 변하는 모습을 본 많 은 사람들은 모든 물질이 탈 수 있다는 생각을 하게 되었습니다. 이 실험은 물

질의 개념을 바꾸어 놓는 계기가 되었지요. 라부아지에는 이어서 철을 가늘게 뽑아 솜 처럼 만들어 밀폐된 공간에서 태워 철도 작 고 가늘게 하면 탈 수 있다는 것과 연소 과 정에서 오히려 무게가 증가한다는 것을 보 임으로써 플로지스톤설이 틀렸다는 것을 확 인하였습니다.

▲ 다이아몬드

연소란 무엇인가

물질이 타는 것을 '연소'라고 합니다. 플로지스톤설에서 주장한 것과 달리,

플로지스톤 그리스어로 '불꽃'이라는 뜻을 가진 플로지스톤은 독일의 화학자 G. E. 슈탈(1660~1734)에 의해 종이, 숯, 황처럼 잘 타는 물질에 많이 포함되어 있다고 주장되었다. 오늘날 물질의 연소는 산화 현상이고, 연소로 인해 질량이 감소하는 것이 아니라 일정하게 보존되는 것으로 받아들여진다. 하지만, 그 당시에 플로지스톤은 모든 화 학 이론의 중심으로서 물질의 굳기·색·광택 등도 플로지스톤으로 설명되었고, 연소 현상은 물질 안에 존재하는 플 로지스톤이 빠져나가고 공기가 그 자리를 대신 채우는 것이라고 설명되었다.

연소*란 물질이 산소와 결합하여 열과 빛을 내는 현상입니다. 물질이 탄다는 것은 플로지스톤이 빠져나가는 것이 아니라 산소와 결합한다는 것을 의미합니다.

어떤 물질이든 탈 수 있는 적정 온도가 유지된다면 열과 빛을 내면서 탈 수 있는 것입니다. 다만, 다이아몬드가 690°C 이상에서 연소가 이루어지므로 일상생활에서 경험하기 힘들었을 따름입니다.

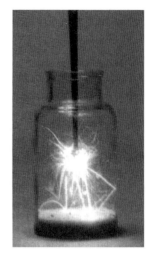

▲ 산소가 든 병 속에서 철의 연소 실험

연소 물질이 빛이나 열 또는 불꽃을 내면서 빠르게 산소와 결합하는 반응. 대부분의 연소 반응은 발열반응이며, 물질이 완전히 연소할 때 발생하는 열을 연소열이라고 한다.

◁ 뜬금있는 질문 ▷

다이아몬드의 4C란?

보석용 다이아몬드는 캐럿(carat: 1캐럿은 0.2g)·투명도(clarity)·색(color)과 컷(cut)이라는 4C로 평가한다. 색의 경우, 청색을 띤 백색을 최고로 친다. 흠은 불순물, 내부 균열, 연마로 생긴 상처 등의 양과 위치에 의하여 평가된다. 컷은 이상적인 비례와의 편차에 의하여 평가된다. 품질이 같을 때에는 일반적으로 캐럿 수의 제곱에 해당하는 비율로 값이 비싸진다.

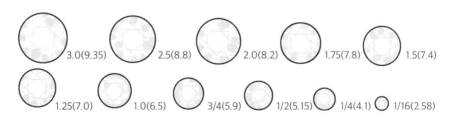

3.0(9.35) 2.5(8.8) 2.0(8.2) 1.75(7.8) 1.5(7.4)

1.25(7.0) 1.0(6.5) 3/4(5.9) 1/2(5.15) 1/4(4.1) 1/16(2.58)

▲ 다이아몬드의 캐럿표 ( )의 숫자는 지름(mm)

074 원두커피와 인스턴트커피의 차이는?

우리나라에서 최초로 커피를 마신 사람은 고종 임금이었습니다. 일본의 박해를 피해 잠시 러시아 공관에서 생활할 때 커피를 마셨다고 합니다. 우리나라에서 커피의 역사는 100년을 조금 넘었을 뿐인데, 현대인과 커피는 떼려야 뗄 수 없는 관계가 되었습니다. 음식점만큼이나 많아진 카페들만 보더라도 우리가 얼마나 커피를 자주 마시고 즐기는지 알 수 있습니다. 그런데 원두를 직접 갈아서 따뜻한 물로 내려 마시는 커피와 믹스커피라고 불리는 인스턴트커피는 어떤 차이가 있는 걸까요?

커피를 얻는 방법, 추출

커피나무에서 수확한 커피 열매를 건조하고 선별하는 여러 가공 과정을 거쳐서 열매 속의 씨앗인 생두를 얻게 됩니다. 이렇게 얻은 생두는 우리가 아는 어두운 갈색이 아니라 흰색에 가까운 옅은 갈색입니다. 생두를 높은 온도에서 볶는 과정을 거치면 비로소 우리에게 익숙한 어두운 갈색의 원두로 바뀝니다. 원두는 원산지와 볶는 방식(로스팅)에 따라서 다양한 맛과 향이 결정됩니다. 로스팅까지 끝낸 원두를 분쇄 과정을 통해 작은 알갱이 크기로 갈아서 원두

가루를 얻지요. 그렇다면 우리가 마시는 커피는 어떻게 만들어지는 걸까요?

커피 액을 얻을 때 추출이라는 방법을 이용합니다. 추출은 용매를 이용해서 혼합물*로부터 원하는 물질을 녹여내는 방법입니다. 이때 분자 안 전하 분포의 특성을 나타내는 극성*이라는 성질을 이용합니다. 극성을 가진 용매는 극성을 가진 물질을 잘 용해시킬 수 있습니다. 유유상종(類類相從)이라는 말처럼 비슷한 성질을 가진 물질끼리 서로 잘 섞인다는 원리를 이용하는 것이지요. 하지만 분쇄한 원두 가루에서 분리해 낸 커피 액도 순수한 한 가지 물질만 분리된 것이 아니라 여러 가지 물질이 함께 녹아 나온 또 다른 혼합물입니다.

기구를 이용하는 커피 추출 방식은 터키식, 모카포트, 사이폰과 같은 끓여 먹는 방법과 핸드드립, 프렌치프레소와 같은 내려 먹는 방법, 에스프레소 머신을 이용해 추출하는 방법으로 분류할 수 있습니다. 하지만 세 가지 모두 뜨거운 물을 이용하여 커피 가루

▲ 핸드드립 추출 방식

로부터 성분 물질을 물속으로 녹여낸다는 점은 같습니다. 에스프레소 머신을 이용해서 압력을 가하는 방법을 쓰면 물에 용해되지 않는 성분까지 추출할 수 있습니다. 이렇게 직접 커피 액을 추출하는 방식을 흔히 원두커피라고 합니다.

이 중 사이폰 방식이라는 재미있는 추출법의 원리를 알아볼까요? 가열 장치인 알코올램프와 두 개의 플라스크로 구성되는 사이폰은 마치 화학 실험 기구 같습니다. 먼저 아래쪽 플라스크에 물을 담고 위쪽 플라스크(로드)에는 커피 원두 가루를 넣은 뒤 알코올램프로 물을 가열합니다. 시간이 지나면 신기하

혼합물 두 가지 이상의 물질이 각자의 성질을 잃지 않은 채로 섞여 있는 물질. 두 가지 물질이 골고루 섞인 소금물이나 설탕물 같은 균일 혼합물과, 그대로 두면 흙이 가라앉는 흙탕물과 같은 불균일 혼합물로 구분한다.
극성(極性) 분자 또는 화학결합에서 전하 분포가 고르지 않아 부분적으로 양전하 또는 음전하의 성질이 나타나는 것을 말한다. 극성을 띤 용매를 극성용매라 하는데, 물이 그 대표적인 예이다.

게 물이 저절로 위쪽 플라스크로 이동하면서 커피 액을 추출하게 됩니다. 이 추출법의 비결은 증기 압을 이용하는 것입니다. 온도가 높아지면서 물의 증기압이 커지고, 물이 끓으면서 아래쪽 플라스크의 내부 압력이 증가하게 됩니다. 위와 아래의 두 플라스크 속 압력 차이로 인해 물은 아래쪽 플라스크에서 커피 원두 가루가 담긴 위쪽 플라스크로 빨려 올라갑니다. 이때 알코올램프를 끄고 기다리면 위쪽 플라스크에서 추출이 일어나고, 온

▲ 사이폰

도가 낮아지면 자연스럽게 다시 아래쪽 플라스크로 커피 액이 모이게 됩니다.

이런 추출법 외에도 혼합물을 분리하는 방법은 다양합니다. 알갱이의 크기 차이를 이용하는 거름, 밀도 차이를 이용하는 분별 깔때기, 끓는점의 차이를 이용하는 분별증류, 물질의 극성에 따른 이동 속도 차이를 이용하는 크로마토그래피 등이 그것이지요.

인스턴트커피의 제조

우리가 흔히 믹스커피라고 부르는 인스턴트커피는 커피 가루가 남지도 않고 뜨거운 물에 녹여서 손쉽게 마실 수 있습니다. 볶아서 분쇄한 커피 가루를 대량 추출하여 원두커피와 동일하게 커피 액을 얻는데, 이것을 건조하여 고체 형태의 가루로 만든 것이 인스턴트커피입니다. 거기에 설탕, 카제인나트륨* 등을 추가해 먹기 쉽게 만들어 놓은 것이지요. 그런데 이 과정에서 커피 액이 향을 잃거나 고유한 맛이 달라질 수 있습니다. 따라서 커피의 향과 맛을 개선하

카제인나트륨 카제인(casein)은 우유에 함유된 단백질의 80% 정도를 차지하는 성분이다. 물에 잘 녹지 않는 카제인을 수산화나트륨 등으로 처리해 물에 잘 녹게 만들어 정제한 우유 단백질의 안전한 식품첨가물이다.

기 위해 동결건조 방법을 이용하게 됩니다. 물은 0.006기압보다 낮은 압력에서 고체에서 기체로 상태가 변하게 되는데, 이렇게 음식 속 수분을 모두 승화시켜 건조 제품을 얻는 방법을 동결건조법이라고 합니다. 라면 건더기 스프나 전투식량 등도 이런 방법으로 만듭니다.

추출하는 사람에 따라서 커피 맛이 달라진다?
똑같은 원두로 커피를 추출하더라도 추출하는 온도나 시간에 따라 추출되는 성분이 조금씩 다르기 때문에 맛이 달라진다. 그렇다면 원두커피의 고유한 향과 맛을 즐기기에 가장 알맞은 온도는 몇 도일까? 커피의 상태, 기온과 습도, 바리스타의 실력 등에 따라 차이는 있겠지만 일반적으로 92℃에서 강한 향과 깊은 맛을 느낄 수 있다고 알려져 있다. 하지만 너무 높은 온도에서는 맛을 제대로 느끼기 힘들며, 커피 맛을 가장 잘 느낄 수 있는 온도는 65℃ 전후라고 한다.

075

고체인 얼음이 어떻게 물 위에 뜨나요?

<타이타닉>은 초호화 유람선이 수많은 승객들을 태우고 처녀항해를 하다가 북대서양의 빙산에 부딪혀 침몰하면서 일어나는 일들을 그린 영화입니다. 그 화려하고 거대한 유람선이 두 동강 난 채 바닷속으로 침몰하게 된 것은 바로 바닷물 위로 큰 몸집의 일부를 드러낸 빙산 때문이었습니다. 빙산은 얼음(물의 고체 형태)인데 어떻게 바닷물에 떠 있을 수 있는 걸까요?

물은 왜 대부분이 액체 상태로 존재할까

물 분자는 수소 원자 2개와 산소 원자 1개로 구성된 화합물입니다. 지구상의 물은 대부분이 액체 상태로 존재합니다. 물(H_2O)과 분자식이 비슷한 황화수소(H_2S)가 기체로 존재한다는 사실을 생각하면 그것은 놀라운 일입니다. 이것은 물 분자에 포함된 두 개의 수소 원자가 산소의 양쪽에 직선으로 붙어 있지 않고 104.5°의 각도를 이루고 있어서 전기적으로 극성을 띨 뿐 아니라, '수소결합' 때문에 분자 사이의 인력이 다른 극성분자들에 비해서도 매우 강하기 때문입니다.

수소결합이란 전자를 끄는 힘이 상대적으
로 매우 큰 F(플루오린), O(산소), N(질소) 같은
원자와 결합한 H(수소) 원자와 다른 분자를 이
루고 있는 F, O, N 원자 사이에 작용하는 분

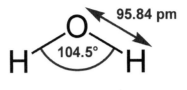

▲ 극성을 띠는 물 분자

자 간의 인력을 말합니다. 일반적으로 수소결합을 하는 화합물들은 분자량*에
비해 끓는점이 매우 높게 나타나는 특성이 있습니다.

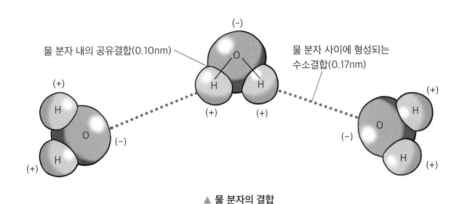

물 분자 내의 공유결합(0.10nm)

물 분자 사이에 형성되는
수소결합(0.17nm)

▲ 물 분자의 결합

소중한 물의 특성

물은 수소결합으로 인해 분자 사이의 인력을 끊을 때 많은 에너지가 필요합
니다. 그래서 분자량이 비슷한 다른 물질에 비해 끓는점이 높고 비열*도 대단

분자량 원자와 분자의 질량은 매우 작아서 일반적 질량 단위인 그램(g)을 써서 나타내면 불편하므로 탄소 동위체
가운데 하나인 ^{12}C 원자의 원자량 12를 기준으로 하는 단위로 나타낸다. 이 단위로 나타내는 원자의 질량을 원자량
이라 하고, 분자의 질량은 분자량으로 나타내는데, 분자량은 분자를 구성하는 모든 원자들의 원자량을 합하여 구
한다.

비열 어떤 물질 1g의 온도를 1℃ 또는 1K 높이는 데 필요한 열량이다. 물 1g의 온도를 1℃ 올리는 데 드는 열량은
1cal이고 구리 1g의 온도를 1℃ 올리는 데 드는 열량은 0.0924cal로, 비열은 물질이 가진 고유한 특성 가운데 하
나이다.

히 큽니다. 그래서 물을 끓이려면 많은 연료를 사용해야 한다는 불편함도 따르지만, 물의 이러한 특성은 생물체가 살아가는 데 중요한 역할을 합니다. 덥거나 추운 날에도 체온을 일정하게 유지할 수 있으니까요. 체온이 일정하게 유지되지 못하면 몸속 화학반응이 정상적으로 진행되지 않아서 문제가 생길 수 있습니다. 사람은 체온이 2도만 달라져도 정상 생활이 힘들 정도로 아프지요.

얼음이 물에 뜨는 이유

수소결합으로 인한 물 분자의 특성 가운데 가장 신기한 것은 바로 고체 상태인 얼음이 액체 상태인 물에 뜬다는 사실입니다. 대부분의 물질은 액체가 고체로 바뀔 때 입자들 사이의 거리가 가까워지기 때문에 부피가 줄어들고 밀도는 커집니다. 고체가 액체보다 무겁기 때문에 액체 속에 고체를 넣으면 가라앉게 되지요. 그러나 물은 고체인 얼음이 될 때 수소결합 수가 늘어나고 그 사이에 빈 공간이 생겨 부피가 늘어납니다. 따라서 얼음의 밀도가 물보다 작아져 물 위에 뜨게 됩니다.

예를 들어, 1기압에서 $0°C$일 때 물의 밀도는 $0.99984g/cm^3$, 얼음의 밀도는 $0.91687g/cm^3$입니다. 물이 얼음으로 상태가 변할 때 수소결합이 강해지면서 물 분자들이 육각형 구조를 이루게 되고, 그 사이에 빈 공간이 생겨 부피가 10% 정도 증가하면서 밀도가 감소하기 때문입니다. 그 반면에, 얼음이 녹을 때에는 수소결합의 일부가 끊겨 빈 공간을 채우므로 물 분자 사이의 간격이 줄어들어 부피가 작아지고 밀도는 커집니다.

물의 이러한 특성 때문에 겨울에 수도관이 얼어서 터지기도 하고, 쇠고기나 채소를 얼리면 세포막이 파괴되어 맛이 달라지며, 바위틈에 스민 물이 오랜 세월 얼었다 녹았다 하는 과정에서 틈이 벌어져 바위가 부서지기도 하는 것이지요.

물은 4℃에서 부피가 가장 작다

물은 특이하게도 1기압 4℃
에서 밀도가 0.99997g/cm³로
가장 큽니다. 물의 부피가 그
때 가장 작아지기 때문이지요.
왜 그럴까요?

물은 수소결합으로 인해 육
각수, 십각수, 십이각수, 이중

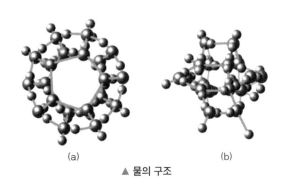

(a)   (b)

▲ 물의 구조

오각수 등 약하나마 그 나름대로 여러 가지 구조를 가집니다. 유사한 구조에도
두 가지가 존재합니다. 바람이 꽉 찬 듯이 팽창된 구조(a)의 물이 있고, 그것이
안으로 쭈그러든 것 같은 함몰된 구조(b)의 물이 있지요. 함몰된 구조라면 분
자 간 거리가 짧아지므로 밀도가 높고, 팽창된 구조라면 분자 간 거리가 길어
지므로 밀도가 낮아지겠지요? 앞의 물음에 대한 답이 바로 여기에 있습니다.

물도 다른 액체와 마찬가지로 온도가 올라가면 팽창하고 온도가 내려가면
수축합니다. 따라서 온도가 낮을수록 밀도는 커집니다. 그런데, 4℃(정확하게는
3.984℃) 이하가 되면 열역학적으로 팽창된 구조의 물이 더욱 안정하여 많아지
게 됩니다. 따라서 4℃ 이하에서는 온도가 내려감에 따라 부피가 커지고 밀도
가 다시 낮아지는 것입니다.

076

왜 물질마다 존재하는 상태가 다른가요?

산소와 물은 우리가 생명을 유지하는 데 꼭 필요한 물질들입니다. 그런데 이 두 가지 물질은 서로 다른 상태로 존재합니다. 1기압, 25℃에서 산소는 기체, 물은 액체 상태로 존재합니다. 우리 주위에 있는 많은 물질들은 저마다 존재하는 상태가 다릅니다. 왜 어떤 물질은 기체이고, 어떤 물질은 액체나 고체일까요? 왜 물질마다 존재하는 상태가 다를까요?

녹는점, 끓는점이 다르기 때문

물질마다 녹는점, 끓는점이 다릅니다. 그냥 다른 것이 아니라 물질마다 고유한 녹는점과 끓는점이 있습니다. 예컨대, 물의 녹는점은 0℃이고 끓는점은 100℃, 산소의 녹는점은 -218.8℃이고 끓는점은 -183.0℃입니다. 이처럼 어떤 물질이 가진 고유한 성질을 그 물질의 특성이라고 하는데, 물질의 양과는 관계가 없는 이 특성은 물질을 구별하는 수단이 됩니다. 물질의 특성이 될 수 있는 성질에는 녹는점, 어는점, 끓는점, 밀도, 용해도* 등이 있습니다.

끓는점은 일정한 압력에서 액체 상태의 물질이 기체 상태로 변할 때의 온도를 뜻합니다. 온도가 높아질수록 물질을 구성하는 분자들의 운동이 활발해지다가, 특정 온도에 도달하면 분자 사이의 인력이 없어져 분자들이 자유롭게 운동하게 됩니

▲ 끓음은 액체의 표면뿐만 아니라 내부에서도 액체가 기체로 변하는 현상으로, 기포가 발생한다.

다. 이렇게 자유롭게 운동하는 분자들의 상태를 기체 상태라고 합니다.

물론 액체가 끓기 전에도 증발이라는 현상은 일어납니다. 그렇다면 증발과 끓음의 차이점은 무엇일까요? 증발은 액체 표면에서만 액체 분자가 날아가는 현상을 의미하고, 끓음은 액체 내부에서도 기체 상태가 만들어지는 현상을 가리킵니다. 또한 끓는점에서는 액체와 기체가 공존하며, 순수한 액체가 끓고 있는 동안에는 온도가 변하지 않고 유지됩니다. 액체의 양을 달리하며 가열할 때 양이 적을수록 끓는점에 도달하는 데 걸리는 시간이 짧아지지만, 끓는점 자체는 양과 관계없이 항상 같습니다.

이와 비슷한 성질로, 일정한 압력에서 고체 상태의 물질이 액체 상태로 변할 때의 온도를 녹는점이라고 합

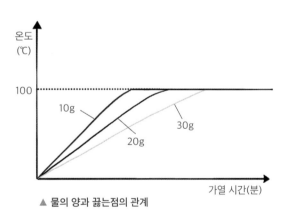

▲ 물의 양과 끓는점의 관계

용해도 일정한 온도에서 용매 100g에 녹을 수 있는 용질의 최대량으로, 용질의 그램수(g)로 나타낸다. 같은 용매에 녹이더라도 용질의 종류에 따라 녹을 수 있는 양이 서로 다르며, 같은 용질이라도 용매의 종류에 따라 녹을 수 있는 양이 다르다. 용해도는 또한 온도에 따라서도 달라진다. 따라서 용해도를 알려면 '어떤 용매'에, '어떤 용질'을, '몇 도'의 온도에서 녹였는지를 고려해야 한다. 보통은 용매로 물을 사용한다.

니다.

물질마다 녹는점과 끓는점이 서로 다르기 때문에 대기압(1기압) 25°C라는 같은 조건에서도 물질에 따라 고체, 액체, 기체로 서로 다르게 존재합니다.

물질마다 녹는점, 끓는점이 다른 이유는?

그러면 왜 물질마다 끓는점과 녹는점이 다를까요? 그것은 물질마다 분자 사이의 인력이 다르기 때문입니다. 물의 끓는점이 산소의 끓는점보다 높다는 말은 물 분자 사이의 인력을 끊는 데 드는 에너지가 산소 분자 사이의 인력을 끊는 데 드는 에너지보다 크다는 것을 뜻합니다. 분자 사이의 인력은 극성분자냐 아니냐에 따라서 차이가 나고, 수소결합을 하는 물질이냐 아니냐에 따라서도 달라집니다. 또한 분자의 구조와 분자량에 따라서도 달라집니다.

우선, 극성이 클수록 분자 인력은 커집니다. 즉, 분자 안에 존재하는 (+)전하와 (-)전하의 세기가 클수록 분자 사이에 더 강한 인력이 작용하고 따라서 끓는점, 녹는점이 높아집니다.

만약 분자가 수소결합을 할 수 있다면 인력은 더욱 강해집니다. 물 분자가 바로 그러한데, 그래서 물은 분자량이 비슷한 다른 물질보다 끓는점이 매우 높은 편입니다.

인력은 또한 분자량이 클수록 커집니다. 따라서 극성이 비슷할 경우 분자량이 클수록 끓는점이 높아집니다.

그런데 극성과 분자량이 비슷한 물질끼리도 분자 구조에 따라 끓는점은 달라집니다. 예컨대 막대 모양과 구 모양의 분자가 있다면 막대 모양 분자의 끓는점이 더 높습니다. 왜냐하면 막대 모양은 차곡차곡 채우기 쉬운 구조라 분자들 사이가 더 가까워서 인력이 더 강하게 작용하기 때문입니다.

이렇듯 극성, 분자량, 분자 구조의 차이에 따라 분자 사이의 인력이 물질마다 다르고 따라서 끓는점과 녹는점도 서로 달라집니다. 분자 사이의 인력은 끓는점과 녹는점 외에 표면장력*, 증기압력*, 증발열, 비열 등에도 영향을 미치고, 따라서 이들도 물질의 고유한 특성이 됩니다.

표면장력 용기에 접하고 있지 않은 액체의 표면에서 표면적이 가능한 한 작아지도록 작용하는 장력. 계면장력이라고도 한다. 액체 속의 분자보다 위치에너지가 큰 액체 표면 부근의 분자가 표면적을 되도록 줄여서 안정하려는 작용이 표면장력으로 나타난다.

증기압력 액체 표면에서는 끊임없이 기체가 증발하는데, 밀폐된 용기에서는 어느 한도에 이르면 증발이 멈추고 용기 안의 액체가 더는 줄어들지 않는다. 이는 같은 시간 동안 증발하는 분자의 수와 액체 속으로 들어오는 기체 분자의 수가 같아져서 증발도 액화도 일어나지 않는 것처럼 보이는 동적 평형상태가 되기 때문이다. 이 상태에 있는 기체를 그 액체의 포화증기, 그 압력을 증기압력(포화증기압력)이라고 한다.

액체인 금속이 있다고요?

수은은 상온에서 액체인 유일한 금속이다. 녹는점이 -38.83℃로 상온보다 낮아서 액체 상태로 존재하는 것이다. 수은은 은백색의 금속광택이 나는 무거운 액체로서 쉽게 늘어나고 펴지는 성질이 있고, 표면장력이 매우 커서 유리 위에 떨어뜨리면 구형에 가깝게 방울이 진다.

▲ 수은온도계

077

은나노가 정말로 세균을 죽일 수 있나요?

날이 갈수록 환경오염이 심해져서 그런지 건강과 관련된 웰빙 상품과 음식들이 인기를 끌고 있습니다. 그중에 은나노 관련 제품도 많이 만들어지고 있는데 세탁기, 공기청정기, 냉장고, 주방 용품 등 쓰임새가 매우 다양하지요. 은나노의 이런 인기는 항균성 때문이라는데, 도대체 은나노는 무엇이고 어떻게 세균을 죽일 수 있을까요?

나노는 10^{-9}m

은나노는 은[*]과 나노를 합친 말입니다. 은(銀)은 반지나 목걸이 같은 장신구를 만드는 데에 사용되는 귀금속이고, 나노는 길이를 나타내는 단위입니다. 일

은 원자번호 47, 원자기호 Ag인 금속원소. 금속 가운데 금 다음으로 전성(얇게 펴지는 성질)과 연성(가늘고 길게 늘어나는 성질)이 커서 아주 얇은 박으로 만들 수 있다. 또한 열과 전기를 가장 잘 전달하며, 가공성과 기계적 성질이 매우 뛰어나다. 은과 금, 백금 같은 금속은 공기나 물과 쉽게 반응하지 않고 빛을 잘 반사해 장신구 등을 만드는 데 많이 사용되는데, 산출량이 적어 값이 비싸므로 귀금속이라고도 한다.

1cm 아래의 세상

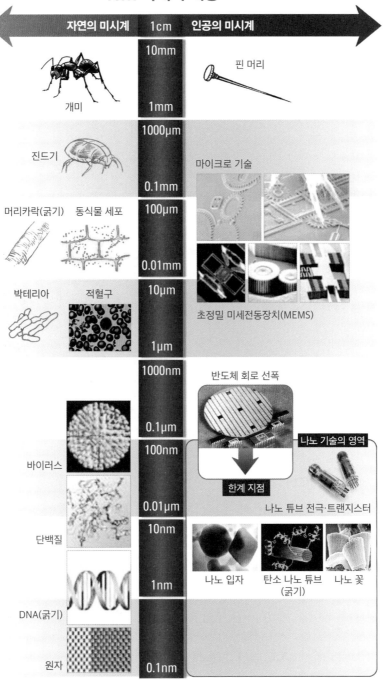

| 자연의 미시계 | 1cm | 인공의 미시계 |

- 10mm
- 개미
- 핀 머리
- 1mm
- 1000μm
- 진드기
- 마이크로 기술
- 0.1mm
- 100μm
- 머리카락(굵기)　동식물 세포
- 0.01mm
- 10μm
- 박테리아　적혈구
- 초정밀 미세전동장치(MEMS)
- 1μm
- 1000nm
- 반도체 회로 선폭
- 0.1μm
- 100nm
- 바이러스
- 나노 기술의 영역
- 한계 지점
- 0.01μm
- 나노 튜브 전극·트랜지스터
- 10nm
- 단백질
- 1nm
- 나노 입자　탄소 나노 튜브 (굵기)　나노 꽃
- DNA(굵기)
- 원자
- 0.1nm

상적으로는 길이 단위로 미터(m)와 센티미터(cm)를 사용하지만, 이들은 세포나 원자 같은 아주 작은 것들의 세계(미시 세계)를 측정하기에는 너무나 큰 단위입니다. 그래서 눈에 보이지 않는 미시 세계를 측정할 때에는 마이크로미터($1\mu m=10^{-6}m$), 나노미터($1nm=10^{-9}m$)와 같은 단위를 사용합니다.

나노 과학이란 원자와 분자 크기인 나노미터 수준의 미시 세계를 연구하는 과학 분야입니다. 초소형 잠수정을 만들어서 인체의 이곳저곳을 여행하는 SF 영화 〈이너 스페이스〉가 나노 과학을 배경으로 만들어진 영화라고 할 수 있습니다.

은나노란 전기분해나 화학적 방법을 통해 은을 나노 크기로 미세하게 쪼갠 것을 의미합니다. 오늘날 나노 크기의 물질과 새로운 소재에 관한 연구가 활발히 이루어지고 있으며, 나노 과학은 앞으로도 발전 가능성이 매우 큰 학문 분야입니다. 하지만 이러한 유용성의 이면에 새로운 위험성이 존재하는 것도 사실입니다. 극히 미세한 나노 입자들 사이에 인간의 통제에서 벗어난 반응이 일어나 의도하지 않은 물질이 만들어질 수 있기 때문입니다.

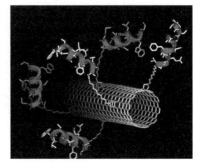
▲ 탄소 나노 튜브

은이 세균을 죽인다

은은 동서양을 막론하고 병독을 다스리는 재료로 널리 사용되었습니다. 사극에서 임금님의 수라상에 오른 음식에 혹시 독이 들지는 않았는지 은수저로 검사한다거나 의원이 은침으로 시술하는 장면을 본 적이 있지요? 예전에 미국에서는 우유 통에 은화를 넣어 우유를 오래 보관했고, 이집트에서는 상처 부위에 은으로 만든 판을 감쌌다고 합니다. 전통 의학서인 『동의보감』에서는 은이 간질이나 경기 같은 정신 질환과 냉·대하 같은 부인병의 예방과 치료에 효험이 있다고 하고, 『본초강목』에서는 은을 몸에 지니고 있으면 오장이 편안하고 심신이 안정되며 나쁜 기를 내쫓고 몸을 가볍게 해서 수명 연장에 도움이 된다고 합니다.

실제로 은은 우리 주변에 존재하는 대부분의 단세포 세균(박테리아)을 죽일 수 있다는 사실이 실험을 통해 밝혀졌습니다. 은이 공기 중의 산소와 만나면 산소 분자가 산소 원자 형태로 은(금속 양이온 형태)에 달라붙는데, 이것들이 세균의 세포막에 달라붙어 산화시키므로 세포막*이 파괴되어 살균 작용을 하게 된다는 것이지요. 금속 양이온 형태의 은이 세균 세포막 성분의 음이온과 결합해 세포막을 파괴하여 살균 작용을 하게 된다는 설명도 있으나, 아직은 확실히 입증된 바가 없습니다. 은나노 세탁기를 예로 들자면, 세탁기의 수돗물이 들어오는 곳에 은판을 설치하고 전극을 연결해 은판을 전기분해하면 은 이온(Ag^+)이 빠져나가면서 항균 작용을 할 수 있는 것입니다.

은은 귀금속이라 비싸지만, 10^{-9}m 크기의 미세한 나노 입자로 만들어서 접촉면을 넓히면 적은 양으로도 은의 탁월한 항균·살균 효과를 충분히 누릴 수 있습니다. 웰빙과 건강이 중시되는 요즈음, 우리 주변에서 은나노 제품을 쉽게 접하게 되는 것도 은의 그러한 특성 덕분입니다.

세포막 세포와 세포 외부를 경계 짓는 막으로, 세포 안의 물질들을 보호하고 세포 간 물질이동을 조절하는 기능을 한다. 모든 세포에서 필수적인 부분으로, 두께는 약 7.5~10nm이며 지질·단백질·탄수화물로 이루어져 있다.

《 뜬금있는 질문 》

금을 18K, 24K라고 할 때의 K는?

순금은 장신구용으로는 그리 단단치 못하다는 단점이 있어서 다른 금속들과 섞어 쓰게 마련인데, 합금에 함유된 금의 양을 나타내는 단위가 캐럿(carat)이고 그것을 기호 K로 나타낸다. 순도 100%인 순금이 24캐럿, 즉 24K이므로 1K는 합금에 들어 있는 금의 양이 전체의 24분의 1임을 뜻한다. 따라서 18K는 전체의 24분의 18, 즉 75%가 금이고 14K는 24분의 14인 58.3%가 금임을 알 수 있다. 캐럿의 어원에 대해서는 여러 가지 설이 있으나, 'guirrat'이라는 아라비아 지역의 나무 종자 이름에서 유래했다는 설이 유력하다.

▲ 금이 포함된 금광석

078

하이브리드 자동차와 수소 자동차, 수소 연료전지 자동차는 무엇이 다른가요?

자동차 광고나 도로 위의 자동차들에서 하이브리드(hybrid)라는 단어가 종종 눈에 띕니다. 자동차 이름이 아닌 것은 분명한데, 무슨 의미로 쓴 말일까요? 그리고 하이브리드 자동차와 수소 연료전지 자동차는 무엇이 다를까요?

하이브리드 자동차, 수소 자동차, 수소 연료전지 자동차

자동차 산업이 크게 성장하면서 다양한 형태의 동력원을 이용하는 자동차들이 만들어지고 있습니다. 전기 자동차의 상용화와 관련된 뉴스나 신문 기사들이 나오기 시작한 지는 이미 제법 되었고, 최근에는 태양광 자동차 이야기도 종종 들려옵니다. 자동차는 사용하는 연료 및 에너지원에 따라서 가솔린차, 디젤차, LPG차 등으로 다양하게 분류할 수 있습니다. 다양한 자동차들이 연구되고 있지만, 가장 흔한 것은 아직은 가솔린차와 디젤차입니다. 이들은 엔진

안에서 가솔린이나 경유 같은 화석연료가 연소할 때 발생하는 에너지에서 동력을 얻습니다. 하지만 화석연료의 고갈과 환경오염 물질의 배출 같은 문제점 때문에 다양한 연료를 사용하는 자동차들이 개발되고 있으며, 상용화를 위한 노력도 계속되고 있습니다.

그렇다면 하이브리드 자동차는 어떤 자동차일까요? 하이브리드(hybrid)는 '잡종, 혼성체'를 뜻하는 단어입니다. 이로부터 알 수 있듯이 하이브리드 자동차란 전기나 휘발유 등 두 가지 이상의 동력원을 함께 사용할 수 있는 자동차를 말합니다. 일반적인 하이브리드 자동차는 기존 엔진(가솔린, 디젤, LPG) 외에 전기모터를 갖추고 있습니다. 출발할 때에는 모터로 엔진의 시동을 걸고 주행 중이나 가속할 때에는 모터가 엔진의 동력을 보조합니다. 주행하거나 가속할 때 발생하는 운동에너지가 배터리에 저장되기 때문에 연료의 효율을 높일 수 있지요. 또한 저속으로 주행하거나 정차할 때에는 엔진이 정지되고 전기모터만 작동합니다. 이렇게 전기를 이용하여 자동차 엔진을 효율적으로 사용할 수 있어서 자동차의 연비가 좋습니다.

그와는 달리, 수소 자동차는 연료인 수소를 연소시킬 때 발생하는 에너지를 이용합니다. 하지만 요즘에 이야기되는 수소 자동차는 대부분이 수소 연료전지 자동차입니다. 수소 연료전지 자동차는 연료를 연소시켜서 동력을 얻는 가

▲ 하이브리드 자동차

▲ 수소 연료전지 자동차

솔린, 디젤, 수소 자동차와는 달리 연료전지에서 전기에너지를 생산하여 모터를 돌리고 동력을 얻습니다. 이처럼 화석연료, 수소, 전지, 태양광 등 사용하는 에너지원이 서로 다르더라도, 화학에너지를 운동에너지로 전환함으로써 자동차를 움직인다는 점에서는 모두가 같습니다.

연료전지는 어떻게 전기에너지를 만들어 낼까?

우리가 일상생활에서 사용하는 휴대폰, 시계, 계산기, 카메라 등의 전자 제품에는 전지를 이용합니다. 이런 화학전지는 자발적으로 일어나는 산화환원 반응을 이용해서 화학에너지를 전기에너지로 바꾸어 주는 장치입니다.

산화반응은 산소와 결합하는 반응, 전자를 잃는 반응, 산화수*가 증가하는 반응이라고 설명할 수 있습니다. 환원반응은 그 반대입니다. 산소를 잃는 반응, 전자를 얻는 반응, 산화수가 감소하는 반응이지요. 산화반응과 환원반응은 항상 동시에 일어납니다. 이런 산화환원 반응을 이용하여, 이탈리아 과학자 볼타(A. G. A. Volta, 1745~1827)는 최초의 화학전지인 볼타전지를 발명했습니다. 아연판과 구리판을 묽은 황산 용액에 담그고 두 금속판(전극)을 구리 선(도선)으로 연결한 것인데, 두 금속 전극의 반응성 차이에 의해 아연판에서 구리판으로 자발적으로 전자 이동이 일어나 전류가 흐르고 전기에너지가 생성되었지요. 전기적 위치에너지 차이를 의미하는 전압(기전력)의 단위인 볼트(Volt)도 볼타의 이름에서 유래한 것입니다.

연료전지는 일반적인 전지와 달리 반응물질인 수소와 산소를 계속 공급해 주면서 연료인 수소의 산화반응과 산소의 환원반응을 이용하여 전기에너지를

산화수 하나의 물질(분자, 이온결합 화합물, 홑원소 물질 등) 안에서 전자의 교환이 완전히 일어났다고 가정하였을 때 물질을 이루는 특정 원자가 가지게 되는 가상의 전하수. 전자를 끌어당기는 힘, 즉 전기음성도가 큰 원소는 전자를 얻고 전기음성도가 작은 원소는 전자를 잃은 것으로 가정하고 계산한다.

생산합니다. 금속 촉매를 주입한 다
공성 탄소 전극에 수산화칼륨 수용
액을 전해질로 사용하며, 반응 전체
를 통해 환경오염 물질 없이 물이
생성됩니다. 다른 연료보다 효율이
높고 공해를 거의 발생시키지 않는
친환경 전지입니다.

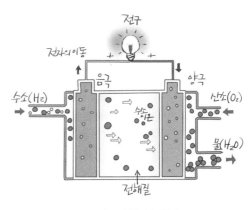

▲ 수소-산소 연료전지

전기 자동차는 언제쯤 상용화될까?

전기 자동차는 화석연료의 연소를 이용하는 것이 아니라 전기에너지로부터 동력원을 얻는 자동차이
다. 전기 자동차는 최근에 개발된 것이 아니다. 내연기관과 외연기관 자동차와 함께 전기 차가 이미
존재했다. 1830년대부터 여러 실험을 통해 전기를 저장하는 축전지가 발명되고 전기모터가 개량됨
으로써 전기 자동차 개발의 길이 열렸지만, 배터리 중량이 무겁고 충전 시간이 길어서 내연기관 자동
차에 밀렸다. 하지만 무인 자동차와 함께 자동차 산업에서 가장 기대를 모으고 있는 분야가 바로 전
기 자동차이다. 경제협력개발기구(OECD)와 국제에너지기구(IEA)가 발표한 〈글로벌 전기 차 전망
2016〉 보고서에 따르면, 전기 자동차 누적 판매량이 120만 대를 넘었으며 매년 성장하고 있다고 한
다. 전기 자동차 발전의 관건은 배터리의 개발이라고 할 수 있다. 다른 발표에서는 2020년을 기점으
로 내연기관 자동차의 판매량이 감소하는 국면으로 넘어가서 2050년에는 시장점유율이 14%까지
낮아질 것으로 판단했다. 그 자리를 전기 자동차(EV)와 플러그인 하이브리드 전기 차(PHEV), 수소
연료전지 자동차(FCEV) 등이 대신 차지할 것으로 내다본 자료도 있다.

079

치약 속에 무엇이 들었길래 충치를 예방할 수 있나요?

누구나 한 번쯤은 어릴 때 충치 때문에 고생을 한 기억이 있을 것입니다. 사탕이나 초콜릿처럼 단 음식을 많이 먹는 아이에게 어머니는 단것을 먹으면 벌레가 치아를 파먹어 충치가 생긴다고 겁을 주곤 하셨지요. 그러면 아이는 '양치질을 더 열심히 해야지.'라고 생각했을 것입니다. 양치질을 하면 왜 충치가 생기는 것을 막을 수 있을까요?

충치는 왜 생길까?

충치는 세균 때문에 생기는 것으로 밝혀졌습니다. 당분과 같은 음식물을 섭취하고 나서 입안에 조금이라도 그 성분이 남아 있으면 입안의 여러 가지 세균에 의해 곧 부패되어 산이 만들어집니다. 치아는 대부분이 탄산칼슘과 수산화인회석이라는 물질로 된 단단한 에나멜로 덮여 있는데, 이렇게 만들어진 산이 치아 표면을 녹이게 됩니다. 치아가 썩는 것이지요. 또 음식물 찌꺼기와 죽은 박테리아가 단단하게 뭉치고 거기에 침에 들어 있는 미네랄*이 합쳐지면 단단한 치석이 됩니다. 치석은 잇몸을 자극하고 염증을 일으키는 원인이 되기도 합니다.

충치를 예방하는 방법은 여러 가지이지만 그중에서 가장 간편하고 쉬운 방법은 입안에 남아있는 당분과 입안의 세균 및 이미 만들어진 산을 양치질로 빨리 제거하는 것입니다. 이때 사용하는 치약은 우리 치아를 깨끗하게 유지하도록 돕는 건강의 파수꾼이라고 할 수 있지요. 치약은 색깔도 아름답고 향기와 맛도 좋을 뿐 아니라 플루오린*

이라는 물질이 들어 있어 충치 예방에 큰 역할을 하고 있습니다. 플루오린을 흔히 '불소(弗素)'라고 부르기도 합니다. 플루오린은 바닷물에 1.3ppm(1ppm=백만분의 1) 정도 들어 있고 사람의 몸에도 2.6g 정도 들어 있는, 지구에서 13번째로 많은 원소입니다.

충치 예방에 플루오린을 사용하게 된 배경은?

1908년 미국의 치과 의사 매카이(Mckay)는 콜로라도의 온천 지역 주민들 가운데 많은 사람들이 치아가 갈색이지만 충치는 거의 없다는 사실에 주목하

미네랄 생물체를 구성하는 원소 가운데 3대 원소인 탄소·수소·산소를 제외한 무기적 구성 요소로, 단백질·지방·탄수화물·비타민과 함께 5대 영양소로 꼽힌다. 인체 안에서 여러 가지 생리적 활동에 관여한다. 무기염류 중 인체를 구성하는 원소인 칼슘(Ca)·인(P)·칼륨(K)·나트륨(Na)·염소(Cl)·마그네슘(Mg)·철(Fe)·아이오딘(I)·구리(Cu)·아연(Zn)·코발트(Co)·망가니즈(Mn) 등은 미량으로도 충분하지만 없어서는 안 되는 것들이다.

플루오린 주기율표 제17족에 속하는 할로겐 원소 중 하나로 원소기호는 F, 원자번호는 9이다. 상온에서는 특이한 냄새가 나는 황록색 기체로 존재하고, 액체는 담황색이지만 온도가 낮아짐에 따라 무색에 가까워진다. 반응성이 매우 강해서 거의 모든 원소와 반응하여 화합물을 만든다.

면서 아마도 음료수 안에 어떤 성분이 있기 때문인 것 같다고 보고하였습니다. 그러나 당시에는 분석 기술이 발달하지 못하여 그 성분 물질을 알아내지는 못했습니다.

1931년 미국의 화학자 페트레이(Petrey)가 플루오린을 분석하기 시작하면서 음료수 속에 플루오린이 많이 들어 있으면 치아가 갈색이더라도 충치가 거의 발생하지 않는다는 사실이 차츰 알려지게 되었습니다.

그 후 1939년 미국에서 21개 도시의 아동들을 대상으로 음료수 속의 플루오린 함량과 충치 발생률 및 치아 색의 연관성을 충분히 비교 조사한 결과 음료수 중에 약 1ppm의 플루오린이 존재하면 인체에 해롭지 않으면서도 충치가 60%가량 감소한다는 사실을 발견함으로써 오늘날 전 세계적으로 치약에 플루오린을 사용하게 되었습니다. 1945년 미국과 캐나다의 몇몇 대도시에서 처음으로 수돗물에 인공적으로 플루오린을 첨가하였고, 1980년 이후에는 우리나라에서도 몇 개 도시의 수돗물에 플루오린을 첨가하게 되었지요.

치약 속 플루오린의 역할은?

충치와 치석 예방을 위하여 사용하는 치약은 실리카나 알루미나, 탄산칼슘 같은 물질을 곱게 갈아 만든 연마제에 세척제와 각종 식용 물감, 향료 등을 혼합하여 만듭니다.

치약에 플루오린화주석(SnF_2)이나 인산플루오린나트륨을 넣어 주면 소량의 플루오린화 이온이 만들어지고, 이 플루오린화 이온이 수산화인회석[$Ca_5(PO_4)_3OH$]의 수산화 이온(OH^-) 자리에 끼어 들어가면서 치아 표면에 더 단단한 플루오린화인회석[$Ca_5(PO_4)_3F$]을 형성하기 때문에 충치가 예방될 수 있는 것입니다. 피로인산나트륨($Na_4P_2O_7$)을 첨가하면 미네랄이 쌓이는 양이 줄어 치석 생성도 적어집니다. 또 박테리아를 없애기 위해서 치약에 과산화물과 같은 살균제를 첨가하기도 합니다.

플루오린화 이온을 식수에 직접 넣기도 하는데, 수돗물에 1ppm 정도의 플루오린화 이온을 넣으면 충치 예방에 상당한 효과가 있습니다. 그러나 지나치게 많이 들어 있으면 치아에 반점이 생기는 등, 오히려 인체에 해로울 수 있습니다.

치약에 플루오린 화합물이 들어 있으면 치아 표면의 성분이 세균에 더 강한 성분으로 바뀌기 때문에 충치가 예방될 수 있습니다. 이렇게 치약 속의 플루오린 덕분에 맛있는 초콜릿을 마음껏 먹고도 충치 걱정과 치과 진료에 대한 두려움을 덜 수 있으니, 과학의 발달에 새삼 고마움을 느끼게 됩니다.

치약의 조건?

치약에는 탄산칼슘·인산칼슘·황산칼슘·탄산마그네슘·염화마그네슘 등이 사용된다. 이들은 치아의 기계적 청소에 도움이 되는데, 그 입자의 크기·굳기·모양이 적당하지 않으면 치아의 표면을 손상시킬 우려가 있으므로, 입자의 크기는 대략 1 ~20μm로서 균일할 것, 형태는 너무 날카롭지 않을 것, 굳기는 모스 굳기 3도 정도일 것 등이 요구된다. 이들 성분 외에도 치약에는 청정제·향료·색소·살균소독제·치석용해제·중화제 등이 조금씩 함께 들어 있다.

080

비닐봉지는 정말 썩지 않나요?

일상생활에서 사용하는 일회용품 가운데 가장 많이 쓰는 소재 중 하나가 바로 비닐입니다. 비닐봉지는 물에 젖지 않고 부피가 작으면서 다양한 크기의 물건을 담을 수 있습니다. 이런 장점 때문에 음식을 포함한 다양한 물건을 보관하거나 장바구니 대신 물건을 담을 때 많이 사용합니다. 하지만 비닐봉지는 시간이 지나도 썩지 않기 때문에 환경에 해롭다는데, 왜 그럴까요?

비닐은 어떤 물질인가요?

석기시대와 철기시대를 거쳐 오늘날 우리는 플라스틱(합성수지*)의 시대를 살아가고 있습니다. 인간이 만들어 낸 합성고분자 물질인 플라스틱의 한 종류인 비닐은 포장재나 간편한 일회용품의 소재로 다양하게 사용됩니다. 유연하

합성수지 분자량이 작은 물질을 합쳐서 만든 합성고분자화합물로, 일반적으로는 합성섬유와 합성고무를 제외한 플라스틱을 가리킨다.

면서도 질기다는 장점에다 무엇보다 완벽한 방수 기능까지 갖추고 있기 때문에 여러 분야에 손쉽게 이용할 수 있는 매력적인 소재입니다.

우리가 처음 사용한 비닐은 폴리염화비닐(PVC)입니다. 원래는 단단한 플라스틱인데, 가소제를 넣어 부드럽게 만든 것입니다. 그런데 이 가소제가 환경호르몬을 발생시킨다고 알려져 요즘에는 폴리에틸렌(PE)이나 이를 변형한 재료를 주로 사용하고 있습니다. 강하고 단단한 고밀도 폴리에틸렌(HDPE)과 부드러운 저밀도 폴리에틸렌(LDPE) 등 목적에 따라 다양하게 선택할 수 있고, 인체에 해가 없는 것으로 알려진 안정된 물질이기 때문에 음식을 담아서 보관하는 용기나 다양한 생활용품의 소재로도 널리 사용됩니다.

비닐은 정말 썩지 않는다

비닐 자체가 매우 안정된 물질이라 다양한 분야에 손쉽게 이용할 수 있다는 장점이 있지만, 너무 안정된 물질이라는 것이 바로 단점이 되기도 합니다. 사용한 비닐을 땅속에 묻어도 쉽게 분해되거나 썩지 않기 때문입니다. 분해되는 데 짧게는 수십 년에서, 성분에 따라서는 수백 년 이상이 걸리기도 합니다. 그래서 미생물을 원료로 만든 썩는 생분해성 플라스틱이나 광분해성 플라스틱 비닐도 개발되었습니다. 최근에는 가격 경쟁력 대신에 친환경 제품이라는 점을 앞세워 해외 시장을 공략하는 사례도 있습니다. 쌀겨와 커피 찌꺼기, 밀가루 찌꺼기로 만든 비닐이 곧 선을 보인다는 내용의 신문 기사도 볼 수 있습니다. 단기간에 안전한 물질로 분해되는 비닐을 싼값에 이용할 수 있는 날이 빨리 오기를 기대해 봅니다.

비닐도 플라스틱! ─ 플라스틱의 세계

플라스틱은 활용도만큼이나 종류도 다양합니다. 플라스틱은 열과 관련된 성질에 따라 열가소성과 열경화성으로 구분할 수 있습니다. 열가소성 플라스틱은 열을 가해서 형태를 바꿀 수 있고, 열경화성 플라스틱은 그렇지 않습니다.

여러 종류의 플라스틱 중에서 우리에게 친숙한 것으로는 ABS, PET, PVC, PE가 대표적입니다. ABS는 충격과 열에 강하고 내구성과 강도가 커서 휴대전화, 컴퓨터, 모니터, 청소기, 라디오, 헤어드라이기 등 다양한 종류의 가전제품과 자동차 부품에 사용되고 있습니다.

PET는 일상생활에서 가장 친숙한 플라스틱으로, 가볍고 깨지지 않으며 투명한 성질 때문에 음료 용기(PET병)로 널리 사용되고 있습니다.

PVC 또한 익숙한 열가소성 플라스틱인데, 첨가되는 가소제의 위험성 때문에 널리 알려졌습니다. 경질 PVC는 파이프, 블라인드, 약 포장재로 사용됩니다. 연질 PVC도 활용도가 높아서 전선, 호스, 장판 등에 다양하게 사용됩니다. 하지만 연소할 때 염화수소 가스나 발암물질인 다이옥신이 배출된다고 알려져 있습니다.

PE는 열에 강해서 주방용품에 많이 사용됩니다. 오랜 시간 햇빛에 노출되어도 변색이 일어나지 않으며, 장난감에도 많이 사용됩니다.

세계 1회용 비닐 봉투 안 쓰는 날!

7월 3일은 1회용 비닐 봉투 안 쓰는 날입니다. 이 날은 2008년 스페인의 국제 환경 단체 '가이아'의 스페인 회원 단체가 제안한 날로, 매년 영국·미국·프랑스 등의 외국 시민 단체가 동참해서 캠페인을 벌이고 있습니다. 일상생활에서 손쉽고 다양하게 사용하는 플라스틱

▲ 다양한 플라스틱 제품들

성분의 비닐을 대체할 만한 소재가 없는 상황에서 당장 안 쓸 수는 없겠지요.

하지만 비닐봉지 대신 장바구니를 사용하거나, 친환경적인 신소재를 개발하고 플라스틱을 대체할 수 있는 물질을 찾으려는 노력이 필요합니다. 또한 일상생활에서 무분별하게 사용되고 있는 플라스틱을 효과적으로 재활용하고 사용량을 줄이려는 노력도 아울러 기울여야 할 것입니다. 최근에는 재활용품에 디자인이나 활용도를 더해서 제품의 가치를 높이는 업사이클링(up-cycling)이 화제입니다. 우리도 업사이클링에 관심을 가져 보면 어떨까요?

◀ 뜬금있는 질문 ▶

염산도 녹이지 못하는 비닐?

염산은 황산, 질산과 더불어 가장 잘 알려진 강한 산성 물질이다. 산성을 나타내는 수소이온(H^+)은 수소보다 반응성이 큰 금속(예컨대 마그네슘, 알루미늄, 아연, 철 등)으로부터 전자를 받아서 수소 기체를 생성하는데, 이것이 바로 우리 눈에는 금속을 녹이거나 부식시키는 것으로 보이는 산화-환원 반응이다. 하지만 비닐을 비롯한 플라스틱은 금속과 달리 쉽게 전자를 잃고 산화할 수 있는 구조를 가지고 있지 않은 안정된 물질이다. 비닐에 염산을 떨어뜨려도 반응하지 않는 것도 그 때문이다. 비닐뿐 아니라 머리카락 또한 염산과 반응하지 않기 때문에 염산에는 녹지 않는 것처럼 보인다.

081

물은 0℃에서 어는데 바닷물은 왜 얼지 않을까요?

지구에서는 대기와 바다가 순환함으로써 적도의 열기를 극지방으로 이동시킵니다. 만약 바닷물이 꽁꽁 얼어 바닷물의 순환이 멈춘다면, 따뜻한 물과 찬물의 이동이 차단되고 적도와 극지방의 온도차가 벌어져, 상상도 못 할 기상이변이 일어날 것입니다. 순수한 물은 0℃에서 얼지만 바닷물은 -2℃보다 낮은 온도에서 얼기 시작합니다. 전 해양의 평균 수온은 약 17.5℃이며, 바닷물의 온도는 30℃(적도 해수)에서 -2℃(북극해) 사이입니다. 즉, 온도가 낮은 바다인 북극해도 -2℃ 정도이므로 다행히 바다가 어는 일은 거의 없습니다. 그런데 왜 바닷물은 얼지 않는 걸까요?

어는점 내림이란?

어는점 내림이란 용매에 용질*이 더해진 묽은 용액에서 용매의 증기압*이 내려가 어는점이 낮아지는 현상입니다. 예컨대 물에 소금을 넣어 소금물을 만들면 물은 용매, 소금은 용질, 소금물은 용액에 해당하는데, 순수한 용매인 물보다

용질 용매에 녹아서 용액을 만드는 물질. 기체·액체·고체 중 어느 것이라도 좋으며, 액체에 액체가 녹는 경우에는 양이 많은 쪽을 용매, 적은 쪽을 용질로 본다.

용액인 소금물의 어는점이 낮습니다.

순수한 용매와 용액에서 용매 입자
가 증기가 되는 과정을 비교해 보면 어
는점 내림 현상을 설명할 수 있습니다.
순수한 용매에서는 용매 입자들 사이
의 인력을 극복하고 증기가 됩니다. 하
지만 용액에서는 용매 입자와 용질 입
자 사이의 상호작용도 극복해야 하므

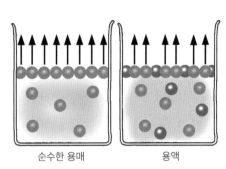

▲ 용액의 증기압력 내림

로 증기로 변하기가 더 힘들어지고, 따라서 용매의 증기압력보다 용액의 증기
압력이 더 낮아지게 됩니다. 용매에 들어 있는 용질이 증기압력을 낮추고 얼
려는 경향을 억제하는 효과를 나타내는 것이지요.

조금 더 자세히 설명하면, 순수한 용매인 경우 어는점에서는 액체에서 고체
로, 고체에서 액체로 되는 속도가 평형상태를 이루게 됩니다. 여기에 용질을
첨가하면 용질에 의해 액체에서 고체로 변화하는 속도가 느려집니다. 따라서
고체에서 액체로 되는 속도가 빠르기 때문에 평형상태를 이룰 수가 없습니다.
평형상태를 이루려면 온도가 내려가서 다시 액체에서 고체로, 고체에서 액체
로 되는 속도가 같아져야 합니다. 용액에서 어는점이 내려가는 것은 그 때문
입니다. 용질의 농도가 높을수록 액체에서 고체로 변화하는 속도가 크게 감소
하기 때문에 어는점은 더욱 크게 내려가게 됩니다.

용매와 용액의 증기압 비휘발성인 용질이 녹아 있는 용액의 어는점은 순수한 용매일 때보다 낮아지는데, 이것은
용액의 증기압이 용매의 증기압보다 낮아지기 때문이다. 용액의 농도가 진해지면 용액의 삼중점은 내려가고, 이것
이 고체와 액체의 평형 온도를 낮추어 어는점도 낮아지게 된다. 용액의 어는점을 측정하면 용액 속에 녹아 있는 용
질의 분자량을 결정할 수 있다.

바닷물은 용액

바닷물에 많이 함유되어 있는 소금은 녹을 때 주위에서 열을 많이 빼앗습니다. 따라서 주위 온도가 낮아지는 반면, 소금이 녹은 물은 소금 속에 포함되어 있는 염소 성분의 잘 얼지 않는 성질 때문에 어는점이 내려갑니다. 바닷물은 2.5~3%의 염분을 함유하고 있기 때문에 강물이나 호수 물보다 어는점이 약간 낮습니다. 농도가 진한 소금물은 -21°C까지 얼지 않기도 한답니다.

바닷물이 얼지 않는 또 다른 이유는 바다가 파도 등에 의해 움직인다는 것입니다. 강이나 호수에서도 물결이 일기는 하지만 그렇게 크지 않습니다. 바닷물은 출렁거리면서 움직이기 때문에 액체가 고체로 되는 것을 방해하여 어는점이 더욱 낮아집니다. 또한, 물은 고체를 위로 띄우는 유일한 물질인데, 이러한 물의 특성 때문에도 바닷물은 잘 얼지 않습니다. 0°C에서 물속에 얼음을 넣으면 물보다 가벼운 얼음이 떠오르는데, 이러한 현상으로 인해 겨울에도 수중 생태계가 보호를 받을 수 있고 바닷물이 잘 얼지 않는 것입니다.

◁ 뜬금있는 질문 ▷

라면 스프를 미리 넣은 라면 맛이 더 좋은 이유는?

라면 스프를 미리 넣었을 때와 넣지 않았을 때 물이 끓는 온도를 비교하면 스프를 미리 넣었을 때가 더 높다. 이는 스프가 물이 기화되는 것을 방해하여 물이 증기로 바뀌는 압력을 낮추어 더 높은 온도에서 끓게 만들기 때문이다. 스프를 미리 넣으면 끓는점이 높아져 100°C보다 더 높은 온도에서 끓게 되므로 라면이 더 빨리 잘 익어서 맛있어진다.

082

열기구가 하늘로 뜨는 원리는 무엇인가요?

열기구를 타고 하늘을 날아서 세계 여러 곳을 여행하는 상상을 해 본 적이 있
나요? 열기구는 강한 불꽃으로 풍선 속의 공기를 가열하여 하늘을 날 수 있
게 만든 기구입니다. 열기구가 하늘을 나는 원리는 무엇일까요? 왜 공기를
뜨겁게 하면 하늘로 날아오를까요?

열기구의 역사

1783년 11월, 모험심 많은 물리학자 필라트르 드로지에(Pilâtre de Rozier)는
프랑스의 몽골피에(Montgolfier) 형제가 개발한 열기구를 타고 인류 최초의 '유
인 비행'에 성공했습니다. 당시에 드로지에는 밀짚과 나뭇가지를 태워 종이 기
구 안의 공기를 데워 약 25분간 비행하였다고 합니다. 같은 해 12월, 보일-샤
를 법칙으로 유명한 샤를(J. A. C. Charles, 1746~1823) 교수는 공기보다 가벼운 수
소 가스를 이용하는 기구를 만들어 장거리 비행을 가능하게 했습니다. 요즈

음에 볼 수 있는 천으로 된 기구와 액화 프로판가스를 이용하는 현대식 열기구는 1950년대 후반에 등장했습니다.

▲ 열기구

이처럼 열기구가 하늘을 나는 데에는 과학적인 원리가 숨어 있습니다. 기구(공기 주머니) 속의 공기를 가열하면 기구가 점점 부풀어 마침내 위로 떠오르는데, 이는 공기의 온도와 부피 사이에 무언가 관계가 있음을 암시해 줍니다.

샤를의 법칙

'샤를의 법칙'은 그 관계를 잘 설명해 줍니다. 앞에서 말한 샤를 교수가 발견했다 해서 붙은 이름인데, 그 내용은 압력이 일정할 때 기체의 부피는 기체의 종류와 상관없이 온도에 정비례하여 증가한다는 것입니다. 즉, 압력이 일정할 때 기체 분자의 운동은 온도가 높아질수록 활발해져서 용기 벽에 충돌하는 횟수가 증가하므로 부피가 커지게 된다는 것이지요. V를 온도 $t°C$에서의 기체의 부피, V_0를 $0°C$에서의 기체의 부피라고 하면, 다음의 관계식이 성립합니다.

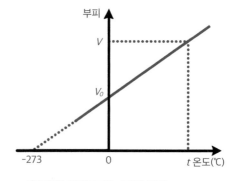
▲ 샤를 법칙 (섭씨온도로 나타낼 경우)

$$V = V_0(1 + \frac{1}{273}t)$$

즉, 기체의 종류와 무관하게, 압력이 일정할 때 기체의 부피는 온도가 $1°C$ 올라갈 때마다 $0°C$일 때 부피의 $\frac{1}{273}$씩 증가합니다. 이것을 샤를의 법칙이라고 하며, 그래프로 나타내면 앞 쪽 그림과 같습니다.

탁구를 치다가 공이 찌그러졌을 때 뜨거운 물에 넣으면 다시 부풀어 오르는 것도 이 법칙으로 설명할 수 있습니다.

그런데, 앞의 관계식과 그래프를 잘 살펴보면 -273°C에서 기체의 부피가 0이 된다는 것을 알게 됩니다. 기체의 부피가 0이라니, 도대체 그 온도에서 기체에 어떤 일이 일어난다는 말일까요?

절대영도에서 기체는?

섭씨온도는 물의 녹는점과 끓는점 사이를 100등분하여 1도씩 차이가 나게 만든 온도이지만, 절대온도는 물질의 특별한 상태와 관계가 없는 온도로 열역학*과 관련된 분야에서 두루 사용됩니다.

섭씨온도의 단위는 °C이고, 절대온도의 단위는 K(켈빈)입니다. 절대온도는 자연계에서 가장 낮은 온도를 0으로 하며, 눈금의 간격은 섭씨온도와 같습니다. 즉, 섭씨온도 -273°C, 정확하게는 -273.16°C가 절대온도 0K이므로 0°C는 273K, 100°C는 373K에 해당합니다. 결국, 섭씨온도에 273을 더한 값이 바로 절대온도입니다.

그러면, 앞에서 말한 -273°C, 즉 절대온도 0K(절대영도)에서는 무슨 일이 벌어질까요? 샤를의 법칙에서 말하는 대로 기체의 부피가 정말로 0이 되는 것일까요? 부피가 0이라 함은 분자의 운동이 없는, 즉 분자의 운동에너지가 0인 상태를 뜻하는 것일까요?

샤를의 법칙에 따르면 -273°C에서 기체는 종류와 무관하게 부피가 0이 됩니다. 하지만 이것은 분자의 부피가 무시되고, 상태변화가 일어나지 않으며,

---

열역학 열과 역학적 일의 기본 관계를 바탕으로 열 현상을 비롯해 자연계 안에서 에너지의 흐름을 통일적으로 다루는 물리학의 한 분야

분자 사이의 인력이 작용하지 않는 아
주 이상적인 기체(이상기체, 理想氣體)가
그렇다는 것입니다. 실제의 기체는 온
도가 낮아지고 분자들 사이의 거리가
줄어들면서 응집하기 때문에 온도와
부피의 관계에서 샤를의 법칙을 따르
지 않게 됩니다. 다시 말해서, 실제의
모든 기체는 절대영도(0K) 이상의 온

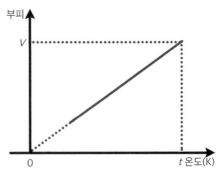

▲ 샤를 법칙 (절대온도로 나타낼 경우)

도에서 액체나 고체로 응축하게 됩니다. 실제 기체의 부피가 절대영도에서 0
이 되는 일은 발생하지 않는 것이지요.

또한, 이상기체가 절대영도에서 부피가 0이 된다는 것을 이때 분자의 운동
에너지가 0이 된다는 의미로 흔히 해석하지만, 양자역학의 불확정성원리*에
의해 절대영도에서도 분자들이 운동에너지를 가진다(진동한다)는 것이 밝혀졌
습니다. 이 에너지를 영점에너지라 부르는데, 그 때문에 저온에서 전기저항
이 0에 가까워지는 초전도 현상*이나 점성을 잃은 액체가 용기 벽을 타고 넘
어가는 초유체* 현상이 일어납니다. 즉, 절대영도에서도 미세하게나마 분자들
은 움직입니다.

불확정성원리 원리를 정립한 물리학자의 이름을 따서 '하이젠베르크(Heisenberg)의 불확정성원리'라고도 한다.
양자역학의 기본 원리 중 하나이다. 입자의 위치와 운동량을 동시에 정확하게는 알 수 없다는 것인데, 이 원리는
입자의 에너지와 그것이 지속되는 시간에 대해서도 성립한다.
초전도 현상 초전기전도라고도 한다. 도체의 전기저항은 온도가 높아질수록 커지고, 온도를 낮추면 작아져 전기가
잘 통하는데, 특히 매우 낮은 온도에서 전기저항이 0에 가까워지는 현상을 초전도라고 한다.
초유체 점성이 전혀 없는 유체. 초유체는 마찰 없이 영원히 회전할 수 있다.

083

수돗물에 왜
냄새 나고 독한 염소를 넣는 건가요?

정수기 물도 어차피 수돗물이 정수기라는 기계를 한 번 더 거쳐 나온 것인데, 사람들은 그래도 수돗물보다 정수기 물을 선호합니다. 아마 수돗물에서 나는 소독약 냄새 때문일 터인데, 그렇다면 수돗물에서는 왜 소독약 냄새가 나는 걸까요? 그 냄새의 원인 물질은 염소입니다. 사실은 수돗물도 여러 단계의 정수 과정을 거쳐 생산된 깨끗한 식수입니다. 염소는 그 과정에서 사용되는 물질이고요. 그런데 왜 수돗물을 정수하는 데 독하고 냄새 나는 염소를 넣는 걸까요?

물속의 불순물들

수돗물의 원천인 상수원은 하늘에서 내린 비가 땅속으로 스며들었다가 서서히 지표로 나온 것입니다. 처음에는 매우 깨끗하였지만 비가 내리면서 오염된 대기를 지나고, 상수원까지 오는 동안 그대로 마실 수 없게 됩니다. 즉, 자연계로부터 끌어온 물에는 각종 물질이 녹아 있고 생물과 세균들이 포함되어 있기 때문에 그대로는 마실 수가 없는 것입니다. 따라서 침전과 여과를 통해 여러 가지 불순물들을 제거하는 과정을 거치게 되는데, 이 과정을 거친 물은

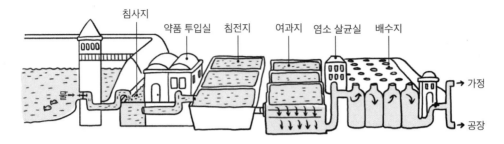

▲ 수돗물의 정수 과정

겉으로는 깨끗해 보이지만 단순한 여과만으로는 걸러지지 않는 여러 가지 세균이나 바이러스 등이 아직 남아 있습니다. 염소*는 바로 그런 병원 미생물을 없애기 위해서 사용합니다.

염소가 하는 일

염소는 수영장이나 정수장에서 물을 소독하는 데 사용되며, 가정용 표백제에도 포함되어 있습니다. 염소가 이처럼 살균·표백 작용을 할 수 있는 것은 물에 녹아서 하이포아염소산*을 만들 수 있기 때문입니다.

$$Cl_2 \quad + \quad H_2O \quad \rightarrow \quad HCl \quad + \quad HClO$$

염소 기체　　　물　　　염화수소　하이포아염소산

강한 산화작용을 하는 하이포아염소산이 물속에 있는 유기화합물을 산화시

염소 주기율표 제17족에 속하는 할로겐 원소 가운데 하나이다. 원소기호는 Cl. 원자번호는 17. 금속원소와 이온결합을 하여 화합물을 생성하고, 비금속원소와 결합하면 유기화합물이 된다. 염소와 그 화합물들은 상수도의 소독제, 가정용 표백 살균제 등의 성분으로 사용된다.

하이포아염소산 물에 직접 염소 기체를 통과시키거나, 산화수은 등을 물에 섞은 뒤 염소를 통과시키고 거른 액을 감압 증류하여 얻는다. 유기화합물을 산화시키므로 표백제·살균제로 그 염이 사용된다. 수용액으로만 존재하고, 빛이나 온도에 의해 불안정해지면 산소를 발생시키면서 염소와 염소산으로 변화한다.

켜 분해할 수 있으므로 수돗물의 정화에도 이용이 되는 것이지요. 또한 공급 과정에서 병균에 다시 오염되는 것을 막기 위해, 가정의 수도꼭지를 통하여 나오는 수돗물 속의 잔류 염소 농도가 0.2mg/L(ppm) 정도로 유지되도록 염소를 주입하고 있습니다. 수돗물에서 소독약 냄새가 나는 것은 그 때문입니다. 참고로, 사람에게 유해한 염소 농도는 1,000mg/L 정도라고 합니다.

수돗물 마시는 법

염소는 값이 싸고, 소량으로도 뛰어난 멸균 효과를 내며, 각종 수인성 전염병을 예방하는 등 여러 가지 긍정적 기능을 가진 것이 사실입니다. 그러나 각종 환경오염으로 인해 수돗물 원천수의 오염도가 점점 심각해지면서 염소 투입량이 점차 늘어나고 있으며, 그것이 물속의 오염 유기물들과 화학반응을 하여 인체에 치명적인 독성 물질들을 생성할 위험성이 있습니다. 또한 피부 표피의 지방을 제거하는 염소의 기능 때문에 피부 수분이 많이 빠져나가 피부 건조증이나 피부가 가려운 피부 소양증이 일어나거나 심하면 습진에 걸릴 수도 있으므로 주의해야 합니다.

수돗물은 미리 받아 놓았다가 마시거나 끓여서 마시면 소독약 냄새가 사라져 물맛도 좋아지고 염소가 날아가 위험성도 사라집니다. 그러나 염소가 없어지는 대신에 잡균이 들어가기 쉬우니 그때그때 마실 만큼만 끓이는 것이 좋습

망가니즈 주기율표 제7족에 속하는 전이원소 가운데 하나이다. 생물체 내에서 2가 양이온으로 존재하며, 생물의 물질대사에 반드시 필요한 무기염류이다. 원소기호 Mn, 원자번호 25.

카드뮴 주기율표 제12족인 아연족 원소 가운데 하나로, 원소기호는 Cd, 원자번호는 48이다. 1817년 독일의 화학자 슈트로마이어가 당시의 의약품인 탄산아연 속에서 발견하였다. 슈트로마이어는 불순한 탄산아연을 빨갛게 달구어 얻은 산화아연이 백색이 되지 않고 황갈색이 된다는 점에 주목하여 그 성분을 연구한 결과, 새로운 금속을 발견하였다. 이 무렵 헤르만도 산화아연 속에서 같은 물질을 발견하였다. 카드뮴이라는 이름은 '아연화'를 뜻하는 그리스어인 'kadmeia'에서 유래하였다.

크롬 주기율표 제6족인 크로뮴족 원소 가운데 하나이다. 원자번호는 24. 1797년 시베리아산 홍연석에서 발견되었고, 1854년 처음으로 염의 전기분해를 통해 소량을 얻었다.

니다. 또, 수돗물에 보리차나 옥수수차를 넣고 끓이면 수은, 구리, 망가니즈*, 카드뮴*, 크롬* 같은 중금속 성분이 차에 흡착돼 그 양이 현저히 감소한다고 합니다. 이렇게 끓인 수돗물을 냉장고에 차게 식혀 보관하면 수돗물 내의 용존 산소량이 증가하고 세균 번식도 막을 수 있습니다.

우리 몸의 약 70%는 물로 이루어져 있습니다. 게다가 우리는 식수, 세탁, 음식 조리, 화장실용으로 하루에 60L가량의 물을 사용하고 있습니다. 지금은 언제나 물을 쓸 수 있어서 귀한 줄 모르지만, 우리는 물 없이는 하루도 살아갈 수 없습니다. 또한 수돗물을 만드는 데 드는 원가의 40%가 전기료입니다. 우리가 수돗물을 10%만 아껴 써도 1년에 240억 원을 절약할 수 있다고 합니다. 수돗물을 아껴 쓰는 것이 바로 에너지를 절약하는 길입니다.

한국은 물 부족 국가?

한국은 국제인구행동연구소(PAI)에서 전 세계 국가를 대상으로 평가해 물이 부족하다고 분류한 나라이다. 연간 물 사용 가능량이 1000m³ 미만이면 물 기근 국가, 1000~1700m³이면 물 부족 국가, 1700m³ 이상이면 물 풍요 국가로 분류된다. 이 연구소의 분석 자료에서는 한국이 1993년 1인당 물 사용 가능량이 1470m³로 물 부족 국가에 해당하며, 2000년 사용 가능량도 1488m³로 역시 물 부족 국가에 해당하는 한편, 2025년에는 많게는 1327m³, 적게는 1199m³가 될 것으로 분석하는 등, 갈수록 물 사정이 어려워지리라고 내다보고 있다. 한편, 미국·영국·일본 등 119개 나라는 물 풍요 국가로 분류되었다.

084

술을 마시면 왜
머리가 아프고 필름이 끊겨요?

사람들은 모임이 있거나, 하루 일과가 끝나는 시간에 술로 그날의 고단함을
풀어내곤 합니다. 그 모습을 보면 술이 사람에게 없어서는 안 되는 음료인 것
처럼 생각되기도 합니다. 사람들은 왜 술을 찾고, 그것을 통해서 무엇을 얻으
려는 것일까요? 술이 몸에 어떤 영향을 주기에 그토록 많은 사람들이 시대를
뛰어넘어 모든 나라에서 술을 만들고 마셨던 것일까요? 술이 불로장생 보약
중에 보약이었던 것일까요?

술은 속세의 음식이 아니었다

인도의 신화에서는 술이 속세의 음료가 아니었다고 합니다. 소마(Soma)라고
부르던 그 술은 술집에서 마시는 속된 음료가 아니라 신의 거룩한 음료였다는
것이지요. 신들이 소마를 마셔야 불멸을 얻듯이 인간도 소마를 통하여 불멸할
수 있다고 믿었고, 이에 사람들은 신성한 제사 음식으로 소마를 마셨습니다.

우리의 전통 제례에서 혹은 천주교 미사에서 사용하는 술도 취하려고 마시
는 술이 아닙니다. 제사를 지내고 나서 음복의 의미로, 혹은 예수님과 하나 됨

을 상징하는 것으로서 마시는 것
이지요.

그러나 우리 사회에서 음주, 혹
은 음주를 통한 도취는 종교적인
의미를 잃고 철저하게 세속의 영역
으로 들어와 있습니다. 술을 많이
마시면 일상에서, 또 정상적인 의

▲ 천주교 미사 때 사용하는 포도주

식의 흐름에서 벗어나는 경험을 하게 됩니다. 밤새 술에 취했다가 아침에 일
어나서는 후회하고 그러면서도 같은 과정을 되풀이하는 것은, 술이 주는 그런
무한의 느낌 때문입니다. 필름이 끊기는 순간 시간과 공간의 제약에서 벗어난
황홀경을 맛보게 됩니다. 그렇게 필름이 끊어지는 상태까지는 아니더라도, 일
단 술에 취하면 평소에 마음속에 꽁꽁 숨겨 두었던 말도 스스럼없이 하게 되
고, 허풍도 떨게 되고, 온 세상이 모두 내 것인 것처럼 느껴지기도 합니다. 사
람들이 술을 마시는 것은 그런 느낌들을 맛보고 싶기 때문이겠지요.

술 잘 마시는 사람, 못 마시는 사람

그런데 술을 마시면 왜 머리가 아프고 속이 쓰린 것일까요? 술은 주성분이
물과 에탄올*입니다. 술을 마시면 일어나는 여러 현상은 에탄올(C_2H_5OH)로 인
한 것인데, 위와 소장에서 흡수된 에탄올은 우리 몸 안의 독극물 분해 장소인
간에서 아세트알데하이드*로, 그리고 아세트산*으로 바뀝니다. 에탄올이 아세
트알데하이드로 바뀌는 정도는 누구나 비슷하지만, 아세트알데하이드가 아세

에탄올 에틸알코올이라고도 하며, 술의 주성분이라는 뜻에서 주정(酒精)이라고 부르기도 한다. 무색에 독특한 향
기가 나는 액체로, 녹는점은 -114℃, 끓는점은 78℃이며 마취성이 있다. 알코올은 분자 사이에 수소결합을 형성하
는 특징이 있어서 탄소 수가 같은 에테인의 끓는점이 -89℃인 데 비해 에탄올의 끓는점이 월등히 높다. 알코올은
중성 물질이다.

트산으로 바뀌는 정도는 사람마다 크게 다릅니다. 아세트알데하이드는 속이 쓰리고 머리가 아프게 하는 숙취 물질이고 독성이 강한 물질이므로 이를 분해하는 속도에 따라서 술을 잘 마시고 못 마시고가 정해집니다. 술을 잘 마시는 사람은 아세트알데하이드의 분해 능력이 뛰어난 사람이라고 할 수 있겠지요.

술은 공백의 시간을 만든다

술 마시고 필름이 끊기는 것을 의학 용어로 블랙아웃(Blackout)이라고 합니다. 블랙아웃은 기억을 입력, 저장, 출력하는 과정 가운데 입력 과정에 문제가 생긴 것입니다. 의학계에서는 에탄올의 독소가 직접 뇌세포를 파괴하기보다는 신경세포와 신경세포 사이의 신호 전달 과정에 이상이 생겨서 기억이 나지 않는다고 보고 있습니다. 에탄올이 새로운 사실을 기억시키는 특정한 수용체*의 활동을 차단하여, 뇌의 신경세포 사이에서 메시지를 전달하는 역할을 하는 글루타메이트라는 신경 전달물질의 활동도 멈추게 만듭니다. 따라서 뇌의 신경세포에 새로운 메시지가 저장되지 않고 '공백의 시간'이 생겨납니다.

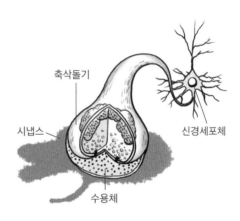

축삭돌기

시냅스

신경세포체

수용체

▲ 신경세포의 구조

아세트알데하이드 휘발성이 강한 무색 액체로, 자극적인 과일 냄새가 난다. 환원성이 있어서 은거울반응을 보이고, 펠링용액으로 검출할 수 있다.

아세트산 살균 능력이 있어 대장균이나 포도상구균처럼 식중독을 일으키는 세균을 죽임으로써 음식의 부패가 진행되는 것을 막아 준다. 중요한 카르복시산 가운데 하나이다. 식초에서 나는 신맛은 아세트산에 의한 것으로, 식초에는 아세트산이 4%가량 포함되어 있다. 식초의 원료로 쓰이므로 초산(醋酸)이라고 부르기도 한다.

수용체 일반적으로 감응반응에서 유도 물질에 의해 반응을 일으키는 물질을 가리킨다.

현대의 술은 불로장생 보약도 아니고 신성한 제사 음식도 아닙니다. 술의 여러 부작용을 생각한다면, 스스로 감당할 수 있을 만한 양만 마시는 자제력을 발휘해야 하겠지요.

화이트아웃이란?

시야상실 또는 백시(白視) 현상이라고도 한다. 눈 표면에 가스가 덮여 원근감이 없어지는 백시 상태를 의미하는 등산 용어이다. 주로 겨울철에 일어나는 현상으로, 눈이 많이 내려서 모든 것이 하얗게 보이고 원근감이 없어지는 상태를 가리킨다. 이 상태에서는 눈 표면과 공간의 경계를 구분하기가 어려워 행동을 하는 데 제약이 따른다. 특히 흐린 날 눈으로 덮인 얼음 벌판 위에서는 이 현상이 심해서 빙원과 하늘의 구분이 불가능할 정도이다. 이 현상이 나타날 때에는 무리하게 움직이기보다는 시야가 회복될 때까지 기다려야 한다. 사람뿐 아니라 동물들에게도 나타나는 현상이다.

085

물은 항상 100℃에서 끓을까요?

어릴 적 시골 할머니 댁에 놀러 가면 부엌에서 무쇠로 만든 무거운 뚜껑을 인 가마솥을 쉽게 볼 수 있었습니다. 할머니께서 쌀을 씻어 가마솥 안에 넣고, 짚과 작은 나뭇가지를 모아 불을 지피시면, 얼마 지나지 않아 김이 모락모락 피어나곤 했지요. 무거운 뚜껑마저도 들썩거리며 김이 새어 나올 때면 할머 니께서는 행주에 차가운 물을 묻혀 솥뚜껑을 계속 닦아 내셨습니다. 그렇게 지은 가마솥 밥은 정말 맛있었지요. 가마솥 안에서 무슨 일이 일어나기에 밥 맛이 좋아지는 걸까요?

증기압력과 대기압이 같아질 때

액체 표면에서는 쉬지 않고 증발*과 응축*이 일어납니다. 증발 속도와 응축 속도가 같을 때 증기가 가하는 압력을 증기압력이라고 하는데, 물이 끓는다는 것은 대기의 압력과 물의 증기압력이 같아짐을 뜻합니다.

온도가 높아지면서 분자들의 운동이 활발해져서 서로의 인력을 이기고 떨 어져 나가는 현상이 '끓음'입니다. 같은 물질이더라도 대기의 압력이 낮으면 더 낮은 온도에서 물의 증기압력과 같아지고, 대기의 압력이 높으면 더 높은 온도에서 물의 증기압력과 같아집니다.

그렇다면 높은 산에서 물을 끓이면 어떨까요? 공기는 높이 올라갈수록 양이 적어집니다. 따라서 높은 곳일수록 대기의 압력이 작아지므로 낮은 곳보다 빨리 대기압이 물의 증기압과 같아집니다. 지상에서 100℃가 되어야 끓는 물이 1,915m인 한라산에서는 95℃ 정도에서 끓게 되는 것은 그 때문입니다. 백두산은 90℃ 정도에서 끓는다고 하니, '물은 끓는점이 100℃이다.'라는 고정관념에서 벗어나야겠지요.

외부 압력(mmHg)	끓는점(℃)
787	101
760	100
733	99
633	95
433	85
355	80
289	75
234	70
188	65
150	60

▲ 외부 압력과 물의 끓는점
(1기압 = 760mmHg)

가마솥 밥이 맛있는 이유

짚과 나뭇가지를 태운 열에 의해서 온도가 높아지면 가마솥 안에서 물의 증기압력이 계속 커져서 대기의 압력과 같아지게 됩니다. 가마솥으로 밥을 짓게 되면 무거운 솥뚜껑이 압력을 증가시키고, 차가운 행주로 솥뚜껑을 계속 닦아 주면 솥뚜껑에서 나온 김이 다시 물방울로 바뀌어 솥과 뚜껑의 틈을 막아 줌으로써 내부 압력을 더 높이는 역할을 하게 됩니다. 솥의 내부 공기 압력이 높아지므로 물의 끓는점이 올라가게 되는 것입니다. 그래서 더 높은 온도에서 더 빠르게 밥이 되어 맛있는 것이지요.

증발 액체 표면의 분자 중에서 분자 간의 인력을 이겨 낼 수 있을 만큼 에너지 수준이 높은 입자들이 기체 상태로 튀어나와 기화하는 현상. 액체 내부로부터 기포가 발생하면서 생기는 기화 현상인 '끓음'은 끓는점에서 일어나기 시작하지만, 증발은 끓는점보다 낮은 온도에서도 일어난다. 이때 증발되고 남은 액체는 증발열의 방출로 열을 빼앗겨 온도가 내려간다. 따라서 증발 과정에서 잃어버린 열량을 외부에서 보충해 주어야만 증발이 계속 일어날 수 있다. 증발이 일어날 때 주변이 시원해지는 것은 증발 과정에서 기화열의 흡수가 일어나기 때문이다.

응축 기체가 액체로 변화하는 현상. 일정한 압력에서 온도를 낮추거나 일정한 온도에서 압력을 가하여 그 물질의 포화증기압 이상이 되게 할 때 나타난다. 액화와 같은 뜻으로 사용될 때도 많지만, 앞서 말한 경우가 좁은 뜻의 응축이다. 응결이라고도 한다.

얼음으로 물을 끓일 수 있을까?

얼음으로 물을 끓이다니, 이게 가능한 일일까요? 차가운 얼음으로 물의 온도를 높여 뜨거운 물로 만들 수는 없겠지요. 그러나 물을 평균적인 대기압(1기압)에서 100°C까지 가열하여 끓인 후, 빈 용기에 이 끓인 물을 조금 넣고 뚜껑을 막고서 얼음물을 용기 바깥쪽에 부으면 용기에 가득 차 있던 수증기가 차가운 물에 의해 냉각되어 물방울로 응결합니다. 그러면 용기 안의 압력이 작아지고 끓는점이 낮아집니다. 그리고 낮아진 끓는점으로 인해 용기 안의 물이 끓는 모습을 다시 관찰할 수 있습니다. 물은 1기압일 때 100°C에서 끓고, 1기압보다 압력이 작으면 100°C보다 낮은 온도에서, 1기압보다 압력이 크면 100°C보다 높은 온도에서 끓기 때문입니다.

증발과 확산은 어떻게 다를까?

물이 담긴 컵에 잉크를 한 방울 떨어뜨리면 시간이 지남에 따라 잉크가 퍼져 나가 섞이면서 물 전체가 균일한 색을 나타내게 된다. 이것을 확산이라 하며 액체, 기체, 공기가 없는 진공 속에서 관찰할 수 있다. 이처럼 확산은 물질을 이루는 입자들이 밀도나 농도 차이에 의해 스스로 운동하여 농도(밀도)가 높은 쪽에서 농도(밀도)가 낮은 쪽으로 퍼져 나가는 현상을 말한다.

증발은 액체가 기체로 상태변화하는 기화 현상이고, 확산은 상태변화가 아니라 분자가 스스로 움직여 퍼져 나가는 분자운동이므로 서로 다르다.

▲ 확산

086

깊은 물속에서 갑자기 물 밖으로 나오면 왜 위험할까요?

<Deep Blue Sea(1999)>는 바다 한가운데 고립된 연구소 안에서 유전자 조작으로 지능이 변형된 상어가 인간들을 노리고, 연구소에 갇힌 사람들은 생존을 위해 고군분투하는 상황을 그린 영화입니다. 영화에서는 깊은 바닷속에 들어간 사람들이 서둘러 떠오르면 안 되는 상황이라 상승 속도를 늦추다가 상어의 공격 대상이 되는 장면이 나옵니다. 깊은 물속에서 갑자기 위로 올라가면 안 되는 이유는 무엇일까요?

폐 속의 공기가 팽창해서 폐포가 터져요!

깊은 물속에서 수면으로 올라갈 때 수심이 얕아지면 수압이 작아지므로 폐 속의 공기가 팽창합니다. 이것은 '온도가 일정할 때 기체의 부피는 압력에 반비례한다.'는 '보일의 법칙'에서 알 수 있습니다.

이때 호흡을 참고 상승하면 폐 속의 공기가 배출되지 못한 채로 부피가 늘어나 폐포가 너무 많이 팽창합니다. 나중에는 폐포가 파열되지요. 이렇게 파열린 부분으로 새어 나온 공기가 혈관으로 흘러 들어가면 혈액의 순환을 막아 산소 공급을 방해합니다. 그러면 수면까지 무사히 도달하더라도 의식불명과 호흡곤란 증상이 나타나면서 생명이 위험해집니다.

그러므로 다이빙을 한 뒤 수면 위로 올라올 때에는 숨을 참지 말고 호흡기를 통해 호흡을 유지해야 폐포가 파열되는 것을 방지할 수 있습니다.

문제는 질소!

압력이 증가할수록 질소의 용해도는 증가합니다. 이 점은 용매에 녹는 기체의 용해도가 그 기체의 부분 압력에 비례한다는 '헨리의 법칙[*]'으로부터 알 수 있습니다. 깊은 물속에서 호흡을 통해 들이마신 질소는 쉽게 혈액이나 우리 몸의 조직 속으로 녹아 들어갑니다. 수심이 깊을수록, 물속에 있는 시간이 길수록 우리 몸에 용해되는 질소 기체의 양은 더 많아집니다.

그런데 갑작스럽게 압력이 작은 물 위로 올라오게 되면 질소의 용해도가 낮아져서 혈액이나 신경, 뼈, 관절 사이에 녹아 있는 질소가 기포 형태로 빠져나옵니다. 이때 호흡을 해서 폐를 통해 질소 기체를 빼내야 하는데, 압력이 작아지면 급격히 부피가 늘어난 질소가

▲ 스쿠버다이버들

헨리의 법칙 일정한 온도에서 일정 부피의 액체 용매에 녹는 기체의 질량, 즉 용해도는 용매와 평형을 이루는 그 기체의 부분 압력에 비례한다는 법칙이다. 액체 상태의 용매에 녹는 기체의 용해도에 관한 법칙으로, 용매에 잘 녹지 않는 기체에만 적용되며 용매에 잘 녹는 기체에는 적용되지 않는다. 즉, 물에 잘 녹지 않는 기체에 대하여 낮은 압력에서만 적용된다. 이 법칙이 잘 적용되는 기체로는 수소, 산소, 질소, 이산화탄소 등이 있으며, 잘 적용되지 않는 기체로는 암모니아, 염화수소 등이 있다.

혈관, 뼈, 관절, 신경에서 공기 방울을 형성하면서 빠져나오고, 그것이 혈액순환을 방해하게 되는 것입니다. 그러면 어깨, 무릎 같은 관절 계통에 통증이 오기도 하고, 두통이나 어지럼증이 나타나며, 심하면 생명을 잃을 수도 있습니다.

레포츠로서 스쿠버다이빙을 접할 기회가 점점 많아지고 있습니다. 스쿠버다이빙을 할 때 앞서 말한 안전사고를 방지하려면 적당한 호흡을 유지하고, 잠수 안전 수심을 지키고, 물속에서 안전한 속도로 이동해야 한다는 점을 기억하시기 바랍니다.

잠수병은 무슨 병?

깊은 바닷속에서 잠수부는 공기통을 통해 공기를 공급받는데, 공기통 속에는 100% 산소가 아니라 공기와 비슷한 성분이 들어 있다. 하지만 공기와 똑같은 구성비로 질소를 사용하게 되면, 물속에 들어갔을 때 높은 주변 압력 때문에 질소 기체가 몸 밖으로 빠져나가지 못한 채 혈액 속에 용해된다. 이렇게 혈액 속에 질소 기체가 쌓여 있다가 잠수부가 빠른 속도로 수면 위로 올라가면 압력이 낮아지면서 질소의 용해도가 급격하게 감소  한다. 따라서 혈액 속에서 갑작스럽게 기포가 많이 만들어지고 이것이 체내에서 통증을 유발하게 된다. 이러한 통증은 호흡기뿐 아니라 림프계, 근골격계 등에서도 나타난다. 이러한 병을 잠수병이라 한다. 질소 기체는 이처럼 잠수병을 유발하기 때문에 공기통에는 대체로 질소 대신 헬륨 기체를 사용한다. 헬륨은 비활성 기체로서 체내에서 불필요한 반응을 하지 않을 뿐 아니라, 질소에 비해 혈액에 대한 용해도가 매우 작기 때문에 잠수병을 일으킬 위험이 없기 때문이다. 그렇지만 대부분의 해녀들이 공기통을 사용하지 않고 일을 하고 있어 꾸준히 잠수병이 발생하고 있으며, 최근에는 스킨다이빙을 즐기는 사람들이 늘어 그로 인한 잠수병 환자가 급증하고 있다.

087

음식이 너무 매울 때
물을 마실까, 우유를 마실까?

매운 청양고추를 모르고 덥석 베어 물었을 때, 엄마가 해 주신 매운 떡볶이를 맛있다고 계속 먹었을 때, 혀가 아리고 눈물이 났던 경험이 누구나 한 번쯤은 있을 터입니다. 그럴 때 사람들은 발을 동동 구르며 물을 찾지요. 하지만 물을 먹어도 잠시뿐, 배만 부르고 매운맛은 가시지 않습니다. 이 때 우유 한 잔을 마시면 매운맛이 덜해집니다. 왜 그럴까요?

매운맛을 잘 녹여내는 우유 성분

우리가 맵다고 느끼는 음식의 대부분에는 고추의 캡사이신* 성분이 포함되어 있는데, 이 캡사이신은 무극성에 가까운 분자입니다. 그 반면에 물은 극성 용매입니다. 극성 용매는 극성 용질을 잘 녹여낼 수 있지만, 극성이 작은 용질은 극성 용매에 잘 녹지 않습니다.

그러나 우유는 무극성 성분을 많이 포함하고 있습니다. 우유는 대부분이 물에 단백질과 지방 성분 등이 분산되어 있는 콜로이드* 상태입니다. 우유가 희게 보이는 것도 물에 퍼져 있는 이러한 입자들이 빛을 산란시키기 때문이지요. 그런데 우유에 퍼져 있는 지방 성분은 극성이 작은 물질입니다. 그래서 그 지방 성분이 혀 표면에 붙은 캡사이신을 떼어 내 삼킬 수 있도록 해 주기 때문에 매운맛이 가실 수 있는 것입니다.

하지만 물은 극성 용매이므로 무극성인 캡사이신을 녹여내지 못합니다. 물을 연거푸 마셔도 혀에 붙은 캡사이신은 씻어 낼 수 없기 때문에 매운 맛을 없애는 데에는 별 도움이 되지 않습니다.

극성과 무극성

분자 내의 결합에서 전자를 공유할 때 원자의 종류나 분자의 모양에 따라 전자를 끌어당기는 힘에 우열이 생기게 됩니다.

같은 원자끼리 결합할 때에는 두 원자가 공평하게 전자쌍을 끌어당기게 되므로 전자가 어느 한쪽으로 치우치지 않습니다. 또는 분자의 모양이 대칭을 이룰 때에도 전자의 치우침이 나타나지 않습니다. 이러한 결합으로 이루어진 수소(H_2), 질소(N_2), 메테인(CH_4), 이산화탄소(CO_2) 같은 분자들을 무극성 분자라고 합니다.

그러나 원자 사이에서 전자쌍을 끌어당기는 힘에 차이가 나면 전자쌍이 어느 한쪽으로 치우치게 됩니다. 공유 전자쌍을 더 많이 끌어당기는 쪽 원자는 부분적으로 음전하를 띠게 되고, 전자를 끌어당기는 힘이 약한 쪽 원자는 부분적으로 양전하를 띠게 됩니다. 이러한 결합으로 이루어진 대표적인 극성 분

캡사이신 고추에서 추출되는 무색의 휘발성 화합물. 알칼로이드의 일종이며, 매운 맛을 내는 성분이다. 고추씨에 가장 많이 함유되어 있으며, 껍질에도 있다. 약과 향료로 이용된다. 고추가 캡사이신을 만들어 내는 것은 다른 동물이나 식물로부터 자신을 보호함과 동시에 씨를 퍼뜨려 종자의 번식을 도모하기 위해서인 것으로 알려져 있다.

콜로이드 물질의 분산 상태를 나타내는 말. 보통의 분자나 이온보다 큰 지름 1mm~100nm 정도인 미립자가 기체 또는 액체 속에 분산된 것을 콜로이드 상태라고 부른다. 생물체를 구성하는 물질은 대부분이 콜로이드 상태로 존재한다.

자로는 물(H_2O)이 있습니다.

극성 용매는 극성 용질과 잘 섞이고, 무극성 용매는 무극성 용질과 잘 섞이므로 유유상종이라고 할 수 있겠습니다. 이러한 현상을 이용한다면 매운 것을 먹었을 때 꼭 우유가 아니더라도 다른 음식을 활용할 수 있습니다. 극성이 적은 캡사이신을 떼어 내려면 극성이 적은 지방 성분이 많은 음식이 좋겠지요. 그렇다고 식용유를 먹을 수는 없으니, 식빵이나 과자를 활용하면 될 것입니다.

▲ 매운맛을 없애 주는 우유

◀ 뜬금있는 질문 ▶

매운 고추의 힘!

1940년대 후반에 캡사이신이 처음에는 강한 자극을 주지만 시간이 지나면서 진통 작용을 한다는 사실이 밝혀졌고, 그 후 캡사이신 유도체를 합성하여 새로운 진통제를 개발하려는 연구가 활발하게 추진되었다. 캡사이신의 진통 작용은 몸속 신경 말단에서 통증 전달 물질로 알려진 'P물질'을 떼어 내고 고갈시킴으로써 그 효과를 나타내는 것으로 규명되었다.

1999년 말, 한국화학연구소에서는 캡사이신 자체가 독성이 너무 강해서 직접 임상에 적용하기는 어렵다는 단점을 극복하고 강력한 활성을 가지면서도 부작용이 적은 신물질의 개발에 성공하였다. 'DA-5018'이라는 이름이 붙은 이 물질은 캡사이신 유도체이면서도 기존 캡사이신 계열 화합물과는 달리 자극성이 적어 대상포진 후 통증이나 당뇨성 신경통 등에도 적용할 수 있을 것으로 기대된다.

▲ 캡사이신이 함유된 고추

088

소금을 많이 넣으면
욕조 물에서도 몸이 뜰 수 있나요?

무더운 여름에는 더위를 피하려고 수영장, 계곡, 바다처럼 물이 있는 곳을 찾게 됩니다. 물속에 들어가서 물놀이도 하고 수영도 하는데, 수영을 잘하는 사람이 있는가 하면 물에 떠 있는 것조차 힘들어 하는 사람도 있습니다. 이런 사람들을 물에 뜨게 할 좋은 방법은 없을까요?

당황하지 않고 가만히 누워 있으면 뜰 수 있다!

보통의 사람은 물에 뜨는 것이 정상입니다. 그런데도 심장마비에 의한 쇼크사나 호흡곤란에 의한 질식사로 사람이 물에 빠져 죽는 일을 종종 보게 됩니다. 물에 떠야 할 사람이 호흡곤란으로 질식사하는 데에는 심리적 이유가 큽니다. 예컨대 수영을 잘하는 사람은 입과 코만 물 위에 내밀고도 얼마든지 물에 떠 있을 수 있지만, 수영을 잘 못하는 사람은 물에 대한 공포감이 커서 가슴만 물에 잠겨도 당황해서 발버둥을 쳐 잠시 물 위로 올라갔다가도 몸무게 때문에 도로 물속에 잠기게 됩니다. 이때 물속에서 자칫 숨이라도 쉬게 되면 폐로 물이 들어가 질식하게 되는 것입니다. 아무리 수영을 못하는 사람이라도 당황하지 않고 가만히 얼굴만 물 위로 내밀면 호흡을 할 수 있는데 말이지요.

이 점은 물과 사람 몸의 비중*을 비교해 보면 쉽게 알 수 있습니다. 물의 비중은 1이고, 사람 몸의 비중은 저마다 조금씩 다르지만 대체로 0.91~0.95 정도입니다. 사람의 몸은 70% 정도가 물이고 나머지는 근육과 지방 그리고 뼈로 구성되어 있는데, 지방은 물보다 비중이 작아서 물에 뜹니다. 식용유가 물 위에 뜨는 것과 같은 이치이지요. 뚱뚱한 사람과 마른 사람을 비교해 보더라도, 뚱뚱한 사람이 상대적으로 지방질이 많고 마른 사람은 상대적으로 근육질이 많으므로 뚱뚱한 사람의 비중이 더 작아서 물에 뜨기가 더 쉬워집니다. 띄우려는 물체와 물의 비중 차이가 클수록 물 위에 뜨기가 그만큼 쉬워지는 것이지요.

소금을 많이 넣으면 물에 더 잘 뜬다

바닷물에는 강물에 비해 염분이 많이 들어 있습니다. 염분이란 바닷물 1kg 속에 들어 있는 염화나트륨(소금), 황산마그네슘과 같은 염류*의 질량을 뜻합니다. 바닷물의 평균 염분은 35퍼밀(‰, 천분율)입니다. 이 염류들로 인해서 바닷물의 비중이 1.01~1.05 정도로 커지므로 물과 비중이 거의 같은 강물보다 바닷물에서 사람이 더 쉽게 뜰 수 있습니다.

이스라엘과 요르단에 걸쳐 있는 큰 호수인 사해는 요르단강이 흘러들지만 호수 물이 빠져나갈 출구는 없습니다. 유입되는 물과 증발하는 물의 양이 거

비중 어떤 물질의 질량과, 그것과 같은 부피를 가진 표준물질의 질량의 비율이다. 기체의 비중은 온도와 압력에 따라 달라지며, 대체로 밀도와 같은 개념이라고 생각해도 무방하다. 고체와 액체는 4℃ 1기압의 물을, 기체는 0℃ 1기압의 공기를 표준물질로 삼는 것이 보통이다.

염류 해수 중에 녹아 있는 염화나트륨, 염화마그네슘, 황산마그네슘, 황산칼슘, 황산칼륨, 탄산칼슘 같은 여러 가지 무기물들. 염분비 일정의 법칙에 따라 염류들의 상대적인 구성비는 지구상 어느 바다에서나 동일하다.

의 같은 건조기후 지역에 있다 보니, 사해는 표면수의 염분이 200퍼밀(바닷물의 약 5배)이나 되는, 생물이 살 수 없는 곳이 되었습니다. '사해(死海)'도 그래서 붙은 이름입니다. 이곳은 높은 염

▲ 사해에서 물에 떠 신문을 보는 모습

도 때문에 사람의 몸이 잘 떠서 세계적으로 유명한 곳입니다.

　물과 일반적인 사람 몸의 비중을 비교하면 사람의 비중이 더 작기 때문에 욕조에 물을 담고 가만히 누워 있으면 얼굴 부분이 뜰 것이고, 소금을 많이 넣으면 소금물의 비중이 그냥 물보다 더 크기 때문에 더 쉽게 물에 뜰 수 있을 것입니다.

◁ 뜬금있는 질문 ▷

어느 바다에나 소금이 녹아 있는 양이 같은가?

어느 바다에서나 소금이 녹아 있는 비율이 같다는 것이지 양이 같은 것은 아니다. 이처럼 바닷물 안의 염의 비율(염분 농도)은 달라져도 각 염류의 상대적 비율은 항상 일정하다는 법칙이 염분비 일정의 법칙이다.

19세기 말 영국 군함 챌린저 호가 전 세계 77개 해역의 바닷물을 조사한 결과, 각 해역의 염분 농도는 다르지만 바닷물 속에 들어 있는 각 염류(Na^+, Cl^- 등) 사이의 비율은 일정하다는 사실을 알아냈다.

이는 전 세계의 바닷물이 골고루 잘 섞이고 있다는 것을 뜻한다. 바닷물에 녹아 있는 염류의 비율이 항상 일정하기 때문에 한 성분의 양만 알면 바닷물의 염분이 몇 퍼밀인지를 알 수 있다.

089

신 음식을 많이 먹으면
우리 몸이 산성으로 변하나요?

오렌지 주스는 신맛이 나는 음료입니다. pH미터에 넣고 측정하면 중성인 물의 경우 pH7인 데 반해 오렌지 주스는 pH3~4로 산성임을 알 수 있지요. 그런데 이렇게 산성 음식을 많이 먹으면 우리 몸도 산성으로 변하지 않을까요?

산성과 염기성의 성질은?

식초는 시큼한 맛이 나는 산성 용액이고 양잿물은 미끈거리는 성질을 가진 염기성 용액입니다. 식초는 아세트산(CH_3COOH)이 주성분이고, 양잿물에는 염기의 대표적 물질인 수산화나트륨($NaOH$)이 들어 있기 때문입니다. 산성이나 염기성 물질이 물에 녹으면 물속의 수소 이온 농도가 변합니다. 수소 이온(H^+)은 하나의 양성자로 된 아주 작은 알갱이지만 물속에서 일어나는 화학반응에 아주 큰 영향을 미칩니다. 수소 이온이 많은 산성 용액은 아연이나 마그네슘과 같은 금속을 녹이기도 하고 단백질의 가수분해*를 촉진하기도 합니다. 위에서 단백질이 분해되는 것도 위액 속의 염산 때문입니다.

반대로, 염기성 물질을 넣으면 수소 이온의 농도가 낮아집니다. 염기성 물질을 '알칼리성' 물질이라고도 하는데, '알칼리'라는 말은 아랍어로 '식물성 재'를 뜻합니다.

물속의 수소 이온의 농도는 pH*라는 척도로 표시를 하는데, 순수한 물의 pH는 7이고 pH가 7보다 작으면 '산성', 7보다 크면 '염기성(알칼리성)'입니다. 물속의 수소 이온 농도가 10배 커지면 pH가 1 작아집니다.

산성 음식, 산성 체질?

음식이 산성이냐 아니냐는 섭취한 후에 몸 안에서 산성 물질을 만드느냐 알칼리성 물질을 만드느냐에 따라 구분합니다. 그래서 고기가 산성 음식이 되고, 오렌지 주스 역시 산성 음식으로 분류되는 것이지요.

우리 몸이 산성이냐 아니냐는 기

▲ 고기는 산성, 야채는 알칼리성이어서 함께 먹는 것이 좋다.

본적으로 혈액, 그중에서도 혈액을 구성하는 물 성분인 혈장의 산성도에 따라 구분합니다. 만일 혈액의 산도가 pH7.4에서 벗어나면 심각한 장애가 발생해 인간은 죽게 됩니다. 그래서 인체에는 이러한 혈액의 산도를 일정하게 유지하

가수분해 화학반응에서 원래 하나였던 고분자가 물과 반응하여 몇 개의 이온이나 분자로 분해되는 현상
pH 어떤 수용액의 수소 이온 농도를 나타내는 지표. '피에이치' 혹은 독일식 발음을 따라 '페하'라고 읽기도 한다.
완충 시스템 용액의 pH가 변하려 할 때 용액이 그 영향을 줄이려고 하는 작용. pH7인 순수한 물에 소량의 산 또는 알칼리를 넣으면 투입량에 따라 물의 pH가 뚜렷하게 변한다. 그러나 약한 산과 그 염의 혼합 용액, 또는 약한 산기와 그 염의 혼합 용액으로 이루어지는 계에는 약간의 산 또는 알칼리를 가해도 완충 작용 때문에 pH는 거의 변하지 않는다. 또 이러한 용액은 희석이나 농축에 의해서도 pH가 거의 변하지 않는다.

는 완충 시스템[*]이 갖추어져 있지요.

산성 음식을 먹어도 몸이 산성으로 바뀌지 않는 이유

오렌지 주스 같은 산성 음식을 먹어도 우리 몸은 산성으로 바뀌지 않습니다. 그 이유는 크게 두 가지입니다.

첫째, 섭취한 음식은 혈관으로 들어가는 것이 아니라 소화기관으로 들어가서 소화가 되기 때문입니다. 잘 알려져 있다시피 음식이 위로 들어가면 위에서 위액이 분비되는데, 위액에 들어 있는 위산은 염산과 산도가 비슷합니다. 그렇다면 음식을 먹을 때마다 위산 때문에 몸이 산성으로 변할 법하지만, 그런 일은 일어나지 않습니다. 왜냐하면 위를 통과한 이후에 작용하는 대부분의 소화효소[*]들이 염기성을 띠기 때문이지요. 즉, 우리가 섭취한 음식은 소화되어 장에서 흡수될 때까지 대부분이 중화됩니다.

둘째, 인체에 앞에서 말한 완충 시스템(buffer system)이 있기 때문입니다. 우리 인체의 완충 시스템은 크게 세 가지를 이용해서 산도를 조절합니다.

첫 번째는 혈액의 완충 시스템입니다. 우리 몸속의 피가 아무런 이온도 들어 있지 않은 순수한 물이라면, 0.1mL의 염산만 들어오더라도 pH3의 강한 산으로 바뀌어 버립니다. 그리고 혈액이 그 정도의 산도를 띠게 되면 인간은 즉사합니다. 하지만 혈액 속에 존재하는 일수소인산 이온(HPO_4^{2-})과 이수소인산 이온($H_2PO_4^-$)이 혈액의 산도를 조절해 주므로 그런 일은 생기지 않습니다. 이 두 가지 이온이 적정량으로 들어 있기 때문에 인체는 산(수소 이온)이 많이 들

소화효소 효소는 생물체 내에서 화학반응의 속도를 촉진하는 단백질이다. 동물이 섭취한 음식물에는 분자량이 아주 큰 고분자 유기화합물이 많은데, 이들은 큰 분자량 때문에 소화관의 세포막을 통과하지 못한다. 따라서 이 물질들이 소화관의 세포막을 통과하여 체내로 흡수되려면 분자량이 작은 저분자 물질로 분해되어야 한다. 소화효소란 동물의 소화관 안에서 음식물 속의 고분자 유기화합물을 가수분해 과정을 통해 저분자 유기화합물로 분해하는 효소이다.

어오더라도 HPO_4^{2-}가 수소 이온을 흡수해 $H_2PO_4^-$로 변하면서 수소 이온이 혼자서 돌아다니는 것을 방해합니다. 그래서 수소 이온 때문에 산도가 올라가는 것을 막는 것이지요. 이러한 혈액의 완충 작용으로 혈액의 pH는 일정하게 유지될 수 있습니다. 또한 탄산(H_2CO_3)과 그 짝염기인 탄산수소 이온(HCO_3^-)도 완충 용액을 이룹니다.

$$CO_2 + H_2O \rightarrow H_2CO_3 \rightarrow H^+ + HCO_3^-$$

탄산과 탄산수소 이온의 짝산-짝염기[*] 쌍은 다음과 같은 반응에 따라 수소 이온(H^+)과 수산화 이온(OH^-)을 흡수함으로써 pH의 급격한 변화를 막아 줍니다.

$$H^+가 증가하면 \rightarrow H^+ + HCO_3^- \rightarrow H_2CO_3$$
$$OH^-가 증가하면 \rightarrow OH^- + H_2CO_3 \rightarrow HCO_3^- + H_2O$$

두 번째 시스템은 호흡을 통해서 산성 물질을 빼내는 것입니다. 산성 물질, 즉 탄산의 원료가 되는 이산화탄소(CO_2)를 호흡으로 계속 뽑아내서 혈액의 산도를 낮추는 것이지요.

세 번째 시스템은 산성 물질을 소변으로 배출하는 것입니다.

이와 같은 완충 시스템 덕분에 인체는 산성 물질이나 산성을 띠는 음식을 많이 섭취하더라도 산도를 pH7.4 정도의 중성으로 유지할 수 있습니다. 즉, 앞에서 살펴본 소화 작용과 세 가지 완충 시스템 덕분에 우리 몸의 pH는 일정하게 유지됩니다. 음식이 소화되어 장에서 흡수될 때까지 대부분을 중화시

짝산-짝염기 브뢴스테드와 로리의 산·염기 정의에 따르면 산은 양성자를 내놓는 물질이고, 염기는 양성자를 받아들이는 물질이다. 이때 양성자를 주고받으며 산과 염기가 되는 한 쌍의 물질을 짝산-짝염기라고 한다.

키고, 혈액의 산도가 급격히 변화하는 것을 막고, 호흡과 배설을 통해 과다한 산성 물질을 몸 밖으로 배출할 수 있기 때문이지요.

알칼리성 식품, 산성 식품의 기준이 알고 싶다!

식품의 산성 여부는 신맛이 있느냐 없느냐와 관계없다. 식품을 완전히 태운 후 생긴 무기물 중에 나트륨(Na), 칼륨(K), 칼슘(Ca), 마그네슘(Mg)과 같은 알칼리성 원소가 많이 포함되어 있으면 알칼리성 식품이다. 예컨대 밀감류는 시트르산, 시트르산수소칼륨을 많이 함유하고 있어서 신맛이 강하고 산성을 띠지만, 인체 안에서 완전히 산화하면 이산화탄소가 된 다음 알칼리성을 띠는 탄산칼륨을 남기므로 알칼리성 식품에 속한다. 그 반면에 곡류·육류는 염소(Cl), 인(P), 황(S)과 같은 산을 만드는 원소를 함유하고 있어 산성 식품으로 분류된다. 따라서 식품의 무기질 조성에서 염소, 인, 황 등에서 생기는 산의 양과 나트륨, 칼륨, 칼슘, 마그네슘 등에서 생기는 알칼리의 양 가운데 알칼리 양이 많은 것이 알칼리성 식품이다. 일반적으로 곡류, 육류, 생선류, 달걀류는 산성 식품이고 채소, 과일, 우유는 알칼리성 식품이므로 고기 요리에는 반드시 채소를 곁들이는 것이 좋다. 그러나 채소 중에서도 파와 아스파라거스는 산성 식품이므로 전골 요리를 할 때에는 쇠고기와 파 외에 두부나 다른 채소도 함께 사용하는 것이 좋다.

▲ 아스파라거스

청산가리를 먹으면 왜 죽나요?

담배나 약물은 습관성이나 중독성이 강합니다. 그래서 한번 잘못 빠지면 헤어나오기 힘듭니다. 그런데 어떤 물질은 담배보다 더 빠르게 중독에 이르고, 잘못되면 죽기까지 합니다. 팝의 황제 마이클 잭슨은 프로포폴이라는 약물을 과다 투여해서 사망에 이르렀다고 하지요. 또한 청산가리 같은 물질은 사람을 죽이는 독극물의 대명사이기도 합니다. 이러한 약물을 섭취하면 왜 죽음에 이르게 되는 걸까요?

청산가리는 어떤 물질?

담배 연기 속에는 4,000여 종의 화학물질이 들어 있는데, 그중에는 독극물인 청산가리도 포함되어 있습니다. 청산가리는 아크릴 섬유의 제조, 도금, 금속의 열처리에 사용됩니다. 1782년 스웨덴 화학자 K. W. 셸레가 처음 합성하였는데, 희고 딱딱한 물질로서 독성이 강하고 반응속도가 매우 빠른 독극물입니다. 고온, 광선, 산화제의 작용으로 빨리 산화되기 때문에 열과 빛을 차단할 수 있는 곳에 밀봉 상태로 보관해야 합니다. 생체 안에서도 빠르게 분해되어 아주 독성이 강한 사이안화수소(HCN)를 만들기 때문에 매우 위험하며 적은 양으로도 치사량(약 0.15g)에 이를 수 있습니다.

청산가리는 일단 몸속에 들어가면 거의 즉각적으로 신체의 산소 운반 기능을 마비시키고, 조직을 가사 상태(죽은 것처럼 보이는 상태)로 만들기 시작합니다. 다량으로 흡입하면 심장박동이 느려지고, 뇌에서 일어나는 전기적 활동이 멈추기도 합니다. 청산가리의 화학명은 사이안화칼륨(KCN)입니다. 사이안화칼륨은 피부에 접촉할 경우 피부 알레르기, 가려움, 화상, 자극을 유발하고 눈에 접촉하면 통증, 화상, 각막 손상을 일으킵니다.

산소 운반 기능을 마비시키는 청산가리

청산가리를 먹으면 왜 죽음에 이르게 되는지는 청산가리의 구조를 보면 알 수 있습니다. 청산가리(사이안화칼륨)는 물에 녹는 순간 바로 칼륨 이온(K⁺)과 사이안화 이온(CN⁻)으로 나뉩니다. 이 중 칼륨 이온은 우리 몸에도 많이 있는 성분으로 해가 없으나, 사이안화 이온은 치명적입니다.

사이안화 이온은 금속 이온과 매우 잘 결합합니다. 우리 몸의 물질대사에서 매우 중요한 역할을 하면서 풍부하게 존재하는 금속 이온으로 철 이온(Fe^+, Fe^{2+} 또는 Fe^{3+})을 꼽을 수 있습니다. 철 이온(이하 철)은 우리 몸에서 에너지를 생성하는 효소들의 가장 중요한 부분을 담당합니다. 또한 철은 헤모글로빈[*]이 산소를 운반하는 데에도 매우 중요한 역할을 합니다. 사이안화 이온이 이런 철과 결합하면 산소 공급이 이루어지지 않아 세포가 에너지를

▲ **적혈구** 헤모글로빈은 적혈구 속에 다량 들어 있다.

헤모글로빈 척추동물의 적혈구 속에 대량으로 들어 있는 색소단백질. 철 원자 1개에 한 분자의 산소가 결합하므로, 헤모글로빈 한 분자에는 산소 4분자가 결합한다. 생체 안에서 산소를 운반하는 일을 한다.

생성하지 못합니다. 청산가리를 호흡기를 통해 흡입하면 사이안화 이온이 헤모글로빈의 철과 결합하기 때문에 헤모글로빈의 산소 운반 기능이 마비됩니다. 그 결과 세포호흡을 통해 에너지를 생성하지 못하게 될 뿐 아니라 근육 마비도 함께 일어나 질식해서 죽게 됩니다.

이와 비슷한 물질로 담배 연기 속에 포함 되어 있는 일산화탄소(CO) 가스가 있습니다. 담배 연기의 가스 성분 중 가장 많은 부분을 차지하는 일산화탄소는 헤모글로빈과 결합하는 힘이 산소보다 200~300배 강합니다. 따라서 혈액 속에서 산소와 결합해야 할 헤모글로빈이 일산화탄소와 결합하게 됩니다. 담배를 피우면 두통이 오고 현기증이나 구토감이 느껴지는 것도 헤모글로빈의 산소 운반 능력이 줄어들기 때문입니다. 지속적으로 담배를 흡입하면 호흡곤란 증세가 일어나고, 중추신경계*의 기능이 둔해지며, 기억력이 감퇴하고, 심할 경우 무의식 상태로 사망에 이를 수도 있습니다.

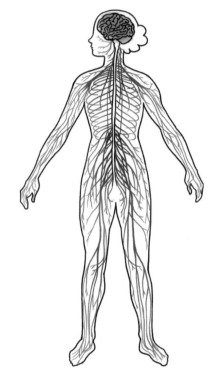

▲ 신경계의 구성

중추신경계 동물의 신경계에서 가장 많은 부위를 차지하는 부분으로, 뇌와 척수를 포함한다. 말초신경계와 함께 동물의 행동을 제어한다.

091

커피를 마시면 왜 졸리지 않을까요?

우리나라에서 커피를 마시기 시작한 것은 100여 년 전이라고 합니다. 요즈음에는 커피의 종류도 다양해졌고 마시는 사람도 많아졌습니다. 학생들도 시험 기간에는 밤늦게까지 공부하면서 잠을 쫓으려고 커피를 마시기도 합니다. 그렇다면 왜 커피를 마시면 졸리지 않고 정신이 맑은 상태를 유지할 수 있을까요?

잠을 깨우는 커피와 에너지드링크

커피나 에너지드링크를 마시면 잠이 오지 않기 때문에 더 많은 일을 할 수 있습니다. 밤에 잠을 자는 보통 사람들과 달리, 밤에 주로 일하는 작가와 작곡가에게 커피는 꼭 필요한 음료일 수밖에 없습니다. 훌륭한 글과 음악들 중에 사람들이 잠든 한밤중에 탄생하는 것이 많은데, 커피도 명작의 탄생에 큰 몫을 하는 셈입니다. 커피라는 이름은 '힘'을 뜻하는 아랍어 'kaffa'에서 왔습니다. 커피를 마시면 각성 효과로 인해 잠이 안 오고 평소보다 몸이 더 개운해진 듯한 느낌을 줍니다. 에너지드링크도 커피와 마찬가지로 각성 효과가 있습니다.

각성 효과는 카페인 때문!

각성 효과란 깨어 있는 상태, 즉 정신을 차린 상태로 만들어 주는 효과를 뜻합니다. 커피나 에너지드링크가 이런 효과를 내는 것은 그 안에 들어 있는 카페인*이 교감신경* 전달 과정에서 각성 작용-(생리활성)과 밀접히 연관된 c-AMP(cycling AMP)의 분해를 가로막기 때문입니다.

▲ 카페인의 분자 구조

카페인은 c-AMP라는 물질의 분해를 일으키는 효소의 작용을 억제함으로써 각성 효과를 나타내고, 일시적으로 집중이 잘되게 하며, 피로감을 덜 느끼게 합니다. 하지만 너무 많이 섭취하면 불면증, 흥분, 손 떨림, 신경과민 같은 증상을 일으킬 수 있습니다. 또, 심장의 교감신경 수용체가 흥분한 것처럼 심장이 두근거리고 고혈압이 유발될 수도 있습니다. 카페인에 민감한 사람은 커피 한 잔에도 심장 두근거림을 경험할 수 있지요.

적당한 카페인 섭취량은?

식품의약품안전청에서 권장하는 1일 카페인 섭취량은 체중 1kg당 2.5mg입니다. 초등학교 4학년 학생의 평균 체중이 35kg이라면, 하루에 87.5mg 이상 섭취하면 건강에 해롭습니다. 참고로, 220g짜리 탄산음료 3병을 마시면 96.4mg

카페인 중요한 생리 작용과 약리 작용을 하는 알칼로이드의 일종. 커피나무, 차, 구아바 열매 등에 들어 있으며, 코코아와 콜라 열매에도 약간 존재한다. 이 식물들에 들어 있는 카페인은 해충으로부터 자신을 지키는 데 사용된다. 콜라, 초콜릿 등에도 포함되어 있으며 승화하는 특성이 있다.

교감신경 신진대사나 생식 등 생명 유지 및 종족 보존과 관계가 있는 여러 기관과 그들을 구성하는 각종 세포에 분포하여 그것들의 기능을 조절하는 신경계를 자율 신경계(또는 식물 신경·생명 신경)라고 한다. 교감신경은 부교감신경과 함께 이 자율 신경계에 속하여 그 기능의 일부, 주로 에너지 발산에 관여한다.

의 카페인을 섭취하게 됩니다.

커피나 탄산음료를 안 마신다 하더라도, 어린이들은 이런저런 경로로 카페인을 섭취하게 됩니다. 커피나 탄산음료 외에 코코아, 초콜릿 그리고 과자와 빙과류에도 카페인이 들어 있기 때문입니다. 유럽연합(EU)에서는 2004년부터 1리터당 150mg이 넘는 카페인을 함유한 음료에는 '고 카페인 함유' 표시를 의무화하였습니다. 카페인을 너무 많이 섭취하면 불안해지거나 신경과민 증상이 나타나기 때문에 세계 여러 나라에서 카페인 표시를 의무화하는 것입니다.

에너지드링크를 마시면 졸리지 않고 집중이 잘되는 것은 에너지드링크 속에 있는 카페인의 각성 효과 때문입니다. 그러나 너무 많이 섭취하면 불면증, 과잉 흥분 같은 부작용이 나타날 수 있습니다. 게다가 여러 종류의 에너지드링크를 한데 섞어 마시면 신체에 심각한 영향을 끼칠 수도 있습니다. 카페인에 대한 반응은 어릴수록 민감하게 나타나므로, 필요 이상으로 많은 카페인이 함유된 식품은 피하는 습관을 어릴 때부터 들여야 하겠습니다.

092

금속을 어떻게 찾아요?

2001년 9월 11일 비행기를 이용한 자살 테러로 미국 뉴욕에 있는 세계무역센터 건물이 무너졌습니다. 9·11테러는 미국 시민은 물론, 전 세계 사람들을 충격과 공포로 몰아넣었습니다. 미국을 비롯한 세계 각국은 테러에 대한 대비책을 세웠고, 공항에서의 검문을 강화했습니다. 공항에서는 비행기를 타러 가기 전에 커다란 문 같은 것을 통과하게 되어 있습니다. 총이나 칼 같은 위험물을 찾는 장치인 금속 탐지기입니다. 금속 탐지기는 어떤 원리로 금속을 찾는 걸까요?

전자기 유도 현상을 이용하는 공항 검색대

금속 탐지기는 전자기 유도 현상을 이용합니다. 구리처럼 전류가 잘 통하는 선(도선)을 돌돌 말아 놓은 것을 코일, 또는 솔레노이드*라고 합니다. 이 코

솔레노이드(solenoid) 도선을 촘촘하고 균일하게 원통형으로 길게 감은 코일. 에너지 변환 장치 및 전자석으로 이용하며, 솔레노이드를 도넛 형태로 말아 놓은 토로이드(toroid)는 핵융합 발전용 연료 기체를 담아 두는 토카막에 쓰인다.

일에 자석을 가까이 하거나 멀리하면 코일 내부의 자기장의 세기가 변합니다. 이렇게 자기장의 세기가 변할 때 전류가 흐릅니다. 자기장의 변화로 발생하는 전류를 유도전류*라 하고, 이 현상을 전자기 유도 현상이라고 합니다. 전자기 유도 현상은 발전소에서 전기를 만들어 내는 원리이기도 합니다.

　공항의 보안 검색대에 설치된 커다란 통로가 금속 탐지기입니다. 이 통로의 양쪽 기둥에 일정한 전류가 흐르고 있어서 통로에는 일정한 자기장이 존재합니다. 그런데 금속 물질이 이 통로를 지나면, 자기장의 세기가 변합니다. 그러면 전자기 유도 현상에 의해 유도전류가 발생하고, 탐지기가 반응하여 경고음이 울리고 경고등이 작동하지요.

　대형 금속 탐지기를 통과하기 전에 팔을 벌리고 서면, 보안 검색 요원이 검정색 막대기를 이용해 검색을 합니다. 이때 사용하는 막대 역시 휴대용 금속 탐지기입니다. 영화나 드라마에서 땅에 묻힌 지뢰를 찾거나 해변에서 동전을 찾는 장면에 등장하는 장비 역시 금속 탐지기지요.

▲ 금속 물질을 가진 사람이 문을 통과하게 되면 경고음이 울린다.

도난 방지기의 원리

　서점이나 도서관 또는 상점에 가면 입구에 도난 방지기가 설치되어 있는 것을 볼 수 있습니다. 도난 방지기 역시 전자기 유도 현상을 이용합니다. 상점의 물건에는 바코드가 있습니다. 이 바코드에 자석의 성질을 띠는 자성 물질을 입히거나, 자석이 든 흰색 플라스틱 뭉치를 물건에 달아 둡니다. 자석을 제거하지 않은 물건이 도난 방지기 사이를 통과하면 경고음이 작동합니다. 금속

유도전류 자기장의 변화로 유도기전력이 발생하여 흐르는 전류. 유도전류의 방향은 렌츠의 법칙과 플레밍의 오른나사 법칙으로 찾을 수 있다.

탐지기와 같은 방식이지요. 도난 방지기가 설치된 상점에 금속류를 가지고 들어갈 때에는 경보기가 작동하지 않지요? 도난 방지기를 작동시키는 센서가 민감해서 정해진 범위의 자기장 변화에만 반응하기 때문입니다.

인권침해 논란 불러일으킨 전신 스캐너

9·11테러 이후에 공항 보안 검색이 강화되었습니다. 시카고 오헤어 국제공항, 뉴욕, 보스턴, LA, 올랜도 등의 공항에서는 전신 스캐너를 한 번 더 통과합니다. 전신 스캐너는 종류에 따라, 병원에서 사용하는 방사선인 X-ray나 테라

헤르츠(Terahertz) 주파수 영역의 T-ray 또는 극초단파 등을 이용합니다. 옷 속에 감춘 비금속성 위험물과 폭발물을 식별할 수 있기 때문입니다. 초창기의 전신 스캐너는 물건뿐 아니라 신체 부위 형태도 그대로 보여 주어 알몸 투시기를 이용한 인권침해라는 논란을 불러일으키기도 했습니다.

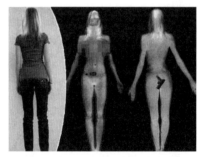
▲ 인권 침해 논란을 불러일으켰던 전신 투시기

◀ 뜬금있는 질문 ▶

거짓말 탐지기의 원리는?

거짓말 탐지기는 자각 증세와 심리 변화에 따른 자율 신경계의 각종 반응을 기록하는 폴리그래프(polygraph, 다용도 기록계)이다. 사람이 거짓말을 할 때 심리 변화로 인해 호흡, 혈압, 맥박, 피부전기반사가 달라지는데 이 변화를 폴리그래프로 기록한다.(가슴에 감은 주름 고무호스의 변화로 호흡의 변화를 기록하며, 팔에 감은 혈압대로 혈압·맥박파의 변화를 알아낸다. 2개의 작은 전극을 손바닥이나 손가락에 붙이는 것은 피부전기반사의 변화를 측정하기 위해서이다.) 거짓말 탐지기로 진실을 가리려면 질문을 치밀하게 구성해야 하고, 기록을 분석하고 해석하는 능력이 뛰어나야 한다.

▲ 거짓말 탐지기

093 볼펜 똥은 왜 생길까요?

누구나 한 번쯤 볼펜을 쓰다가 볼펜 똥 때문에 본의 아니게 글자가 뭉개지는 경험을 해 보았을 겁니다. 그럴 때면 볼펜 똥이 안 생기는 볼펜이 있었으면 하는 생각을 하게 되지요. 그렇다면 이런 볼펜 똥은 왜 생길까요? 그리고 볼펜 똥이 안 생기는 볼펜은 없을까요?

볼펜 똥이 생기는 이유

'볼펜'이라는 이름은 둥근 볼을 이용해 글씨를 쓰기 때문에 붙었습니다. 볼펜은 글씨를 쓸 때 펜 끝에 달린 작은 공 모양의 금속, 즉 볼(ball)이 종이와의 마찰에 의해 회전하도록 만들어져 있습니다. 이때 볼이 회전하면서 볼펜심의 파이프에 들어 있는 끈적끈적한 유성 잉크*를 끌어내고 이것이 종이 위에 묻어서 글씨가 써집니다.

그러나 볼이 회전하면서 흘러나온 유성 잉크 중 일부는 그 끈기 때문에 종이에 묻지 않고 볼에 달라붙어 있게 됩니다. 이것이 모였다가 한꺼번에 종이에 묻어나는 것이 바로 볼펜 똥입니다. 요즈음에는 종이와의 마찰을 줄인 볼과 점도가 낮은 잉크를 사용하기 때문에 예전에 비해 볼펜 똥이 줄었습니다. 몇몇 회사에서는 볼과 펜 자루를 연결하는 부분의 구조를 바꾸기도 했지요. 하지만, 오래 사용하다 보면 볼이 닳고, 온도 변화에 의해 잉크가 변성됩니다. 유성 잉크의 이러한 불편한 점을 해결하기 위해 끈적거리지 않는 수성 잉크를 사용하는 수성 펜이 개발되었습니다.

볼펜 발명까지, 다양한 필기구들

최초의 필기도구는 약 5,000년 전에 메소포타미아 지역의 수메르 인들이 만들었다고 합니다. 점토판에 뾰족한 갈대 펜으로 쐐기 모양의 글자를 새겼지요. 고대 그리스인들은 금속, 뼈, 또는 상아로 왁스가 입혀진 판에 글씨를 썼습니다.

잉크와 종이는 거의 비슷한 시기에 소개되었는데요, 그중에서도 가장 오래된 종이로 알려진 파피루스*는 BC 2000년경 이집트인에 의해 발명되었습니다. 로마인들은 갈대 줄기를 자르고 한쪽 끝을 펜촉 모양으로 뾰족하게 깎아서 만든 만년필 비슷한 필기구를 개발하였습니다. 필기액이나 잉크를 줄기에 부은 뒤 줄기를 눌러서 액이 끝에서 흘러나오게 한 것이지요.

AD 700년경에 소개된 깃털 펜 또한 오랫동안 사용되었습니다. 깃펜은 수명이 짧고 구하기가 어려워 문제가 있었으나 대체할 수단이 없어서 19세기까

잉크 필기나 인쇄 등에 사용하는 유색 액체. 유연(油煙) 또는 목탄을 원료로 한 탄소 덩어리에서 비롯하였다. 이집트에서는 BC 4000년대 말부터 사용되기 시작하였으며, 중세에 와서 황화철과 몰식자, 그리고 아라비아고무를 혼합한 잉크가 주로 양피지에 사용되기 시작하였고, 18세기 이후 화학적인 연구에 의해 색이나 질이 개량되어 오늘날에 이르렀다.

파피루스 종이가 발명되기 이전의 종이와 비슷한 매체로, 같은 이름의 갈대과 식물 잎으로 만든다. 나일강 삼각주에는 파피루스 식물이 풍성하기 때문에 고대 이집트인들이 최소한 초대 왕조 이전에 발명했다. 이 파피루스를 매개로 한 고대의 문서로 책의 이전 형태인 코덱스를 만들었기 때문에, 이러한 고대의 문서들도 파피루스라고 부른다.

지도 쓰였지요. 1800년대에는 깃펜과 원리는 같지만 내구성이 훨씬 강한 금속 펜촉을 단 펜이 발명되어 깃펜과 함께 사용되었습니다.

깃펜도 금속 펜촉을 단 펜도 잉크를 계속 찍어서 써야 한다는 점에서는 마찬가지였습니다. 이 불편함을 해소하기 위해 잉크를 몸통 안에 저장하는 만년필이 1884년에 최초로 개발되어 개선을 거듭하며 지금까지 사용되고 있습니다.

그러나 만년필도 날카로운 펜촉에 종이가 찢어진다거나 잉크를 자주 보충해 주어야 한다는 단점이 있었습니다. 이 문제를 해결하기 위해 발명된 것이 잉크가 든 대롱 끝에 작은 볼을 달아 만든 필기구, 즉 볼펜입니다. 초창기에 볼펜 제작은 그렇게 간단한 일은 아니었습니다. 볼펜에 딱 맞는 점성을 갖춘 잉크가 없어서, 새어 나온 잉크가 종이를 못 쓰게 만들 때가 많았지요. 그래서 헝가리의 라디스라오. J. 게오르그 형제가 잉크의 점성을 높이는 방법을 연구 개발하여 1938년 특허를 받게 되었습니다. 이들은 추가 연구를 계속한 끝에 쉽게 써지면서도 잉크가 새지 않는 필기구인 볼펜을 세상에 내놓게 되었습니다. 볼을 굴려서 잉크를 볼에 묻히고 이것을 종이에 옮겨 글씨를 쓰는 필기구, 방향성이 없어 어떤 방향으로나 매끄럽게 써지는 현대식 볼펜이 마침내 개발된 것이지요.

094 거대한 입자가속기는 왜 필요한가요?

프랑스와 스위스 국경이 만나는 지역, 지하 200미터 아래에는 지름이 8킬로미터에 둘레가 27킬로미터나 되는 어마어마한 터널을 뚫어 만든 입자가속기가 있습니다. 지상 최대의 실험 기구인 입자가속기는 왜 만들어졌고, 어떤 일을 할까요?

입자가속기는 왜 그렇게 커야 할까?

앞에서 말한 입자가속기는 '유럽원자핵공동연구소(CERN)'에서 지은 것입니다. 유럽원자핵공동연구소는 1949년 12월 스위스 로잔에서 열린 국제회의에서 프랑스 물리학자 루이 드브로이가 제안하여 1954년 5월에 창립되었습니다. 유럽 20개 회원국에 의해 운영되며, 우리나라를 포함한 비유럽 국가들도 여러 연구에 참여하면서 참관국으로 활동하고 있습니다. 연구소에서 일하는 2,500여 명의 과학자들은 85개국 580여 대학과 연구소에 있는 8,000여 명의

과학자들과 교류하고 있지요. CERN
에는 여러 종류의 입자가속기가 있
는데, 그중 가장 큰 것이 LHC(Large
Hardron Collider)라고 불리는 대형강
입자충돌기입니다.

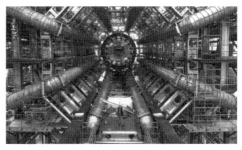

▲ 입자가속기의 내부 모습

LHC가 하는 가장 중요한 일은 우
주 초기의 상태와 비슷한 고온 고압의 미니 빅뱅 상황을 만들어 입자들을 충
돌시키는 실험입니다. 이 실험에서는 양성자나 원자핵을 빛의 속도에 가깝게
가속시킵니다. 상대성이론에 따라 입자의 속도가 빨라질수록 질량이 점점 커
집니다. 질량이 커지면 가속하는 데 더 많은 에너지가 필요합니다. 대략 7테라
전자볼트(7조 eV)의 에너지로 쏘아진 입자들은 1만 바퀴 이상 가속되어야 빛
의 속도에 가까워집니다. 따라서 충돌 조건을 만족시키기 위해서 입자가속기
의 크기는 커질 수밖에 없었습니다. 하지만, LHC가 대단한 것이 규모 때문만
은 아닙니다. 원자보다 작은 고속의 입자와 입자를 충돌시킬 수 있는 정확성
을 갖추고 있기 때문입니다.

양성자를 충돌시키는 이유는?

원자나 원자보다 작은 입자들은 너무 작아서 눈으로 직접 볼 수가 없습니
다. 따라서 입자 연구를 하려면 여러 가지
관측 장비가 필요합니다. 원자보다 작은 입
자의 흐름을 관측하는 기구로는 안개상자*
와 거품상자*가 있습니다.

입자가 안개상자나 거품상자를 통과하면
하얗게 흔적이 남습니다. 우주에서 날아오
는 우주선(cosmic ray)*도 안개상자를 지나

▲ 안개상자 하얀색 라인이 입자가 지나간 흔적
이다.

면서 궤적을 남깁니다.

자기장을 걸어 둔 상자 안에 여러 입자가 지나가면 전하량이 없는 것은 직선으로 그냥 가고 전하량이 있는 것들은 돌게 되는데, 질량이 큰 것들은 크게 돌고 작은 것은 작게 돕니다. 또 플러스, 마이너스 전하의 종류에 따라 회전하는 방향이 달라집니다. 이 궤적의 방향과 크기를 보고 각 입자의 질량과 전하 종류를 유추해서 새로운 입자를 찾을 수 있습니다.

하지만 이렇게 입자의 흐름을 관측하는 것만으로는 입자 세계의 비밀을 모두 밝혀낼 수가 없습니다. 지금까지 밝혀진 입자 세계의 법칙에 관한 이론을 양자역학이라고 하는데, 양자역학은 고도의 방정식으로 되어 있습니다. 그래서 수학적 계산으로도 새로운 입자의 존재를 예측할 수 있습니다. 유럽원자핵공동연구소에서 2012년에 발견한 힉스 입자*도 실은 1964년 영국 에든버러 대학의 물리학자 피터 힉스가 이론적으로 우주에 존재할 것으로 예측했던 입자입니다.

하지만 안개상자를 이용한 관측이나 수학을 통한 이론적 예측보다 더 확실하게 입자의 존재를 증명하는 방법은 입자가속기에 의한 충돌 실험입니다. 양성자와 양성자를 충돌시키면 지금까지 찾지 못했던 입자들을 더 많이 찾을 수 있습니다. 양성자는 충돌할 때 충돌에너지에 의해 부서지면서 쿼크*와 글루온* 같은 입자를 내놓는데, 더 큰 에너지를 가하면 더 많은 종류의 입자를

안개상자 전하를 띤 입자가 밀폐된 용기 속에 든 과포화 상태의 기체를 지날 때 형성되는 안개 띠를 통해 입자의 경로를 관측할 수 있게 만든 장치

거품상자 전하를 띤 입자가 과열된 액체 수소나 프로판을 통과할 때 거품이 생기는 현상을 이용하여 입자의 경로를 관측할 수 있게 만든 장치

우주선(cosmic ray) 우주에서 끊임없이 지구로 날아드는, 높은 에너지를 가진 다양한 방사성 입자들의 흐름을 통틀어 이르는 말

힉스 입자 우주 탄생 직후에 모든 입자에 질량을 부여한 입자로서 현대 물리학 이론에 의해 존재할 것으로 예견되었던 기본 입자. 2012년 7월 4일 CERN에서 힉스 입자의 발견을 공식 발표함에 따라 이론의 정확성이 검증되었다.

쿼크(quark) 양성자나 중성자를 구성하는 기본 입자로, 강한 핵력의 지배를 받는다.

글루온(gluon) 쿼크와 쿼크를 한데 묶어 놓는 강한 핵력을 전달하는 기본 입자

관측할 수 있습니다.

  과학자들이 새로운 입자를 발견하거나 그들의 존재 상태를 자세히 연구하려고 하는 것은 결국 우리 우주의 기원을 밝히려는 것입니다. 우주에는 중력과 전자기력 그리고 입자들 사이에 작용하는 강한 핵력과 약한 핵력이 있는데, 이 네 개의 힘이 빅뱅 초기에 하나로 합쳐져 있었던 시기가 있었고, 그때 대부분의 물질은 입자 상태였기 때문입니다.

소형 건전지에도 사람이 감전되어 죽을 수 있을까요?

우리는 고압선에 감전해 사람이 사망했다는 뉴스를 종종 접하게 됩니다. 그런데 감전사는 전압이 높을 때에만 일어나는 것이 아닙니다. 220V를 사용하는 가정이나 40~50V의 전압으로 움직이는 기계를 가동하는 공장에서도 감전 사고로 사람이 사망할 수 있습니다. 감전은 전압보다는 신체에 흐르는 전류에 영향을 받기 때문입니다. 그렇다면 저항만 낮추어 주면 소형 건전지에도 사람이 감전해 죽을 수 있을까요?

전류가 신체에 끼치는 효과

사람마다 다르지만 인체에 100mA가량의 전류가 흐르면 목숨을 잃을 수 있습니다. 급격한 전류량 증가는 몸의 조직을 과열시켜 정상적인 신경을 파괴하고 심하면 호흡 중추신경을 건드리기 때문입니다. 우리 몸에 흐르는 전류는 몸의 저항 상태에 따라 달라집니다. 몸이 건조할 때의 전기저항*은 약 50만 옴(Ω)이나 되지만, 땀에 젖으면 1,000Ω 정도로 감소합니다. 따라서 몸에 수분이 있을 때에는 저항이 500분의 1로 줄어들어, 옴의 법칙($V = IR$)*에 따라 몸에 흐르는 전류가 500배 증가하게 됩니다.

그러면 몸이 땀에 젖은 상태에서 1.5V의 건전지를 사용하면 어떻게 될까요? 이 상태에서 몸에 흐르는 전류를 옴의 법칙으로 계산해 보면 1.5mA가 나옵니다. 따라서 아래 표를 참고하여 어림해 보면, 감전 사고의 위험은 없다고 볼 수 있습니다. 참고로, 사람이 찌릿함을 느낄 수 있는 가장 작은 전류를 '최소 감지 전류'라고 하는데, 남자는 1mA, 상대적으로 남자보다 피부가 얇은 여자는 남자보다 전기가 더 잘 통해서 0.7mA 정도입니다.

전류 (mA)	효과
1	느낄 수 있다.
5	고통스럽다.
10	무의식적으로 근육이 수축한다.(근육경련)
15	근육을 통제할 수 없다.
70	심장을 통과하면 파열될 수 있고, 1초 이상 지속되면 죽을 수도 있다.

▲ 몸에 대한 전류의 효과 (1mA=0.001A)

감전 사고를 막으려면

전기는 우리 생활에서 없어서는 안 될 에너지입니다. 하지만 전기 사용에는 언제나 감전 사고의 위험이 따르므로, 편리한 전기를 안전하게 사용하려면 안전 상식을 잘 알아 두어야 합니다.

전원을 넣은 채로 전기기구를 수리하면 감전되기 쉬우므로 먼저 전기를 차단한 뒤 고무장갑이나 가죽 장갑을 낀 손으로 전기기구나 회로를 만져야 합니다. 고무나 가죽처럼 저항이 큰 물질은 전기를 차단하는 효과가 있습니다. 그리고 전기기구가 낡으면 절연체*가 녹아서 누전되기 쉬우니, 빨리 새것으로

전기저항 물체에 전류가 통과하기 어려운 정도를 수치로 나타낸 것. 단위는 옴(Ω)이다. 전기저항이 클수록 전류가 잘 통하지 않고 따라서 전기전도율이 낮아진다.

옴의 법칙 전류의 세기는 두 점 사이의 전위차에 비례하고 전기저항에 반비례한다는 법칙이다. 전압의 크기를 V, 전류의 세기를 I, 전기저항을 R라 할 때, $V=IR$의 관계가 성립한다.

절연체 저항이 커서 전류가 잘 통하지 않는 물질. 전기기구에서 전류가 흐르지 말아야 할 부분에 사용한다.

교체해야 합니다. 또한 전기기구는 반드시 안전 하게 접지를 해 두어야 합니다. 그리고 무엇보다 젖은 손으로 전기기구를 만지지 않도록 주의해야 합니다. 콘센트 하나에 너무 많은 전기기구를 연결하는 것도 위험합니다. 기구들이 병렬*로 연결 된 전기회로의 전체 저항이 작아져 한꺼번에 많

▲ 멀티 콘센트

은 전류가 콘센트에 흘러서 화재가 발생할 위험이 있기 때문입니다.

혹시 감전당한 사람을 구조할 때에는 구조하는 사람까지 감전되지 않도록 전기가 통하지 않는 플라스틱이나 나무 막대 같은 절연체를 이용해 감전된 사람으로부터 전원이나 전선을 떼어 낸 후 인공호흡을 실시해야 합니다. 물론 이런 조치를 재빨리 취하지 않으면 감전당한 사람이 큰 화상을 입거나 사망할 수도 있습니다.

병렬 전기회로에서 두 개 이상의 기기 또는 저항을 같은 극끼리 연결하는 것. 가정용 전기기구는 병렬 연결해 사용한다.

◀ 뜬금있는 질문 ▶

벼락에는 얼마만한 전류가?

벼락은 구름과 지면 사이에서 발생하는 방전 현상으로, 주로 봄철과 가을철 사이에 공기 상층과 하층의 온도 차가 클 때 발생한다. 보통은 4만~5만 암페어(A)의 위력을 가지지만, 최고 수십만 A에 이르기도 한다. 온도 역시 태양 표면 온도의 5배에 해당하는 30,000°C에 이른다. 낚싯대, 농기구, 골프채처럼 양전하를 띠는 금속성 물체를 몸에 지녔을 때 큰 피해를 입을 수 있다.

스피드건은 어떻게 자동차의 속도를 재나요?

고속도로를 지나다 보면 과속 방지 목적으로 설치된 여러 대의 스피드건을 볼 수 있습니다. 그것을 볼 때마다 신기하게 생각되는 점은 다가오는 자동차를 정면으로 바라보면서 속도를 측정한다는 것입니다. 속도를 잴 때에는 정면보다는 옆에서 지켜보아야 변화를 정확히 관측할 수 있을 텐데, 그 점에서 스피드건의 측정 위치는 상식적으로 잘 이해가 되지 않습니다. 스피드건이 정면에서 다가오는 자동차의 속도를 정확히 잴 수 있는 원리는 무엇일까요?

스피드건에 숨은 원리는?

스피드건은 미국 경찰이 자동차의 속도위반 단속을 위해 개발했는데, 레이더건이라고 부르기도 합니다. 나중에는 야구에도 적용되어 투수가 던진 공의 속도를 재는 데에도 사용하게 되었습니다. 스피드건에서 발사한 전파(레이더파)는 건을 향해서 날아오는 공에 부딪혀 되돌아오는데, 이때 '도플러 효과'로 인해 진동수*가 바뀝니다. 도플러 효과란 파장의 원천 또는 관측자의 이동 때문에 생기는 진동수 변화를 말하는데, 공이 스피드건 쪽으로 다가올 경우 진동수는 증가하게 됩니다.

스피드건은 이렇게 레이더파의 도플러 효과를 이용하여 자동차의 속력을 측정합니다. 레이더파는 전자기파*의 일종으로, 진동수가 빛보다 작고 전파(라디오파)보다는 큽니다. 스피드건은 레이더파를 달리는 차에 쏘아 되돌아오게 하고, 스피드건 안에 장착된 컴퓨터는 안테나에서 발사된 파장의 진동수와 자동차에 반사되어 되돌아온 파장의 진동수를 비교하여 자동차의 속도를 구해 냅니다.

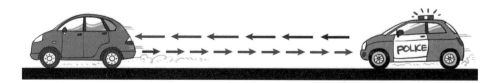

▲ 경찰차에 달린 스피드건. 서로 가까워지는 경우 도플러 효과에 의해 파장은 짧아진다.

도플러 효과의 예

도플러 효과는 레이더파뿐 아니라 빛과 소리에서도 나타납니다. 우선 빛의 경우, 광원이 접근해 오면 관측되는 진동수가 커지고, 멀어지면 관측되는 진동수가 작아집니다. 이때 진동수가 커지는 것을 '청색 이동'이라고 하는데, 이것은 빛의 스펙트럼이 진동수가 큰 청색 쪽으로 나타나기 때문입니다. 반대로 진동수가 작아지는 것, 즉 광원이 멀어지는 것은 '적색 이동'이라고 하는데, 이

진동수 진동운동에서 물체가 일정한 왕복운동을 지속적으로 반복할 때, 단위 시간당 그러한 반복 운동이 일어난 횟수를 말한다.
전자기파 주기적으로 세기가 변화하는 전자기장이 공간 속으로 전파해 나가는 현상. 전자파라고도 한다. 주로 파장의 길이가 약 1mm 이상인 전자기파를 전파(라디오파)라고 부른다.

때에는 진동수가 작은 적색 쪽으로 빛의 스펙트럼이 나타납니다. 천문학자들은 이 적색 이동 현상을 이용하여 별들이 멀어지는 속도를 계산해 냅니다.

▲ 도플러 효과를 이용해 은하의 거리를 측정함으로써 은하들 사이가 서로 멀어진다는 것을 발견했고, 이로써 우리 우주가 팽창하고 있음을 알게 되었다.

소리의 경우, 자동차가 경적을 울리면서 다가올 때와 멀어질 때 들리는 소리가 달라집니다. 경적을 울리면서 다가올 때에는 음파의 진동수가 증가하여 경적 소리가 더 고음으로 들리고, 경적을 울리면서 멀어질 때에는 음파의 진동수가 감소하여 더 저음으로 들리지요.

◁ 뜬금있는 질문 ▷

음주 측정기의 원리는?

음주 측정기는 사람이 내쉬는 공기 속에 들어 있는 알코올의 양을 측정해 혈중 알코올 농도를 알아내는 기기이다. 사람이 마신 술의 알코올 성분은 위와 장에서 흡수된다. 그중 10% 정도는 소화되지 않은 채 날숨·땀·소변 등에 섞여 밖으로 배출된다. 나머지 90%는 알코올 분해 효소에 의해 간에서 산화되면서 아세트산으로 바뀌어 우리 몸에 에너지를 공급한 뒤, 다시 이산화탄소로 분해되어 호흡으로 배출된다. 사람이 내쉬는 숨 속에 들어 있는 알코올은 장에서 흡수되어 혈액으로 들어갔던 알코올의 일부분이다. 즉, 피 속에 들어 있던 알코올의 일부가 공기와 섞여 몸 밖으로 나온 것이다. 따라서 숨 속에 들어 있는 알코올의 양을 측정하면 혈중 알코올 농도도 알 수 있다.

▲ 음주 측정기

097 진공청소기는 정말 먼지를 빨아들일까?

진공청소기는 우리 삶을 편리하게 해 주는 가전제품 중 하나입니다. 진공청소기로 청소를 하면 머리카락이나 먼지가 청소기 속으로 들어가 바닥이 깨끗해지지요. 그런데 머리카락이나 먼지는 왜 진공청소기 속으로 들어가는 걸까요?

진공청소기의 역사

진공청소기는 청소에 많은 어려움과 불편을 겪는 사람들의 고충 때문에 탄생한 기구입니다. 그 역사는 손수건 한 장에서 시작합니다. 청소기를 처음 발명한 영국의 휴버트 세실 부스는 런던의 엠파이어 뮤직홀을 청소하던 '청소차량 청소기'의 사용 상태를 보러 갔다가 문제점을 느꼈습니다. 이 청소기는 먼지를 불어 흩어지게 하는 원리를 이용한 것이었는데, 그때 청소기가 불어내는 먼지 때문에 구경꾼들은 먼지를 뒤집어쓰고 숨이 막힐 것 같은 경험을 해야 했지요. 그중 한 사람이었던 부스는 이때의 경험을 계기로 기발한 생각을 하게 되었습니다. 집에 돌아온 그는 마룻바닥에 엎드려 손수건을 입에 대고 숨을 세게 빨아들여 보았습니다. 그랬더니 입으로 빨려 들어오던 먼지가 손수건에 걸리는 것 아니겠습니까? 그래서 그는 먼지를 불어 흩어지게 하는 것이 아니라 깨끗하게 빨아들이는 청소기를 만들어야겠다고 생각했습니다.

이 작은 실험으로 자신을 얻은 부스는 강력한 전동 펌프로 공기를 흡입하고 빨아들인 공기를 천으로 만든 필터에 통과시키는 청소기를 개발하였습니다. 그리고 1901년 8월 특허를 내고 진공청소기 제조 회사를 만들었지요. 생산을 시작한 것은 1906년이었는데, 처음 생산한 진공청소기는 무게가 자그마치 49kg이나 되었습니다. 너무 커서 말이 끌어야 할 정도였고, 소음도 커서 말이 겁에 질려 날뛰는 소동까지 빚어졌다고 합니다.

1907년 미국의 제임스 스팽글러가 최초로 가정용 경량 진공청소기를 내놓았는데, 그 당시에는 기체를 빨아들이는 공업용 기기를 모두 진공청소기라고 불렀습니다. 그중에서도 나팔 모양의 관을 한 것이 가장 흔한 모델이었습니다. 그 후 스웨덴의 발명가 악셀 베네-그렌이 1913년에 현대적인 진공청소기를 발명하였고, 청소기 시장은 이제 연간 6천만 대를 넘는 거대한 시장이 되었답니다.

▲ 진공청소기

진공청소기의 원리

진공청소기는 1분에 만 번 이상 팬을 강하게 회전시켜 호스 속의 공기를 밖으로 뽑아내어서 청소기 내부를 진공*에 가까운 상태로 만듭니다. 그렇게 해서 기계 안의 압력이 줄어들면 바깥쪽 공기 압력(대기압)이 기계 안의 압력보다 커지고, 이 압력 차 때문에 먼지가 공기와 함께 기압이 낮은 청소기 입구

쪽으로 밀려 들어가게 되는 것이지요.

사전적 정의의 오류?

국어사전에서는 "진공청소기: 저압부의 흡인력을 이용하여 먼지 따위를 빨아들이게 된 청소 기구"라고 정의합니다. 과학적인 원리로 보면 이 국어사전의 용어와 주위에서 흔히 사용하는 "빨아들인다"라는 말은 분명 문제가 있습니다. 왜 그럴까요?

흡인력을 이야기할 때 많은 사람들이 당연하다는 듯 진공청소기를 보기로 듭니다. 그러나 실제로는 흡인력은 존재하지 않습니다. 또한, 진공 상태나 저압 지역은 물체를 끌어당기는 작용을 하지 않습니다.

앞에서 말했듯이, 청소기에 먼지가 빨려 들어가는 현상은 먼지에 가해지는 압력 가운데 진공청소기에 가까운 쪽의 압력이 낮아져서 먼지에 작용하는 힘의 균형이 깨지기 때문에 일어납니다. 즉, 힘의 균형이 깨지면서 진공청소기 쪽으로 알짜힘*이 작용하여 빨려드는 것처럼 보이는 것일 따름입니다. 따라서 "대기압이 먼지를 진공청소기 속으로 밀어 넣는 것이다."라는 것이 과학 원리에 더 들어맞는 표현이라 하겠습니다.

진공 물질이 전혀 존재하지 않는 공간을 의미하지만, 실제로는 그렇게 만들기가 어렵기 때문에 1/1000mmHg 정도 이하의 저압을 가리킨다.
알짜힘 물체에 작용하는 모든 힘의 벡터를 합산한 것. 합력이라고도 한다. 실제로 물체의 운동 상태를 바꾸는 힘이다.

098

광폭 타이어를 달면
왜 제동거리가 짧아지나요?

차를 타고 고속도로를 달리다 보면 대형 트럭이나 컨테이너 차량들이 무거운 화물을 싣고 소형 차량보다 더 빨리 앞서 지나가는 모습을 자주 볼 수 있습니다. 저러다 대형 사고나 나지 않을까 걱정이 들 정도입니다. 그런 사고의 위험을 줄이기 위해 모든 대형 차량에는 광폭 타이어를 사용하고 있습니다. 급정지할 때 차량의 제동거리를 단축하기 위해서라는데, 광폭 타이어를 사용하면 왜 제동거리가 짧아지는 것일까요? 단순히 일반 타이어보다 지면과 접촉하는 면적이 늘어나서 마찰력이 커지는 걸까요?

자동차의 마찰력

달리는 자동차는 브레이크를 밟아도 바로 멈추지 않습니다. 운전자가 브레이크를 밟기까지 자동차가 진행하는 거리를 공주거리, 브레이크가 작동하기 시작해서 완전히 정지할 때까지 진행한 거리를 제동거리라고 합니다. 공주거리와 제동거리를 합한 것을 정지거리라고 하지요. 제동거리는 마찰력과 관계가 있습니다.

학교에서 마찰력을 배울 때에는 '상자'처럼 구르지 않고 압력에 의해 모양이 크게 변하지 않는 물체에 작용하는 마찰력을 예로 드는 것이 보통입니다. 바퀴처럼 구르는 물체에 작용하는 마찰력, 압력에 의해 모양이 변하는 물체의 마찰력은 다소 복잡하기 때문입니다. 볼링공처럼 속이 꽉 찬 상태로 구르느냐, 자전거 바퀴처럼 속이 빈 상태로 구르느냐에 따라서도 고려해야 할 점이 달라집니다. 달리는 자동차가 멈추는 과정은 차의 무게와 속도, 타이어의 구조와 성분, 구동장치의 구조, 차의 무게중심 위치 등 여러 요소가 함께 작동하는 과정이라, 간단하게 설명하기 어렵습니다.

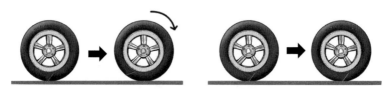

회전하는 타이어, 정지마찰력이 작용　　　　미끄러지는 타이어, 운동마찰력이 작용

　　상황에 따라 자동차 타이어와 바닥 사이에는 정지마찰력과 운동마찰력이 모두 작용합니다. 자동차가 주행 중일 때, 움직이니까 운동마찰력이 작용한다고 생각하기 쉽습니다. 하지만 주행 중에는 회전하는 타이어의 표면과 도로 표면이 붙었다 떨어졌다 하면서 정지마찰력이 작용합니다. 미끄러짐 없이 타이어의 접촉면이 바뀌기 때문입니다. 급하게 브레이크를 밟으면 타이어가 회전하지 않고 멈춘 상태에서 도로 위를 미끄러지는데, 이때에는 운동마찰력이 작용합니다. 도로 표면에 스키드 마크(skid mark)라는 검은 줄이 생기기도 하지요.

ABS의 원리

　　잠김 방지 브레이크 장치(ABS, Anti-lock Braking System)는 운전자가 브레이크를 밟았을 때 자동으로 1초에 10회 이상 바퀴를 잠갔다 풀었다 하면서 멈추게 하는 브레이크 시스템입니다. 마치 브레이크를 발로 계속해서 빠르게 밟았다

놓았다 하는 것과 같은 효과를 내는 것이지요. 일반적으로 브레이크를 밟으면 타이어의 회전이 멈추지만, 자동차는 곧바로 서지 않고 타이어가 멈춘 상태에서 스키를 타듯 미끄러지게 됩니다. 운동하려는 성질을 유지하려는 관성 때문이지요. 마찰력이라는 관점에서 보면, 운동마찰력이 작용하게 되는 것입니다. 더 빠르게 차를 멈추려면 운동마찰력보다 최대정지마찰력이 작용하도록 해야 합니다. 그래서 브레이크를 밟았다 떼기를 반복하는 ABS 장치를 이용해 타이어가 미끄러지지 않고 구르는 가운데 마찰력이 작용하도록 하는 것이지요.

브레이크를 밟으면 타이어와 도로 표면 사이의 마찰 때문에 열이 납니다. 이 열로 타이어 표면의 고무가 녹으면서 마찰력은 작아집니다. 자동차가 급하게 멈출 때 생기는 스키드 마크는 타이어의 고무가 녹은 흔적입니다. ABS 장치에 의해 바퀴가 구르는 가운데 마찰력이 작용하면, 미끄러지면서 마찰력이 작용할 때보다 열이 덜 납니다.

광폭 타이어, 접촉면과 마찰력

접촉하는 면적이 넓다고 마찰력이 커지는 것은 아닙니다. 마찰력은 마찰면의 거친 정도를 나타내는 마찰계수, 그리고 물체가 마찰면을 누르는 힘과 관계가 있습니다.

광폭 타이어는 편평비(타이어 폭 대 높이의 비)가 낮은 타이어를 가리킵니다. 수식이 복잡하므로, 일반 타이어보다 폭이 넓은 타이어 정도로 이해하면 될 것 같습니다. 같은 자동차라도 광폭 타이어를 사용하면 일반 타이어를 달았을 때보다 빨리 멈춥니다. 이는 접촉면이 넓어져서 그런 것이 아니라 타이어의 소재와 열의 작용 때문입니다.

광폭 타이어를 장착하면 접촉면에서 열이 적게 납니다. 타이어와 도로 표면 사이의 접촉면이 넓어져서 단위면적당 누르는 힘이 작아지기 때문입니다. 또한 열이 나도 일반 타이어에 비해 공기와 만나는 면적이 넓기 때문에 바로 식게 됩니다. 그래서 일반 타이어보다 덜 녹게 되어 타이어의 마찰계수(거친 정도)를 유지할 수 있고, 결과적으로 빨리 멈추는 효과를 내게 됩니다. 타이어의 마찰계수는 일정 온도까지는 커지지만, 그 이상이 되면 작아지기 때문입니

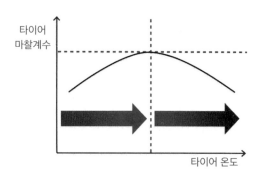

▲ 타이어 온도와 마찰계수의 관계

다. 자동차 경주를 시작하기 전에 경주용 자동차들이 경기장을 사납게 내달리는 것도 타이어의 온도를 올리기 위해서입니다. 하지만 소재가 같다면, 이러한 차이가 내는 효과는 아주 작습니다.

타이어를 만드는 소재가 부드러우면 마찰력은 향상되지만 열의 영향을 크게 받아 쉽게 닳아 버립니다. 타이어를 빨리 바꾸어 주어야 하지요. 상대적으로 열을 많이 받는 일반 타이어는 단단한 소재를 사용해 오래 쓸 수 있도록 만듭니다. 그 반면에, 타이어의 폭이 넓어 상대적으로 열의 영향을 덜 받는 광폭 타이어는 마찰 효과가 큰 부드러운 소재를 사용합니다. 결국, 광폭 타이어가 일반 타이어보다 빠르게 멈출 수 있는 것은 접촉면이 넓어져서라기보다 타이어를 만드는 소재가 다르기 때문이라 할 수 있습니다.

I am Superconductor!

가전제품을 오래 사용하다 보면 점점 뜨거워집니다. 그래서 잠시 꺼서 식혔
다가 다시 사용하기도 하고, 가전제품 안에 냉각기를 장치하기도 합니다. 그
렇게 열이 나는 것은 전기저항 때문입니다. 전기저항이 있는 물질에 전류가
흐르면 전류의 제곱에 비례하는 열이 발생합니다. 전기저항이 0인 물질이
이 세상에 존재할까요?

I am superconductor

'super-'는 보통과 다른 특별한 능력이 있음을 강조할 때 쓰이는 접두어입
니다. 이제부터 슈퍼히어로(Super-hero)나 슈퍼코리안(super-Korean)처럼 꽤 특
별한 능력을 가진 물질인 초전도체(superconductor)를 소개하려 합니다.

앞서 말한 'super-'의 의미에서 미루어 짐작할 수 있듯이 초전도체
(superconductor)는 보통의 전도체(conductor)*와는 다른 특별한 능력을 가진 물
체를 말합니다. 그 특별한 능력을 설명하기에 앞서 초전도체가 무엇인지부터

알아보겠습니다.

초전도 현상의 역사는 20세기 초부터 시작합니다. 1911년 네덜란드 물리학자 H. K. 오네스는 액체 헬륨을 기화시키면서 주위의 온도를 빼앗는 방법으로 수은을 냉각시켜 가며 전기저항을 조사했습니다. 이 실험에서 그는 절대영도보다 조금 높은 온도인

약 4.2K(-268.2℃)에서 전기저항이 없어지는 현상을 발견했는데, 그것을 초전도 현상이라 명명하고 그러한 성질을 가진 물질을 초전도체라 하였습니다.

초전도체의 종류

저온 초전도체는 '1종 초전도체'라고도 부르는데, 상대적으로 낮은 온도에서 초전도 현상이 나타나는 물질들을 가리킵니다. 알루미늄(Al), 타이타늄(Ti), 바나듐(V), 아연(Zn), 갈륨(Ga), 지르코늄(Zr), 나이오븀(Nb), 몰리브데넘(Mo), 테크네튬(Tc), 루테늄(Ru), 카드뮴(Cd), 인듐(In), 주석(Sn), 란타넘(La), 하프늄(Hf), 탄탈럼(Ta), 텅스텐(W), 레늄(Re), 오스뮴(Os), 이리듐(Ir), 수은(Hg), 탈륨(Tl), 납(Pb), 루테튬(Lu), 토륨(Th), 프로트악티늄(Pa)의 총 26가지 가운데 나이오븀(Nb)이 순수한 원소들 중 가장 높은 온도(9.25K, 즉 -264℃)에서 초전도 현상을 나타냅니다. 실온에서 전류가 가장 잘 통하는 네 가지 금속 도체 가운데 알루미늄을 제외한 은과 구리, 금이 초전도체가 아니라는 점이 꽤 흥미롭습니다.

1957년 미국의 물리학자들인 존 바딘(J. Bardeen)과 리언 쿠퍼(L. Cooper), 그리고 로버트 슈리퍼(R. Shrieffer)는 자신들의 이름 첫 글자를 딴 BCS이론*을 발

전도체 전기 또는 열에 대한 저항이 매우 작아 전기나 열을 잘 전달하는 물체. 은, 구리, 알루미늄 등이 있으며, 전도체라고도 한다.

표하여 저온 초전도 현상을 매우 훌륭하게 설명하였습니다. BCS 이론의 주요한 내용은 절대온도 0K(-273°C) 부근에서 전자가 쌍으로 이동하며 이러한 이동은 저항 없이 이루어진다는 것입니다.

초전도체에는 상대적으로 고온에서 초전도 현상을 나타내는 고온 초전도체도 있는데, 이것을 2종 초전도체라고도 부릅니다. 고온 초전도체에는 합금 및 산화물, 세라믹 형태를 띤 수천 가지나 되는 물질이 있습니다. 1종 초전도체는 저온으로 만드는 데 드는 비용이 너무 많이 들어 경제성이 없었지만, 2종 초전도체의 경우에는 꾸준히 연구한 덕분에 현재 약 138K(-135°C)에서도 초전도 현상이 나타날 수 있게 되었습니다. 시중에서 파는 생수보다 싼 액체 질소(1리터당 700원)의 온도가 1기압에서 77K(-196°C)인 것을 고려하면, 138K 정도는 그래도 다루기 쉽고 경제성도 있는 온도라고 할 수 있겠지요.

저온 초전도체와 고온 초전도체를 구분하는 특정한 온도 기준은 없고, 보통은 경제성이 있는 온도 이상에서 초전도 현상을 보이는 것을 고온 초전도체라고 부릅니다. 하지만, 앞서 말한 BCS이론도 저온 초전도체는 잘 설명해도 고온 초전도 현상은 설명할 수가 없었습니다. 고온 초전도 현상에 대해서는 여러 가지 모형 이론이 나왔으나 아직 결론이 나지 않은 상황으로, 과연 초전도 현상이 실온에서도 가능할지는 아직 확실히 밝혀지지 않았습니다.

초전도체의 특성

초전도체는 일반 전도체와는 확연히 구별되는 다음과 같은 특성들을 가지고 있습니다.

BCS이론 초전도 현상의 원리를 양자역학의 관점에서 설명하는 이론이다. 저온 초전도체(1종 초전도체)의 성질은 잘 설명할 수 있었으나, 고온 초전도체(30K 이상에서 초전도성이 나타나는 물질, 2종 초전도체)를 설명하기에는 부족한 점이 많다.

완전 도체성 : 어떤 온도(임계온도, Tc라 함) 이하에서 전기저항이 거의 0(비저항* ρ=10⁻²³Ωm)이며, 어떤 전류(임계전류라 함) 이하이면 한번 흐른 전류가 영원히 흐르는 특징을 말합니다.

완전 반자성 : 반자성은 물질을 자기장 안에 놓을 때 물질이 자기장 방향과 반대 방향으로 자성을 띠는 현상을 말합니다. 이는 물질이 보이는 일반적인 현상이며, 그 세기는 대체로 약합니다.

하지만 초전도체는 반자성이 강하므로 외부 자기장이 걸리면 표면에 유도전류*가 흘러서(렌츠의 법칙) 초전도체 내부의 자기장이 0이 되는데, 이와 같은 현상을 마이스너 효과(Meissner effect)라고 합니다.

▲ 마이스너 효과

조셉슨 효과 : 초전도체 사이에 얇은 절연체를 두면 전압을 걸지 않아도 그것을 가로질러 전류가 흐르는데, 이를 조셉슨 효과라 합니다. 전기 소자를 만드는 데 활용되지요.

초전도체의 응용

초전도체의 특성을 이용하면 마찰력이나 그로 인한 열 발생 문제를 해결할 수 있기 때문에 산업 현장이나 생활 속에서 초전도체를 이용하는 다양한 방법을 연구 중입니다.

비저항 단위단면적당 단위길이당 저항으로, 물질에 따라 값이 다르다. 비저항은 물질이 얼마나 전류를 잘 흐르게 하는가를 나타내는 전도율과 역수 관계에 있다.
유도전류 코일 등의 폐회로 가까이에서 자석을 움직이거나 전류가 흐르는 다른 회로를 이용해 자기장을 변화시키면 전자기 유도 현상에 의해 폐회로에 전류가 통하게 되는데, 이를 유도전류라고 한다.

자기부상(magnetic levitation, maglev)**열차 :** 자력을 이용해 차량이 선로 위에 뜬 채로 움직이게 하는 열차입니다. 우리나라를 비롯해 여러 나라에서 연구 개발 중입니다. 우리나라의 '에코비'는 세계 두 번째로 상용화된 중·저속형 자기부상열차입니다. 2016년 2월 인천국제공항을 출발해 영종도 주변의 6.1km 구간을 시범 운행하기 시작했습니다. 시속 550km에 이르는 고속형은 충북 오송에서 실험하고 있습니다. 현재 가장 빠른 자기부상열차는 '리니어 중앙 신칸센'입니다. 일본의 도쿄-오사카를 최고 속도 603km/h로 달리고 있습니다. 실온에서 초전도 현상을 나타내는 물체를 발견해서 이용하게 된다면, 고속형 자기부상열차를 타고 더 적은 비용으로 더 빨리 여행할 수 있겠지요?

▲ 자기부상열차

열이 나지 않는 핸드폰 : 핸드폰으로 장시간 전화를 하면 전화기가 따끈따끈해집니다. 이는 다른 모든 가전제품도 마찬가지인데, 제품 내의 저항 때문에 일어나는 현상입니다. 이러한 현상도 초전도체를 이용하면 없앨 수 있습니다. 지금과 같은 전화기가 골동품이 되는 날이 머지않아 오지 않을까요?

초전도 자기에너지 저장소(Superconduction Magnetic Energy Storage, SMES) **:** 초전도 코일에 매우 큰 전류가 흐를 때 형성되는 자기장으로 에너지를 저장하는 기술입니다. 이를 이용하면 서울 시내에서 사용되는 모든 전류를 지름 5cm의 초전도 전선에 가두어 운반할 수 있고, 필요할 때 쉽게 끄집어내서 사용할 수 있습니다.

핵융합 반응을 이용한 미래의 에너지원(핵융합 발전) **만들기** : 핵융합 발전에 꼭 필요한 장치가 있는데, 토카막이 그것입니다. 토카막은 전자석을 도넛 모양으로 휘어 놓은 것처럼 생긴 장치인데, 그 안에 고온의 플라스마 이온을 담을 수 있습니다. 고온의 플라스마*가 벽에 닿지 않고 둥둥 떠 있도록 하기 위해 전자기력을 이용하는데, 이 전자기력은 자기장 세기가 셀수록 더 큰 힘을 낼 수 있습니다. 따라서 초전도체 코일로 토카막을 감싼다면 고온 플라스마를 확실하게 둥둥 띄울 수 있을 것입니다. 우리나라에서는 이런 장비를 대전의 대덕연구단지에서 KSTAR 라는 이름으로 개발 중에 있습니다.

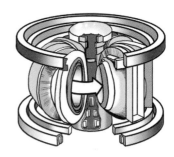

▲ 토카막

초전도 자석은 의료 분야에도 쓰이는데, 자기공명영상촬영(MRI)이 그것입니다. 의사들은 종양이나 다른 질환을 찾아내기 위해 신체 연조직의 깨끗한 사진을 필요로 하는데 이를 위해 MRI를 사용합니다. MRI를 이용하면 다른 방법을 쓸 때보다 진단을 조기에, 그리고 외과적 수술 없이 할 수 있습니다. 주요한 결점은 한 번 자기공명영상을 찍는 데 35만 원 정도나 든다는 것이지만, 더 높은 온도에서 작동하는 초전도체의 개발에 따라 이 비용도 감소할 전망입니다.

초전도체를 응용할 수 있는 분야는 그 밖에도 많습니다. 박막 선재나 조셉슨 소자를 이용한 고속 소자, 에너지 손실이 적은 발전과 송전, 자기장 및 전압 변화를 정밀하게 측정하는 센서, 열 발생 없는 엄청나게 빠른 속도의 컴퓨터나 반도체의 배선 등에 초전도체를 활용할 수 있을 것입니다.

플라스마(plasma) 기체 상태의 물질에 계속 열을 가하여 온도를 올려 주면 이온핵과 자유전자로 이루어진 입자들의 집합체가 만들어진다. 이러한 상태의 물질을 플라스마라고 하는데, 물질의 세 가지 형태인 고체·액체·기체와 더불어 '제4의 물질 상태'라고 불린다.

이렇듯, 초전도체는 오늘날 연구와 산업, 의료 분야에서 이미 사용되고 있으며, 미래에는 활용 분야가 더욱 확장되어 흥미로운 발전을 가져다줄 것으로 기대되고 있답니다.

MRI와 CT의 차이는?

MRI는 자력에 의하여 발생하는 자기장을 이용하여 생체의 단층 영상을 얻을 수 있는 첨단 의료 기계, 또는 그 기계로 촬영한 영상을 가리킨다. X선과 같은 이온화 방사선이 아니므로 인체에 무해하고, 3차원 영상을 얻을 수 있으며, 컴퓨터단층촬영(CT)에 비해 대조도와 해상도가 더 뛰어나다. 그리고 횡단면 촬영만이 가능한 CT와는 달리 정면 수직면과 측면 수직면 촬영도 가능해, 필요한 각도의 영상을 검사자가 선택하여 촬영할 수 있다. 단, 검사료가 비싸고 촬영 시간이 오래 걸리며, 검사 공간이 좁아서 혼자 들어가야 하므로 중환자나 폐

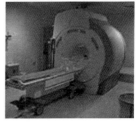

▲ MRI

소공포증이 심한 환자는 찍을 수 없다는 단점이 있다. MRI는 주로 중추신경계, 두경부, 척추와 척수 등 신경계통의 환자에게 이용되지만 실제 이용 범위는 그보다 넓다.

CT는 CT 스캐너를 이용하는 컴퓨터단층촬영법이다. 엑스선이나 초음파를 여러 각도에서 인체에 투영하고 이를 컴퓨터로 재구성하여 인체 내부 단면의 모습을 화상으로 처리하는데, 종양 등의 진단법으로 널리 이용되고 있다. 일반 X선 사진은 사람 몸의 3차원적인 모습을 2차원 필름에 나타내지만, CT는 선택한 단면의 모든 모습을 보여 주기 때문에 일반 X선 사진으로는 알아내기 힘든 여러 가지 사실들을 정확하게 파악할 수 있다.

한쪽 발로 자동차를 멈출 수 있는 까닭은?

어떤 영화에서는 초능력을 가진 주인공이 달려오는 자동차를 맨손으로 멈추게 합니다. 달려오는 자동차를 멈추게 하기란 보통 사람으로서는 불가능합니다. 하지만 운전자는 쉽게, 굉장히 쉽게 자동차를 멈추게 합니다. 브레이크 페달을 밟는 것이지요. 브레이크를 살짝만 밟아도 큰 자동차의 속도가 줄어드는 이유는 무엇일까요?

카트라이더와 현실

요새 청소년들이 즐겨 하는 온라인 게임은 무엇일까요? 몇 년 전까지만 해도 스타크래프트가 승승장구하며 독주를 해 왔습니다. 지금도 많이 하기는 하지만, 흥미로운 다른 게임들이 많이 나와서 스타크래프트를 하는 사람들은 예전보다 적어졌습니다. 카트라이더도 남녀노소 부담 없이 즐길 수 있는 그런 게임들 중 하나이지요. 귀여운 모습의 주인공들이 조그마한 카트(자동차)를 타고 다양한 장소(map)에서 경주를 하는 게임인데, 단순하면도 디자인이 아기자기하고 속도감이 빼어나서 인기 만점입니다.

이 게임에서 자동차는 시작하자마자 엔진에 불이 붙으면서 바로 출발합니다. 하지만 현실에서는 결코 그렇지 않습니다. 실제 자동차의 엔진에 한꺼번에 많은 힘을 주면 무리가 가서 폭발할 위험성이 있기 때문에 어느 정도의 시간을 두어야 합니다. 그 반면에, 멈출 때에는 출발할 때보다 시간이 덜 걸립니다. 브레이크가 있기 때문이지요. 브레이크가 멈추는 데 드는 시간을 줄여 줄 수 있는 원리는 무엇일까요?

지렛대의 원리와 파스칼의 원리

브레이크를 설명할 때 흔히 이야기되는 것이 지렛대의 원리와 파스칼의 원리*입니다. 두 원리 모두 비슷한 방법으로 설명이 됩니다.

지렛대의 원리는 힘점이 받침점으로부터 멀수록 더 적은 힘으로도 물건을 들 수 있다는 것입니다. 어렸을 때 즐겨 탔던 시소를 떠올려 보세요. 중심에서 더 멀리 떨어져 앉을수록 더 쉽게 반대편에 앉은 친구를 위로 들어 올릴 수 있었지요? 이러한 지렛대의 원리를 생각해 낸 아르키메데스는 왕에게 "긴 막대와 받침만 있으면 지구라도 움직여 보이겠다."고 큰소리를 쳤다고 합니다.

파스칼의 원리는 유체*의 일부에 가한 압력이 전체에 대해서도 똑같이 작

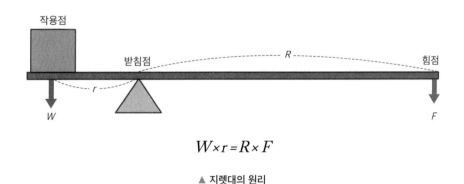

$$W \times r = R \times F$$

▲ 지렛대의 원리

용한다는 것입니다. 그러므로 좁은 면적의 유체에 작은 힘을 주는 것만으로도 유체 전체를 움직일 수 있게 됩니다. 치약 몸통을 누르면 입구로 치약이 밀려 나오는 것 역시 파스칼의 원리 때문입니다.

브레이크의 작동 원리

이들 원리를 이용하면 작은 힘으로도 큰 힘을 자동차에 전달할 수 있어 빠른 속도로 달리던 자동차를 비교적 짧은 시간에 멈출 수 있게 됩니다. 운전자 좌석 아래쪽에 있는 브레이크 페달을 밟으면 유압로 속으로 유체가 분사되고 페달에 가해진 압력이 지렛대의 원리에 의해 증폭되어 전달됩니다. 이어서 하이드로백이라는 장치를 통해 2차로 힘이 증폭되어 바퀴(디스크 드럼)를 잡아 주는 휠 실린더라는 곳으로 전달되지요. 출발할 때에는 힘을 주어 바퀴를 가속해야 하기 때문에 시간이 걸리지만, 멈출 때에는 큰 힘으로 잡아 주기만 하면 되므로 더 짧은 시간 안에 멈출 수 있는 것입니다.

ABS 브레이크

이와는 별도로, 요즈음에는 잠김 방지 브레이크 장치(ABS, Anti-lock Braking System)라는 것을 차량에 많이 장착합니다. 앞에서 말했듯이, 브레이크를 작동시키면 바퀴를 멈추게 하는 효과가 있기 때문에 멈추는 과정에서 차의 진로를 바꿀 수가 없습니다. 그래서 브레이크를 밟더라도 주기적으로 바퀴 잠김을 풀어 주어 진로를 바꿀 수 있게 함으로써, 갑자기 멈출 때 충돌을 막는 것입니다.

파스칼의 원리 1653년 파스칼이 발견한 원리로, 밀폐 용기에 담긴 유체에 가해진 압력은 유체의 모든 부분과 유체를 담은 용기의 벽까지 그 세기가 감소되지 않고 전달된다는 것이다. 이는 압력이 변할 때 기체의 부피가 바뀐다는 내용만 추가하면, 유체뿐 아니라 기체에도 적용될 수 있다.

유체 액체와 기체를 합쳐 부르는 말. 유체는 변형이 쉽고 흐른다는 성질을 가지고 있으며, 형상이 정해져 있지 않다는 특징이 있다. 유체의 운동을 다룰 때 주목해야 할 점은 점성과 압축이다.

과학과 문명

101 전자레인지는 어떻게 음식을 데울까요?

전자레인지는 가스레인지처럼 불꽃을 내는 것도 아니고 전기 포트처럼 열선
이 있는 것도 아닌데 차가운 음식을 뜨겁게 데워 줍니다. 전자레인지는 어떻
게 짧은 시간에 음식물의 속까지 푹 익힐 수 있을까요? 또, 전자레인지는 모
든 물질을 데울 수 있을까요?

편리한 전자레인지

전자레인지는 마이크로파를 이용해 레이더 성능을 개선하는 방법을 연구
하던 한 기술자가 발명했습니다. 주머니에 넣어 둔 초콜릿이 완전히 녹아 버
린 것을 보고 마이크로파가 물체의 분자를 흔들어 열을 발생시킨다는 성질을
발견한 뒤, 그 원리를 응용해 만들었지요.

예로부터 인간이 고안하고 사용해 온 조리법은 용기를 가열하여 식품 외부
를 가열하고 열전도에 의해 열이 점차 내부까지 전달되도록 하는 것이었습니

다. 그러나 식품은 일반적으로 열전도율이 낮기 때문에, 짧은 시간에 속까지 익히려고 하면 표면과 중심 사이의 온도 차가 커질 수밖에 없습니다. 그러면 표면이 과열되어 타기 쉽고 영양소도 파괴되지요.

그 반면에 전자레인지에서는 식품 자체가 겉부터 속까지 고르게 발열합니다. 따라서 전자레인지 조리법은 다른 가열 방법에 비해 열효율이 높고 조리 시간이 단축되며 비타민이 적게 파괴된다는 장점이 있습니다. 또한 음식이 탈 염려도 없습니다.

그런데 전자레인지는 가스레인지, 전기밥솥, 커피포트 같은 다른 부엌살림 들과 아주 다릅니다. 가스 불이 있는 것도 아니고 전기 가열 장치가 있는 것 도 아닌데 스위치만 누르면 커피나 우유를 쉽게 데울 수 있습니다. 감자와 고 구마도 익힐 수 있고 피자도 데울 수 있으니 실로 만능 조리기처럼 보입니다. 도대체 이 기계는 어떤 원리로 음식을 데우기도 하고 끓이기도 하는 걸까요?

전자레인지의 원리

우선 마이크로파가 어떤 작용을 하는지 살펴보지요. 1mm에서 1m까지의 파 장을 지니는 전자기파를 마이크로파라고 부릅니다. 전자레인지의 회전판이 돌 아감에 따라 전자레인지 속 음식물은 여러 방향에서 마이크로파를 쪼이게 됩니 다. 이렇게 마이크로파를 음식물에 쬐어 주면, 음식물 안에 있는 물 분자가 마 이크로파의 에너지를 흡수해 격렬하게 회전운동을 하면서 온도가 올라갑니다.

그 과정을 좀 더 자세히 살펴볼까요? 음식물의 대부분을 이루는 물 분자는 극성을 띠고 있습니다. 그에 따라 수소 이온 쪽은 상대적으로 양전하를, 산소 이온 쪽은 음전하를 띠게 되지요. 이렇게 분자가 극성을 띠면 분자의 한 극이 또 다른 분자의 반대극과 결합하게 됩니다. 이렇게 결합한 분자에 마이크로파 를 쏘아 주면, 마이크로파는 주기적으로 변하는 전기장과 자기장의 결합이므 로, 전기장의 크기와 방향이 변함에 따라 극성을 띤 물 분자도 전기장의 방향에

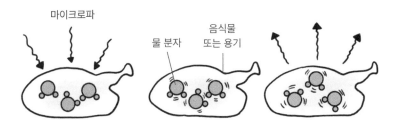

마이크로파

물 분자

음식물
또는 용기

▲ 마이크로파로 인한 물 분자의 변화

나란하게 배열하려고 회전하는 과정에서 다른 분자와의 결합이 끊어지게 됩니다. 그 순간에 분자가 마이크로파의 에너지를 흡수하게 되는 것이지요. 그렇게 결합이 끊어진 분자들은 잠시 후 다시 결합하면서 에너지를 내놓게 되는데, 이 에너지가 내부에너지가 되어 음식물을 익히게 됩니다. 이런 과정이 전기장의 진동 방향을 따라 계속 반복되므로 음식물에 골고루 열이 공급되는 것입니다.

전자레인지 사용 시 주의할 점

전자레인지의 스위치를 켜면 바로 이 마이크로파가 생성됩니다. 마이크로파는 유리, 도자기, 플라스틱 용기 등은 그대로 통과하는 반면에 식품 속의 작은 분자 특히 물에는 흡수되므로, 가열은 선택적으로 이루어집니다. 모든 음식물에는 수분이 있으므로 마이크로파로 조리할 수 있습니다. 단, 은박지나 금속 식기류는 마이크로파를 반사하기 때문에 가열되지 않을뿐더러, 끝이 날카로운 금속인 경우 마이크로파가 집중되어 스파크까지 일어날 수 있으므로 주의해야 합니다. 또한, 빈 그릇이나 포일(foil)로 싼 음식을 전자레인지 안에 넣

마그네트론

대류팬

냉각팬

트랜스   필터

▲ 전자레인지의 단면

고 전자레인지를 작동하면, 마이크로파가 금속 포일을 뚫고 들어갈 수 없기 때문에, 전자레인지 내부에서 발생하는 마이크로파가 흡수되는 곳 없이 계속 반사·축적되기만 하므로 전자레인지에 큰 부담을 주게 되어 위험한 사고가 발생할 수도 있답니다.

실제로는 공명이 아니다?

마이크로파의 진동수와 물 분자의 공명진동수*가 같아서 공명을 일으키는 것이 전자레인지의 원리라고 흔히 말합니다. 하지만 실제로는 마이크로파의 진동수는 2.45GHz(GHz: 1초에 백만 번 진동)로, 0°C에서 9GHz인 물 분자의 공명진동수와 크게 다릅니다. 물 분자의 공명진동수와 같은 마이크로파를 이용하면 공명이 일어나 에너지 흡수가 훨씬 빠를 텐데 왜 그렇게 하지 않을까요?

그것은 마이크로파의 진동수에 따라 음식물 속으로 침투할 수 있는 깊이가 달라지기 때문입니다. 진동수가 증가하면 침투 깊이가 급격히 떨어집니다. 따라서 마이크로파의 진동수를 물의 진동수까지 높이면 공명이 일어나 음식이 더 빨리 가열되기는 하겠지만, 속이 익기도 전에 겉은 수분이 다 빠져나가 먹을 수 없게 되겠지요.

맛없는 고구마

혹시 음식을 전자레인지로 익히면 맛은 별로 없다는 이야기를 들어 본 적이 있나요? 고구마를 찜통에서 가열하면 겉이 익으면서 수분 차단벽 역할을 해

공명진동수 전기진동의 공명회로나 전자기파의 공명기에서 공명 현상이 일어나게 하는 외부 신호의 진동수. 공진주파수라고도 한다.

온실효과 대기를 가진 행성 표면에서 나오는 복사에너지가 대기를 빠져나가기 전에 흡수되어, 그 에너지가 대기에 남아 기온이 상승하는 현상을 말한다. 대기가 온실의 유리와 비슷한 작용을 하기 때문에 온실효과라는 이름이 붙었다. 하지만 온실의 정확한 원리는, 땅이 햇빛을 흡수해서 온도가 상승한 후 그에 의해 데워진 공기가 확산하는 것을 유리가 막음으로써 온실 내부의 온도가 상승하는 데 있다.

서 고구마 속이 촉촉하면서도 맛이 나지만, 전자레인지에 고구마를 넣고 익히면 속이 무척 퍽퍽해져서 맛이 나지 않지요. 하지만 그런 점에서 전자레인지는 좋은 건조기로 사용될 수도 있습니다. 전자레인지에 젖은 행주를 넣고 잠시 작동시킨 후에 꺼내 보면 아주 잘 건조되어 있습니다. 또한 눅눅해진 팝콘, 땅콩, 강냉이, 김 따위를 전자레인지에 넣고 타이머를 해동에 맞춘 뒤 작동시키면 갓 구워낸 것처럼 바삭바삭해집니다.

전자레인지의 원리로 대기오염이 심한 지역의 온실효과*도 설명할 수 있습니다. 물 분자가 마이크로파를 흡수하여 음식을 가열하는 것처럼, 이산화탄소 분자가 적외선 영역에 공진주파수를 가지므로 햇빛 가운데 적외선을 흡수해서 이산화탄소 밀도가 높은 오염 지역의 기온이 더 높아지는 것이랍니다.

오븐이란?

오븐은 원래 서구인들이 사용하던 것이다. 예전에는 무쇠로 만든 화덕의 한옆에 조리 재료를 넣고 한쪽에서 장작불을 때면 열과 연기가 화덕의 조리 재료가 담긴 부문으로 들어가 음식물을 익히는 한편, 위에 구멍(풍로의 일종)이 있어 그 위에서도 동시에 음식을 끓일 수 있는 형태로 되어 있었다. 물론 열효율은 매우 낮았다. 그 후 기술이 발달함에 따라 연료가 장작에서 가스·전기로 바뀌고, 따라서 오븐과 풍로를 가열하는 열원도 독립적으로 설계되었다. 오븐은 조리 재료를 뒤집지 않아도 위아래가 적당히 구워지므로 편리하다. 열원에 따라 전기식·가스식·전자식·복합식으로 나뉜다.

색인

ㄱ

가니메데 150
가루받이 81
가속운동 129
각막 75, 373
각성 효과 376
간 53, 60, 61, 96, 352, 393
간상세포 99, 100~102
갈릴레이 181, 232
감수분열 30
갑각류 51, 69
강옥 238
강자성체 215
갖춘꽃 82
거품상자 385
게놈 88, 89
겸상 적혈구 104
경사각 121
고기압 227, 288
곤충류 51
골수 96
공룡 122,124, 136~138, 124, 253
공명 169, 184, 414
공명진동수 414

공유결합 300, 303
공전 123, 151, 173
공전 속도 119
공진주파수 415
과당 45, 56
관다발 71
관성 196, 399
광년 130, 142
광물 161, 173, 237, 269
광합성 69, 93, 301
교감신경 16, 376
구경 232
구름 241, 248, 278, 286
구리 51, 216, 304
굴광성 109
굴절 75, 163
굴절망원경 232
궁수자리 130
극관 148
극성 300, 313, 322, 361
근시 74
글리세롤 45
글리코겐 60
금성 146, 152, 156, 232
금속 탐지기 378
기압계 203

기질세포 77
길이 생장 72, 85
꽃받침 82
꽃잎 82, 108
꽃자루 82
끓는점 314, 320, 345, 356
끓음 321, 355

ㄴ

나노 304, 324, 327
나팔관 18
난반사 286
난소 18
난자 18, 30
남극 224, 228, 264, 272, 291
남극해 229
남반구 150
내비게이션 273
녹는점 320, 345
녹말 46, 53
녹조류 68
뇌하수체 86
니켈 120, 146, 216

ㄷ

다운증후군 105
단맛 42, 56, 59
단백질 88, 105, 333, 361, 368
단성화 82
단열압축 227
단열팽창 225
단층 115, 282
당뇨병 59, 61, 62
대기압 147, 202, 247, 295, 301, 322, 355, 395
대뇌피질 64
대기오염 268, 272, 415
대동맥 14
대류권 26, 294
대륙이동설 111
대리암 158
대서양 111
대서양 중앙해령 115
대식세포 33
대암반 152
대장 54
대장균 54, 353
대적반 150, 152
대전 406
대정맥 15
도플러 효과 391
돌연변이 103, 106
동맥 15, 50
동물성 플랑크톤 69
동방결절 16
동아프리카 열곡대 115
드라이아이스 148, 295
등속운동 129
DNA 29, 88, 103
땅속줄기 72, 93
떨켜 95
떫은맛 42, 57

ㄹ

라부아지에 310
레티날 102
로돕신 102

ㅁ

마그마 115, 120, 146, 158
마이스너 효과 404
마이크로파 411
마찰력 190, 397, 404
만유인력 154, 181, 210
말단비대증 86
망가니즈 333, 349
망막 61, 74, 99
망원경 130, 181, 232
매운맛 42, 361
매질 162, 167, 194, 286
맥동변광성 156
맨틀 111~114, 146, 148
먹이연쇄 69
메테인 305, 362
면역 체계 22
명순응 101
명왕성 152
모세혈관 33, 61, 248
목성 122, 150, 232
목성형 행성 150
무극성 300, 361
무극성 공유결합 300
무극성 분자 300, 362
무기질 70
무중력 상태 211
무척추동물 51
물관 71
물질대사 151, 373
미각 41
미네랄 332
미뢰 41

ㅂ

밀도 118, 126, 145, 150, 167, 184, 203, 206, 229, 247, 280, 299
밀도류 266

바이러스 22, 23, 89, 90, 325, 348
반려암 159
반사 27, 165, 167, 180, 196, 286
반사망원경 232
반심성암 159
반응속도 372
반자성체 215
발생 19
방사성 원소 145
방실결절 15
방추충 136
배란 18
배아 20, 97
백색왜성 128, 155
백악기 137, 138, 251, 253
백혈구 34, 51, 97
번개 175, 206
베게너 111
베르누이의 원리 199
변성암 133, 158
별똥별 117
병렬 390
보일의 법칙 358
복사안개 241
복사에너지 141, 414
볼록렌즈 75
부교감신경 16
부분 압력 359
부정합 253
부피 생장 71, 85
북극해 228, 340

북반구 229, 264, 291
분열조직 85
분자 간 인력 332
분자량 299, 317, 336
불소 333
뿌리골무 85
블랙아웃 353
블랙홀 127
BCS이론 402
비열 163, 242, 317, 323
비저항 404
비중 365
비타민 34, 35, 55, 70, 101, 102,
　333, 412
빅뱅 139, 140, 141, 143, 385,
　387
빗면 192
빙하 220, 228

ㅅ

사건의 지평선 129
사암 138
산란 235, 287
산성도 368
산성비 124, 271
산소 14, 20, 49, 69, 78, 146,
　154, 209, 238, 247, 269, 292,
　298, 311, 316, 320, 327, 330,
　350, 359, 373
삼엽충 135, 253
상대성이론 129, 178, 385
상방치환 298
상승기류 256, 280
상자성체 215
생장점 72, 84
생태계 68, 90, 124, 222, 342
샤를의 법칙 344
석회암 37, 134
선캄브리아대 133, 252

섭씨온도 163
성호르몬 86
성대 183
성장호르몬 86
성장판 84
성층권 25, 124, 270, 291
세레스 153
세페이드 156
세포분열 19, 84, 104
세포막 318, 327
세포호흡 374
소리 16, 162, 169, 175
소장 53~55, 352
소화효소 53, 369
솔레노이드 378
수매화 82
수면파 167, 179, 194
수산화 이온 334, 370
수상치환 298
수성 146, 148, 149
수소결합 317, 322
수소 이온 367
수술 75, 81
수용체 353, 376
수은 203, 295, 323, 350, 402
수정 18
수정란 19, 98
수정막 19
수정체 74
수증기 271, 280, 288, 296, 357
수직항력 192
슈바르츠실트 반지름 129
스넬의 법칙 166
스모그 242, 270
스펙트럼 124, 140, 184, 392
쓰나미 285
쓴맛 42
시신경 87, 97, 102
사이안화 이온 373
CFC 291
식도 53, 183
식물성 플랑크톤 68

신경세포 42, 66, 97, 353
신기루 166
신맛 42, 367, 371
신생대 37, 137, 138, 252
실루리아기 133, 136, 252
심성암 159
심장 14~17, 49, 50, 156, 376,
　389
심층수 229, 264
심해파 283
십이지장 54

ㅇ

아미노산 45, 55, 104
아밀레이스 53
아세트산 352, 367, 393
아세트알데하이드 352
아인슈타인 129, 141, 178, 180
안갖춘꽃 82
안개 240
안개상자 385
안구 75
안산암 159
안토시안 94
알레르겐 23
알레르기 22
알칼리성 80, 368, 371
암순응 101
암술 82
액체 헬륨 402
야맹증 102
양력 199
양막 21
양성자 205, 307, 367, 385
양성화 82
양자역학 346, 386, 403
양치류 135
어는점 308, 340
어는점 내림 308, 340

에너지원 45
에탄올 352
MRI 64, 406
여과 347
여러해살이풀 71, 93
역암 137
역치 43
역학파 195
연료전지 328
연소 269, 310, 329
연수 16
연체동물 51
열곡 114
열역학 319, 345
열전도 411
염기성 55, 367
염분 54, 229, 264, 342
염색체 19, 30, 98, 104
염소 342, 347
염화불화탄소 291
엽록소 69, 93
엿당 46, 53
영구자석 216
영양소 333, 412
오르도비스기 133
오목렌즈 236
오스트랄로피테쿠스 37
오존 209, 268, 292, 294
오존주의보 270, 294
오존층 25, 147, 249, 272, 291
옥신 109
온실효과 147, 414
옴의 법칙 388
옵신 100
완전 도체성 404
완전 반자성 404
완족류 135
완충 시스템 369
완충 용액 370
용매 307, 340, 359, 361
용오름 278
용존 산소량 301

용질 301, 307, 321, 340, 361
용해도 301, 321, 359
우리 은하 130, 139
우심방 15
우심실 14, 15
우주유영 250
우주정거장 249
우주복 247
운동마찰력 191, 398
운동에너지 154, 163, 199, 226, 329, 345
운동량 187
운석 120, 122, 221
원시 태양 144
원시성 155
원심력 210
원자시계 274
원자핵 141, 145, 173, 206, 214, 385
원추세포 99
웜홀 131
위 53
위치에너지 176, 196, 199, 323, 330
유도전류 379, 404
유두 42
유로파 150
유문 54
유문암 159
유성 117, 120, 381
유성우 118
유성체 118, 122
유전자 19, 29, 80, 88, 91, 103, 358
유체 160, 174, 199, 409
융모막 21
융털 55
음이온 327
음전하 175, 300, 362, 412
음파 162, 194, 393
응결 226, 241
응결 고도 226

응결핵 201, 242
응축 346, 355
이동성 고기압 288
이류안개 242
이리듐 402
이산화질소 271, 294
이산화탄소 16, 50, 69, 94, 146, 147, 148, 149, 209, 272, 295, 296, 297, 301, 305, 310, 359, 362, 370, 371, 393, 415
이슬점 226
이암 137
이언 252
이자액 47, 54
인공위성 211, 274
인력 131, 144, 150
인목류 135
일기예보 270, 294
일란성 쌍생아 19
일산화탄소 243, 268, 374
임계온도 404
임계전류 404
인슐린 60~62
인공지능 65~67
유전체 88
오로라 206
은나노 324

ㅈ

자기쌍극자 215
자기력 172, 215, 387, 406
자기부상열차 405
자기장 404, 412
자석 172, 213, 379, 404
자외선 25, 124, 130, 147, 181, 207, 249, 270, 287, 291
자율 신경계 376, 380
자전 147, 150, 173, 210, 264
잠수병 248, 360

장액 54
짝산-짝염기 370
짠맛 42
재생 96
저층수 229, 266
저항 160, 388
적도 179, 207, 230, 264, 340
적란운 278
적색거성 155
적색 이동 140, 392
적외선 181, 207, 287, 415
적혈구 34, 49, 70, 97, 104, 373
전기저항 346, 388, 401
전도체 401, 402
전선안개 242
전자 128, 141, 144, 145, 173,
   174, 205, 206, 208, 209, 214,
   304, 317, 330, 362, 403
전자기 유도 216, 378, 404
전자기력 406
전자기파 179, 195, 392
전자쌍 362
전하 145
전해질 331
전향력 264
절대영도 345, 402
절대온도 345
절연체 389, 390, 404
절지동물 51
점성 161
정맥 50
정반사 286
정자 18
정지마찰계수 192
정지마찰력 398
제동거리 397
조매화 82
조혼색 237
종 29
종의 기원 36
종자식물 72, 81
좌심방 14

좌심실 14
주계열성 155
줄기세포 96
줄파 194
중금속 350
중력 22, 127, 130, 146, 155,
   178
중력렌즈 129
중력 스트레스 212
중력파 178~182
중성 352, 367, 370
중성자 128, 386
중성자별 128
중추신경 374, 388, 407
쥐라기 137, 251~253
증기압력 323, 341, 355
증발 8, 242, 256, 266, 321, 355
증산작용 95
지각변동 112, 134, 136, 137,
   146, 253, 259, 282, 284
지구 25, 70, 112, 117, 122, 128,
   139, 144, 157, 168, 173, 202,
   211, 229, 247
지구온난화 221
지구형 행성 146
지진해일 282
지진파 165, 167, 194
지질시대 114, 133, 136, 154,
   251, 259
지층 114, 116, 133, 135~137,
   252, 253, 259, 260
지평선 129
GPS 179, 273
진공 142, 166, 194, 395
진동 에너지 196
진동수 169, 189, 391, 414
진폭 170, 183
진화론 36

ㅊ

척수 15, 64, 374, 407
척추동물 49, 51, 86, 373
천둥 175, 280
천문대 233
천왕성 151
천해파 283
철 49, 120, 213, 238
철 이온 373
청색 이동 392
체관 71
초신성 폭발 128, 144
초유체 346
초전도 현상 346, 402
초전도체 217, 401~407
초파리 57
촉매 271, 293, 331
최대정지마찰력 191
충격량 187
충매화 82
침 332
침전 347

ㅋ

카드뮴 349, 402
카로틴 94
카세그레인 223
카페인 376
칼리스토 150
캄브리아기 252
캡사이신 42, 361
케라틴 77
케플러 236
코노돈트 135
콜라겐 97
콜로이드 361
크로마뇽인 38
크롬 238, 349

크립톤 185, 208
크산토필 94
클로렐라 68

ㅌ

타이탄 151
탄닌 42, 57
탄산 301, 370
탄산수소 이온 370
탄산칼슘 134, 332, 365
탄성 196, 304
탄수화물 45, 94, 327
탈출속도 127
태반 18
태양풍 126, 144, 152, 206
태풍 150, 254, 279, 285
탯줄 19
토네이도 278
토리첼리 203
토성 150
토카막 406

ㅍ

파스칼의 원리 409
파장 25, 283, 287, 392
파피루스 382
판 112
판구조론 112
판게아 112
판게아 울티마 116
페름기 135, 253
펩신 53
평형상태 296, 323, 341
포도당 45, 59
포유류 20, 40, 100
폭풍해일 282

표면장력 194, 323
표준화석 136, 252, 253
풍매화 82
풍화 238
프레온 가스 25, 291
플라스마 205
플루오린 317, 333~335
피뢰침 177
피부 2, 27, 32, 50, 57, 77, 96, 269
PH 367, 370

ㅎ

하강기류 227
하방치환 298
하이브리드 328
하이포아염소산 348
한해살이풀 93, 108
합성생물학 90~92
해류 230, 256, 263
해수 136, 263, 365
해양지각 111
해양성 기단 280
해왕성 151
핵융합 128, 144, 152, 155, 378, 406
행성 120, 139, 145, 178, 206, 221, 267, 274, 414
허블 140, 151
허블 우주 망원경 151, 235
허블의 법칙 140
헤모글로빈 34, 49, 51, 104, 373
헤모시아닌 51
헨리의 법칙 359
헬륨 141, 145, 150, 155, 183, 184, 208, 360, 402
현무암 158
혈액 14~16, 33~34, 47~50, 53, 59~61, 80, 97, 248, 249, 270,
359, 368~371, 374
형성층 71, 85
혜성 118, 121, 122, 153
호르몬 60~62, 72, 86, 87, 109, 110, 337
호모 사피엔스 38
호모 사피엔스 사피엔스 38
호모 에렉투스 38
호모 하빌리스 38
홍해 115
화강암 137, 158
화산 112, 115, 116, 138, 160
화산가스 148
화산암 159~161
화석 37, 133, 135, 251
화성 120, 147, 247
화성암 159
화이트홀 131
환선굴 134
활승안개 242
황동석 238
황반 100
황산마그네슘 365
황철석 237
황화수소 316
휘록암 159
힘 131, 155, 167, 170, 172, 187, 190, 200, 202, 210, 216
희토류 244

개정판 집필진

김현민 (물리, 다산고)

세상에 기여하는 우주 먼지처럼 살고자 노력하는 과학 교사입니다. 별과 우주 그리고 자연을 좋아해 물리를 전공했지만, 물리학이 어려워 오늘도 책을 읽습니다. 책 읽어주는 과학 교사로, 계산 중심의 문제 풀이 물리학 대신 학생들과 함께 활동하고 세상 것들에 의미를 찾는 물리 수업을 통해 더불어 사는 감각을 키워가고자 합니다.

이순영 (지구과학, 포천일고)

과학은 교과서 속에만 존재하는 것이 아니라 우리 생활 모든 부분과 맞닿아 있습니다. 학생들이 우리 주변의 현상을 과학적 원리로 해석하고, 탐구하는 태도를 가질 수 있는 수업을 하려고 노력합니다.

김백만 (지구과학, 상우고)

학생들이 독서를 통해 자연현상에 대한 이해를 높일 수 있도록 돕는 안내자가 되고 싶습니다. 교실에서는 단지 과학을 가르치는 선생님이 아니라 과학 이야기를 매개로 학생들과 교감하는 선생님이 되고 싶습니다.

정해린 (생명과학, 남양주 광동중)

살아 있는 생명의 신비에 매료된 바이오홀릭! 사람이 꽃보다 아름답다는 노랫말에 100% 공감하며, 그 중에서도 에너지 넘치는 아이들을 진심으로 사랑합니다. 예술 속 과학, 과학을 통한 예술에도 관심이 많으며, 과학의 즐거움을 느낄 수 있는 수업을 위해 노력하고 있습니다.

주민규 (생명과학, 송내 중앙중)

점점 어려워지고 있는 과학 과목을 아이들이 알기 쉽고 이해할 수 있도록 가르칠 수 있는 방법을 찾고자 노력 중입니다. 과학의 즐거움을 알고, 과학적 태도를 기르는 것이 과학 교육의 가장 중요한 목표라고 생각합니다.

홍진호 (화학, 상우고)

화학의 아름다움을 사랑합니다. 생활 속에서 만나게 되는 모든 소재가 화학이기 때문에 커피를 내리고 음식을 조리하는 모든 일이 신기하고 즐겁습니다. 자연현상의 아름다움을 설명하는 과학 교육 활동에 관심이 많으며, 화학으로 이루어진 세상 속에서 아이들과 함께 화학의 아름다움에 대해 오래도록 이야기 나누고 싶습니다.

개정판이 나오기까지 애써 주신 선생님들

감수를 해 주신 선생님들

물리
강만규 (영석고)
황선영 (의정부여중)

화학
전성자 (상원고)
장은옥 (호원고)

생명과학
김태호 (동두천 중앙고)
홍선표 (휘경여중)
김정래 (송양고)
이현정 (덕정고)

지구과학
김인자 (효자고)
오중렬 (경기북과학고)
권홍진 (판곡고)

그밖에 도움을 주신 선생님들
물리 정재윤, 정해경, 안지현, 박개원, 한미선
화학 박정주, 손상원, 안현주, 김남숙, 이재연
생명과학 이제선, 임원주, 김현희, 성은미, 이승희, 황보애, 박수혜
지구과학 백미정, 이화진, 김천복

참고 자료

참고 도서

이석영, 『모든 사람을 위한 빅뱅 우주론 강의』, 사이언스북스, 2017

대한지질학회, 『한국의 지질』, 시그마프레스, 1999

한국기상학회, 『대기과학개론』, 시그마프레스, 2006

EBS 다큐프라임 <빛의 물리학> 제작팀 저, 『빛의 물리학』, 해나무, 2014

이종필, 『이종필의 아주 특별한 상대성이론 강의』, 동아시아, 2015

리처드 파인만 등 저, 박병철 역 『파인만의 물리학 강의 1, 2, 3』, 승산, 2004

Eugene Hecht 저, 물리학교재편찬위원회 역, 『물리학』, 청문각, 2005

오정근, 『중력파, 아인슈타인의 마지막 선물』, 동아시아, 2016

이강영, 『LHC, 현대물리학의 최전선』, 사이언스북스, 2014

Bruce Alberts 저, 홍승환 역, 『필수 세포생물학』, 교보문고, 2016

Cindy L. Stanfield 저, 김옥용 역, 『인체생리학』, 바이오사이언스, 2012

Jane B. Reece 등 저, 전상학 역, 『캠벨 생명과학』, 바이오사이언스, 2016

노태희, 『화학1』, 천재교육, 2011

노태희, 『화학2』, 천재교육, 2011

스켑틱 협회 편집부 저, 『한국 스켑틱 SKEPTIC vol. 5』, 바다출판사, 2016

과학동아 편집부, 『과학동아 2016년 5월호』, 『과학동아 2017년 3월호』

참고 사이트

플라즈마 물성정보시스템 http://plasma.kisti.re.kr

천문우주지식정보 http://astro.kasi.re.kr

국립과천과학관 http://www.sciencecenter.go.kr

국가태풍센터 http://typ.kma.go.kr

에어코리아 http://www.airkorea.or.kr